U0182124

实战ChatGPT：应用AI工具高效工作与学习

纪杨 张春成 朱思超 黄河清 贺晨◎著

机械工业出版社
CHINA MACHINE PRESS

本书是一本 ChatGPT 的实战手册，全面细致地介绍了 ChatGPT 的背景与发展历程、能力与特点，以及如何让 ChatGPT 助力工作与学习。

本书共 8 章：ChatGPT 印象、ChatGPT 之心、阅读与写作、创意生成、英语学习、辅助编程、办公自动化、ChatGPT 的实用工具。其中第 3～8 章是本书核心内容，充分介绍了如何使用 ChatGPT 这个强大的 AI 工具。在内容组织上，本书将具体场景、人的需求，如市场营销人员如何生成好的文案创意，英语学习者如何练习与反馈，家长们如何辅导孩子作业与拓展思路等，与 ChatGPT 的应用相结合。在内容结构上，本书遵循“授人以鱼，不如授人以渔”的原则，先介绍基础的知识和方法，再进入具体的例子场景。这样，读者可以在打好基础，获得一些启发与思考后，再开始自己的实践。

虽然本书围绕 ChatGPT 展开，但其中的知识与方法、众多的实例具有很强的通用性，能够帮助希望通过使用各类 AI 工具高效工作与学习的朋友。

本书适合 AIGC 技术、大模型技术开发者及使用者、爱好者，各类希望使用 ChatGPT 学习与工作的读者朋友参考。

图书在版编目（CIP）数据

实战 ChatGPT：应用 AI 工具高效工作与学习 / 纪杨等著. —北京：机械工业出版社，2024.4（2024.12 重印）

ISBN 978-7-111-75347-6

Ⅰ. ①实…　Ⅱ. ①纪…　Ⅲ. ①人工智能　Ⅳ. ①TP18

中国国家版本馆 CIP 数据核字（2024）第 054594 号

机械工业出版社（北京市百万庄大街 22 号　邮政编码 100037）

策划编辑：王　斌　　责任编辑：王　斌　赵晓峰

责任校对：孙明慧　张亚楠　　责任印制：李　昂

河北宝昌佳彩印刷有限公司印刷

2024 年 12 月第 1 版第 3 次印刷

184mm×260mm・18.5 印张・457 千字

标准书号：ISBN 978-7-111-75347-6

定价：99.00 元

电话服务　　网络服务

客服电话：010-88361066　　机　工　官　网：www.cmpbook.com

010-88379833　　机　工　官　博：weibo.com/cmp1952

010-68326294　　金　　书　　网：www.golden-book.com

封底无防伪标均为盗版

机工教育服务网：www.cmpedu.com

前言

关于本书

ChatGPT 的出现引发了国内外对于 AI 大模型应用的热潮，越来越多的人开始在工作生活中应用 ChatGPT 以提升效率，有更多的初创企业开始基于 OpenAI 的 API（应用程序编程接口）做创新的应用，如智能化的幻灯片生成、自动化营销工具、极具创意的模拟角色对话。并且，当 GPT 模型与技术方向被证明行之有效后，众多开源社区和厂商都开始推出类似的模型，这也让 AI 商业与大模型百花齐放。

ChatGPT 是来自硅谷的现象级 AI 创新应用，一经推出就火遍全球。笔者作为国内最早一批 ChatGPT 的使用者，在实际使用后，深感其无与伦比的魅力、丰富的内涵及实用价值。于是由本书的主创之一——纪杨邀约了来自不同行业、具备不同专业背景的作者聚在一起，经过近半年的努力，共同创作了本书。本书介绍了 ChatGPT 的使用与基础原理，基于 ChatGPT 的能力，围绕阅读写作、创意生成、英语学习、辅助编程、办公自动化的几大应用领域，详细介绍了 ChatGPT 是如何在这几个领域发挥作用的。在介绍 ChatGPT 具体的应用前，本书会先为读者介绍与铺垫相关应用领域的通用知识，带给读者不一样的 ChatGPT 的学习路径与应用思路。

本书由 5 位来自不同专业领域（AI 技术研究、数据分析、设计、英语教育、编程架构）的作者完成，他们除了在各自的专业领域有自己的实践与经验外，同时也是经验丰富的写作者（有自己的公众号与个人博客），他们让原本复杂的专业知识，变得深入浅出，并通过具体的应用与例子，让知识更易于理解和掌握。

在本书中，除了围绕 ChatGPT 的主线讲解外，还会涉及基于 API 的应用在不同产品中的集成。书中的相关知识与应用是通用的，不仅局限于 ChatGPT，也适用于国内外的其他类似的 AI 产品。作者团队希望通过良好的内容组织与通用的案例，可以让本书有更长久的生命力与影响力，这也是各位作者创作这本书的初心。

内容导读

本书围绕 ChatGPT 助力普通人的工作学习这一核心问题进行论述，力争从知识性、实用性的角度对 ChatGPT 如何参与日常工作这一主题进行全面刻画。本书的内容组织如下：

第 1 章 ChatGPT 印象，结合作者自身经验，以初识 ChatGPT 的视角对其适用范围进行介绍。无论是熟悉或者不熟悉 ChatGPT 的读者，通过本章内容都可以对 ChatGPT 有更全面的认识。

第 2 章 ChatGPT 之心，对以 ChatGPT 为代表的自然语言处理和 AI 内容生成技术进行系统梳理。这些内容有益于读者了解 ChatGPT 的原理。

第 3～7 章分别从“阅读与写作”“创意生成”“英语学习”“辅助编程”“办公自动化”几方面，结合作者各自的专业背景与工作实践，对应用 ChatGPT 进行工作与学习进行系统介绍，让读者充分掌握 ChatGPT 这个非常实用的 AI 工具。

这部分内容的特色是：不仅从实用的角度出发，用鲜活的案例说明 ChatGPT 在相关领域中的使用方式，而且在每章的开头都对这些领域工作的知识与痛点进行说明。读者可以有针对性地了解在现代工作场景中，人们如何将 ChatGPT 融入自己的工作，从而对这些痛点给出新的、更加合适和高效的解决路径。

第 8 章 ChatGPT 的实用工具，对经典 ChatGPT 实用工具进行简单总结，读者通过这些内容可以快速上手 ChatGPT，并提高使用效率。

本书受众

“对话”是语言的重要表现形式，我们通过对话完成信息的传递与互动。作为一款先进的大语言模型——ChatGPT，读者凭借深入的学习和理解，无疑将使它变成一位聪明且善解人意的沟通伙伴。

本书归纳了五类典型的实战场景，通过在这些场景中与 ChatGPT 进行深入的对话探讨，实现提升工作者或学习者自身技能、工作及学习效率和创造力的目标。

在这些场景中，既有广泛适用的如阅读与写作、办公自动化、英语学习场景，也有启发思维的创意构思场景，还包括软件编程这类专业技能场景。

无论是正在求学的学生，还是日常工作中的专业人士，只要读者渴望在上述领域中充实自己、提升效率，本书都能为其提供指导和帮助。

作者的顿悟时刻

当我们被某个领域或产品深深吸引，并决定投入长期的热情和精力时，这往往源自于体验过程中的某个被打动的瞬间。作为作者，我们也想在此分享每个人在初次使用 ChatGPT 时的洞察瞬间，即那个让我们眼前一亮的“AHA Moment”（顿悟、灵感闪现、洞察、理解的时刻）。

张春成（第 1 章、第 2 章作者）

我的背景比较偏技术，对机器学习算法和 AI 技术比较了解，也知晓深度神经网络和大模型的概念和理论知识。

我对 ChatGPT 的顿悟时刻是我问它关于 VIM 编辑器的问题。这是一款程序员极客圈的小众编辑器。ChatGPT 惊艳的地方在于，它能够像我的同行一样“精准地”提炼出这款编辑器的特点，并且在交流过程中使用 Python 语言帮我构建了一段不过百行的简单样例程序。这段程序可以运行，并且活灵活现地展示了 VIM 的特征。这让我清醒地认识到，ChatGPT 是一款从大量语料中训练出来的、规模巨大、结构巧妙的大语言模型。从这一刻起，我开始严肃对待这一款技术产品。

纪杨（第 3 章、第 7 章作者）

我是一名数据分析师与培训师，平时喜欢阅读与写作，有自己的个人博客与公众号。我对 ChatGPT 的顿悟时刻是某个晚上，在聊天过程中，第一次发现 ChatGPT 可以基于上下文的对话理解我的意思，就像朋友一样，开展友善、个性化且有建设性的对话的那个瞬间。

朱思超（第 4 章作者）

作为一名视觉与平面设计师，我对 AI 可以生成创意这件事最初很抗拒。但我在某一刻突然意识到，原来每天我都在使用 ChatGPT，它已经变成了浏览器上不会关闭的窗口之一：ChatGPT 可以辅助我生成一些初步想法、帮助我翻译、整理文字、生成 Prompt……它不是要替代创作者，而是可以替代人们做琐碎的事情，让我们更专注创意本身。

黄河清（第 5 章、第 7 章作者）

作为一名雅思英语培训老师，大概在 7～8 年前，我尝试过利用 Python 开发一些应用工具来帮助学生学习英语。但因为技术粗浅，只能浅尝辄止。而当我发现 ChatGPT 可以就两个同义词的不同使用语境娓娓道来，宛如一名有着 10 年功力的英语老师时，我突然间意识到语言教育的格局会因为它的出现而改变。

贺晨（第 6 章、第 8 章作者）

作为一名有着 20 年开发经验的程序员，我是在 2022 年 12 月左右开始接触 ChatGPT 辅助编程的。一开始，我还觉得它的作用有限。但是，在设计一项新的分布式系统架构时，我面临了如何实现高效负载均衡和数据一致性的问题。当我将问题输入 ChatGPT 后，惊喜地发现它给出了深入的解析，并引入了我未曾考虑过的 Paxos、Raft 等一致性算法。这个瞬间，我意识到 ChatGPT 的能力超越了我之前的认知，它将会对我们的编程方式带来巨大的变革，并成为我们在面临复杂问题时的重要参考和合作伙伴！

感谢

一本书的诞生除了来自作者们的专业积累与坚持外，还离不开相关伙伴与朋友的支持。

在这儿，我们首先要感谢以下几位朋友提供的帮助，他（她）们是：李丹、赵明、周小红、秦岭（胖胖老师）、徐雁斐（南瓜博士）。这几位朋友来自不同的专业领域，围绕全书与特定的章节，给出了细致专业的内容反馈与建议。

除此之外，还要感谢本书的策划编辑王斌（IT 大公鸡）及机械工业出版社其他编辑老师为本书出版所做的严谨细致的工作。

最后，也特别感谢各位作者的家人们，没有你们的理解与支持，就没有这本书的诞生。

纪杨

2024 年 4 月 22 日

目录

第1章

ChatGPT 印象

ChatGPT 是一款 2022 年年底问世的现象级人工智能（Artificial Intelligence，AI）产品，它的核心是以预训练的大规模语言模型为基础的自然语言处理模型，通过网络提供服务，以自然语言的方式与人交流。ChatGPT 向世人展示了自然语言处理模型巨大的应用潜力。

本章内容
认识 ChatGPT **ChatGPT，新鲜的使用体验** **ChatGPT，工作与学习的好助手**

1.1　认识 ChatGPT

ChatGPT 具有出类拔萃的自然语言交互能力，这得益于以深度神经网络为基础的自然语言处理的大规模语言模型的飞速发展。

1.1.1　ChatGPT，前所未有的聊天 AI

ChatGPT 能够理解和处理自然语言输入。通过分析输入文本的词汇、语法和句法结构来理解它的含义和意图。这需要多种能力，最重要的能力是对识别单词、短语和句子的含义进行识别，并将它们组合成完整的、有意义的、可输出的概念，让机器学会处理这些概念是自然语言模型实现交互的基础。

ChatGPT 的计算核心是基于 AI 技术的生成式预训练（Generative Pre-trained Transformer，GPT）模型。其中，GPT 是一大类模型的统称，各个厂商和研究机构都有各自的实现方式和对应的模型，本书所指的 ChatGPT 是其中最具代表性的一种。

我们可以将 ChatGPT 想象成这样一个工厂：它将语句打碎成词汇，再将词汇转化为可计算的数字单元（token 向量），通过对这些数字单元进行复杂计算来生成新的词汇集合，最终生成反馈的语句。ChatGPT 生成的词汇集合不但没有机器的生硬，甚至还符合自然语言的细腻结构。

ChatGPT 可以完成多种任务。它可以回答问题、提供信息、给出建议，用户可以向 ChatGPT 提出各种问题，无论是关于特定主题的信息，还是针对特定问题的解答。ChatGPT 的回答基于其模型的训练和预测能力。

ChatGPT 在人机对话方面展示了令人惊讶的交互能力。尽管它只是一个基于模型的语言生成系统，但它能够与用户进行连续、连贯的对话，并提供有用的回答和建议。这种突出贡献表现在以下几个方面：

- 交互性和逼真性：ChatGPT 能够理解用户的输入，并产生相应的回答，使对话更具交互性和逼真性。它可以回答复杂问题，提供相关信息，并在对话过程中保持一定的语境和连贯性。
- 灵活性和多功能性：ChatGPT 不仅可以回答常见问题，还可以进行闲聊、提供建议和指导。它的多功能性使得用户可以使用它作为一个全方位的助手，从解决问题到娱乐闲聊都能得到支持。
- 学习和适应能力：ChatGPT 在与用户的交互中不断学习和改进，通过训练数据的反馈来提高其回答的质量。它可以根据用户的输入和反馈进行自我调整，以提供更准确、更相关的回答。
- 可定制性和个性化：ChatGPT 可以根据用户的需求进行定制和个性化，使对话更符合用户的偏好和要求。用户可以通过设置和指导来调整 ChatGPT 的回答风格、语气和偏好，使其更符合自己的需求。

1.1.2　ChatGPT 的能力

ChatGPT 作为一个语言模型、一个实时聊天的 AI 机器人，具备以下四大能力。

- 文本生成：ChatGPT 可以生成与输入相关的连贯文本回应，可以是简短的答案、解释、描述、建议或对话。
- 内容检索：ChatGPT 在广泛的主题领域拥有海量的知识，包括科学、历史、文化、技术、体育等。通过文本生成可以回答关于这些领域的问题并提供相关的信息。
- 智能对话：可以进行连续的对话，并在对话中保持上下文的一致性。甚至能记住之前的对话内容，以便更好地回应后续的问题和指令。
- 创造性表达：可以生成创造性的文本，包括故事、诗歌、对话等。但是这些生成的内容是基于预训练模型，可能不具备现实世界的背景知识和情感理解。

1. 文本生成

ChatGPT 生成的文本信息涵盖了多种类型的回答、解释、翻译、建议和对话。下面是一些例子。说明了 ChatGPT 如何根据用户输入，以自然语言对话的形式给用户反馈相关且有用的信息。

1）简短答案的例子。

会话 1.1 问题 1：

什么是全球变暖？

会话 1.1 回答 1：

全球变暖是指地球气候系统长期变暖的现象。

2）名词解释的例子。

会话 1.1 问题 2：

为什么月食发生？

会话 1.1 回答 2：

月食发生是因为地球、月球和太阳在特定的位置和角度上排列，地球挡住了太阳光照射到月球上的部分或全部，导致月球在地球阴影中，从而观察到月食的现象。

3）跨语种翻译的例子。

会话 1.1 问题 3：

Can you translate the English proverb ‘Actions speak louder than words’ into Chinese?

会话 1.1 回答 3：

行动胜于言辞。

4）给出建议的例子。

会话 1.1 问题 4：

我在学习时经常分心，有什么建议吗？

会话 1.1 回答 4：

分心是一个常见的问题。尝试创建一个安静、整洁和没有干扰的学习环境，制定一个学习计划，并遵循时间管理技巧。此外，尝试使用番茄时钟或其他时间管理工具来帮助你集中注意力，还可以尝试使用一些专注力提高技巧，如冥想或专注练习。

2．内容检索

由于在训练过程中，ChatGPT 学习和积累了海量的语料信息，因此 ChatGPT 在众多主题领域拥有海量的知识，可以回答关于科学、历史、文化、技术、体育等多个方面的问题，并提供相关的信息。无论用户对这些领域中的具体话题有何种疑问或需要更多的了解，ChatGPT 都能够提供相关的知识和信息。以下是一些示例问题和回答。

1）科学问题的例子。

会话 1.1 问题 5：

什么是黑洞？

会话 1.1 回答 5：

黑洞是一种极为密集的天体，其引力极强，甚至连光都无法逃逸。它形成于恒星死亡后的残骸，核心坍缩成一个极小而极重的点，称为奇点，周围被称为事件视界。黑洞在宇宙中起着重要的作用，影响着星系的演化和宇宙结构的形成。

2）历史问题的例子。

会话 1.1 问题 6：

请简要介绍一下文艺复兴时期。

会话 1.1 回答 6：

文艺复兴是发生在 15 至 16 世纪的欧洲的一场重要文化运动。它标志着对中世纪价值观的重新评估和对古典文化的重视。在文艺复兴时期，艺术、科学、文学和哲学经历了重要的变革和创新。这一时期涌现出了许多伟大的艺术家、学者和思想家，如达·芬奇、米开朗琪罗、莎士比亚等。

3）技术问题的例子。

会话 1.1 问题 7：

什么是人工智能？

会话 1.1 回答 7：

人工智能是一门研究和开发智能机器的技术领域。它涉及构建能够感知、理解、学习和决策的系统，以模拟人类智能的各个方面。人工智能的应用包括机器学习、自然语言处理、计算机视觉等领域，它在医疗、交通、金融等众多行业都有广泛应用。

3．智能对话

ChatGPT 能够进行连续的对话，并努力保持上下文的一致性。需要说明的是，这里所说的“上下文一致性”是自然语言处理（NLP）中的特殊概念，具体表现为对话中代词的一致性、多义词的语义一致性等，是衡量大语言模型（Large Language Model，LLM）性能的重要指标之一。一致性越强，代表人与 ChatGPT 之间的沟通越自然，越能够保持对话的主题，也越不容易出现“所答非所问”或“自说自话”的现象。

ChatGPT 在同一段对话中具备记忆功能，可以在对话中记住之前的对话内容，以便更好地理解后续的问题和指令，并生成相关的回应。通过记忆上下文实现回顾之前的对话、了解用户的意图、问题和提供的信息。从而在后续的回应中参考先前的对话内容，以便更好地回答问题、提供相关信息或与用户进行连贯的交流。例如，如果用户在之前的对话中提到了特定的话题或提出了问题，在后续的对话中 ChatGPT 将保持对话内容与之相关，并提供相应的答案或解释。

另外，ChatGPT 可以提供一些关于代码的示例和建议，以帮助用户更好地理解和实现特定功能。虽然在有些情况下无法直接生成可运行的完整代码，但可以提供基本的代码结构、算法思路或特定问题的解决方法和代码片段。

当用户需要生成特定的代码时，可以通过描述问题或要求，并提供详细的上下文信息。ChatGPT 将在理解需求的基础上，在回应中提供相关的代码片段、伪代码或具体的建议。

ChatGPT 还具有一定的逻辑推理能力，但它并不像人类那样具备完全的逻辑判断能力。ChatGPT 是通过大量的文本数据进行训练的语言模型，它可以通过学习文本中的模式和规律来做出某种程度上的逻辑推理。当谈到 ChatGPT 的逻辑判断能力时，它具有以下特点。

- 基于已有知识的推理：ChatGPT 可以利用其训练时接触到的知识，推理出一些基本的逻辑关系。例如，如果输入问题是关于数学运算或逻辑推理的，ChatGPT 可以根据学习到的模式和规则给出相对准确的答案。
- 上下文的一致性：ChatGPT 可以在对话中保持上下文的一致性，根据前面的问题和回答来理解后续的问题。这种能力可以帮助它进行基本的逻辑推理，确保回答和问题之间的逻辑关系是连贯的。
- 逻辑矛盾检测：ChatGPT 可以识别并指出显而易见的逻辑矛盾。如果用户提出的问题或陈述存在明显的逻辑错误，ChatGPT 可以尝试指出这种矛盾，并提供相应的解释或修正。

4. 创造性表达

当谈到 ChatGPT 的创造性表达时，我们指的是模型在生成文本回应时能够呈现一定的创造性和想象力。这包括能够生成新颖、有趣、独特或非常规的文本内容。

创造性表达是指模型能够在回应中展现一些程度的创造性思维和表达能力，而不仅仅是机械地重复或模仿已有的文本。它可以表现为生成独特的观点、新颖的解释、原创的故事情节或富有想象力的表达方式。

ChatGPT 所具备的创造力来源是在训练过程中积累了大量的文本数据，使其能够根据语境模仿并生成符合语言规范和一定逻辑性的文本，这些文本信息包括故事、诗歌、对话等创作性内容。在使用过程中，可以尝试根据用户的提示和上下文来创作相关的内容。

5. ChatGPT 的能力边界

ChatGPT 的能力边界体现在对上下文的理解、对话连贯性、领域特定知识的限制、情感和情绪理解以及道德伦理问题等方面。

- 理解上下文：尽管 ChatGPT 在自然语言处理方面表现出色，但它可能会在理解复杂上下文或含糊不清的问题时遇到困难。它往往依赖于在问题中提供的信息，并可能在处理含有多义词或模棱两可的问题时产生误解。
- 对话连贯性：由于 ChatGPT 是基于序列模型构建的，它在长对话中可能会出现连贯性问题。有时它可能会忘记先前提到的信息，或者在回答一系列问题时丧失主题的一致性。这可能导致回答变得不连贯或不完全符合用户的预期。
- 领域特定知识的限制：ChatGPT 是通过对大量文本进行训练而生成的，不具备深入领域特定知识的能力。对于某些专业领域或特定领域的高度专业问题，ChatGPT 可能只能提供一般性的信息，而无法提供深入洞察或准确的解答。
- 情感和情绪理解：ChatGPT 对于情感和情绪理解的能力有限。它可能无法准确捕捉到用户的情感背景或对话中的情感变化。因此，在涉及情感或情绪方面的问题或对话中，ChatGPT 的回答可能会缺乏情感上的共鸣或敏感性。
- 道德和伦理问题：由于 ChatGPT 是根据预先训练的数据生成的，它可能在道德和伦理问题上存在一些局限性。它可能会生成不恰当或不合适的回答，尤其是在涉及敏感或争议性话题时。用户在使用 ChatGPT 时需要谨慎，并自行判断何时需要额外的人类干预或审慎思考。

因此，在使用 ChatGPT 时，用户需要认识到这些限制，并在必要时寻求其他可靠的信息来源进行佐证。

1.1.3 ChatGPT 的技术创新

ChatGPT 在自然语言理解和语言生成上取得了质变的突破，这得益于以下四项技术进步，它们是大语言模型 LLM、更大的语料规模、更快的计算速度和更好的工程优化（ChatGPT 特有）。

1．大语言模型 LLM

LLM 是一种基于大规模深度神经网络的人工智能模型，用于生成和理解自然语言文本。它是通过在大规模文本数据上进行训练而构建的预训练模型，可以从输入的文本中学习语法、语义和上下文，并生成类似人类语言的输出。ChatGPT 就是一种自然语言处理领域中的生成式的大语言模型。

LLM 使用复杂的计算过程将句子转化为 token 的集合，并且对 token 的高维向量进行计算。由于 token 携带复杂的语义信息，因此对它们进行计算的过程就是 LLM 进行语义理解和加工的过程。LLM 完成计算之后，再将输出值转化为 token 即可完成语言生成，也就是 ChatGPT 所做的工作。

ChatGPT 之所以能够以自然语言的方式与人进行互动，就是因为它作为一个大语言模型，在处理 token 的手段上更加高明，并且具备更大的语料规模、更快的计算速度和更好的工程优化。

2．更大的语料规模

token 的数量越丰富代表模型的语义表达能力越强大。因此，衡量 LLM 规模的最恰当方式是统计它能够处理的 token 数量，也就是代表某个 LLM 支持多少种不同的 token。截至 2023

年 7 月，ChatGPT 可处理的 token 规模已经达到了可观的 3000 亿个。

这个数字代表 ChatGPT 可以从 3000 亿个语义角度对接收到的文本进行处理，这个数字也代表该深度神经网络模型至少需要相同数量级的样本进行训练。要回答什么是训练，以及 LLM 如何进行训练的问题请见本书的第 2 章内容。在此通过一个例子给读者提供 LLM 训练的感性认识。

LLM 好像一块钻石，在未经训练时这块钻石处于未经打磨的状态，训练过程是对这块钻石进行打磨的过程。经过打磨之后，当有一束光沿着特定的角度射入这块钻石后，钻石会折射出美丽的彩虹，这两束光就代表模型的输入和输出。在训练过程中，我们清楚地知道每一束光射入后会形成怎样的彩虹，从而根据对应关系去打磨钻石。因此，如果用户想让这块钻石能够用 3000 亿个不同的角度去折射光线，那么用户至少需要在它的表面雕刻相同数量的平面。

对于 LLM 来说，每个平面都对应一组参数，雕刻的每一刀都至少需要一个训练样本。因此，现代 LLM 能够处理海量 token 的根本原因是它们能够快速地进行大规模计算。

3．更快的计算速度

深度神经网络使得模型的规模越来越大。新世纪涌现出的并行计算设备和新型计算技术（典型代表就是 GPU 及其并行计算技术）是一把非常精准的刀，能够以相当快的速度和相当高的精度将钻石切割成型。但随着钻石的“个头”越来越大，这把刀逐渐开始力不从心。这催生了刀具向机床的演变，也代表着深度神经网络向工业化迈进。

随着现代 LLM 规模的不断增加，单台计算机的 GPU 计算能力无法满足相应的计算需求。甚至需要成千上万台高性能 GPU 服务器并联计算才能实现模型的存储和训练。这导致 LLM 的使用者不再能够使用自身资源完成训练，甚至连存储这些模型都十分困难。

在这种情况下，LLM 开始从计算模型转化为大型设备式的生产资料。拥有大规模计算资源的大公司在自己的生产环境上对 LLM 进行训练，之后将训练好的模型开放给大众使用。这样，用户就可以跳过模型训练的冗长步骤，而直接使用训练好的模型带来的便利。这种技术称为“预训练大模型技术”，也就是 ChatGPT 中的 P。

ChatGPT 是将预训练大模型开放给大众的现象级产品。对于普通用户来说，他们无须关心 ChatGPT 背后的海量参数和细节，只需要清楚他输入的每一句话都会得到 ChatGPT 的自然语言回应。

4．更好的工程优化

笔者认为，ChatGPT 能够获得巨大成功的原因之一是其具有强大的产品力，主要得益于它在工程技术优化方面的创新。首先，ChatGPT 专注于 token 解码而非编码。在现代 LLM 所做的三件事中，ChatGPT 的 G 对应 token 的解码过程，所谓解码是指将无语义的 token 向量解码为有意义的自然语言序列。这使得 ChatGPT 生成的语言符合自然语言的统计学特性，即它们看上去更像是“人说出来的自然语言”而不是“机器生成的生硬语言”，更容易让用户接受。

其次，ChatGPT 在训练过程中使用人机结合的训练策略，即预训练过程中，不是单纯地使用语言材料进行训练，而是加入了人工反馈。它采用的方法称为“强化学习”，训练过程分两步，第一步是模型根据输入生成输出；第二步是人对输出给出反馈，反馈成绩较高的给模型奖励、反馈成绩较低的则给模型惩罚，模型按照趋利避害的规则进行强化学习，从而产生更符合人类认知规律的自然语言输出。

接下来，ChatGPT 在会话过程中保持 token 一致性。也就是说在模型训练完毕后，用户输入的内容并非单独和直接地输入到模型中，而是经过“包装”后再输入到模型中。这就使得 ChatGPT 与用户的会话具有更强的连续性，用户也可以根据自身需求对会话场景进行定制。这部分内容将在 1.3 小节中进行进一步介绍。

除此之外，ChatGPT 还提供了丰富的产品接口拓展能力。当然，这部分能力不再属于 LLM 的范畴，而是由于其出色的产品设计给用户提供了方便使用和拓展力强的、类型丰富的各种应用接口。

1.2 ChatGPT，新鲜的使用体验

ChatGPT 具有强大的语言能力，这些使用户在使用过程中有前所未有的新鲜体验。ChatGPT 的过人之处在于其能够以对话的形式与用户进行交互，在平平无奇的界面之下隐藏着它的两个突出能力，分别是 ChatGPT 对话题的总结能力以及语境规划的能力。ChatGPT 在与用户交流过程中可以因各种各样的情况而中断，但语境却不会随时间改变。无论何时何地，只要用户回到这个语境当中，他就能和 ChatGPT 接着当时的话题让对话进行下去。

1.2.1 ChatGPT 初上手

使用 ChatGPT 很简单，用户登录其官方网站（https://chat.openai.com/）就可以使用，首次使用的用户需要跟随网站的引导获得登录账号。登录后，用户即可进入 ChatGPT 的基础界面。

除了登录网页的方式之外，用户还可以通过官方提供的 API 调用 ChatGPT 的对话服务。这部分内容在后续章节会做详细介绍。

1．ChatGPT 的基础界面

ChatGPT 最初示人的界面是一个朴素的 Web 界面，如图 1-1 所示，界面由三部分组成，下侧是一个文本输入框，用于用户的自然语言输入；用户输入和 ChatGPT 给出的输出将按问答的顺序出现在界面正中；左侧是以往的会话记录。另外，在主界面的上方是一个开关，用于选择 GPT-3.5 和 GPT-4 两种引擎。ChatGPT 并不难上手，它与常用的聊天软件的界面比如微信的 Web 端操作界面是很相似的。实际上与 ChatGPT 聊天就跟使用一个聊天工具没什么分别。

2．与 ChatGPT“聊天”

ChatGPT 几乎不会拒绝回答任何问题，而且回答得有模有样。与 ChatGPT“聊天”，就像和一个真实的人聊天感觉一样。你可以把 ChatGPT 当作一位耐心的朋友，随时准备好回复你各种各样的疑惑和问题。这是 ChatGPT 最令人着迷的特点。以下是笔者对 ChatGPT 的“采访”记录，如图 1-2、图 1-3 所示。

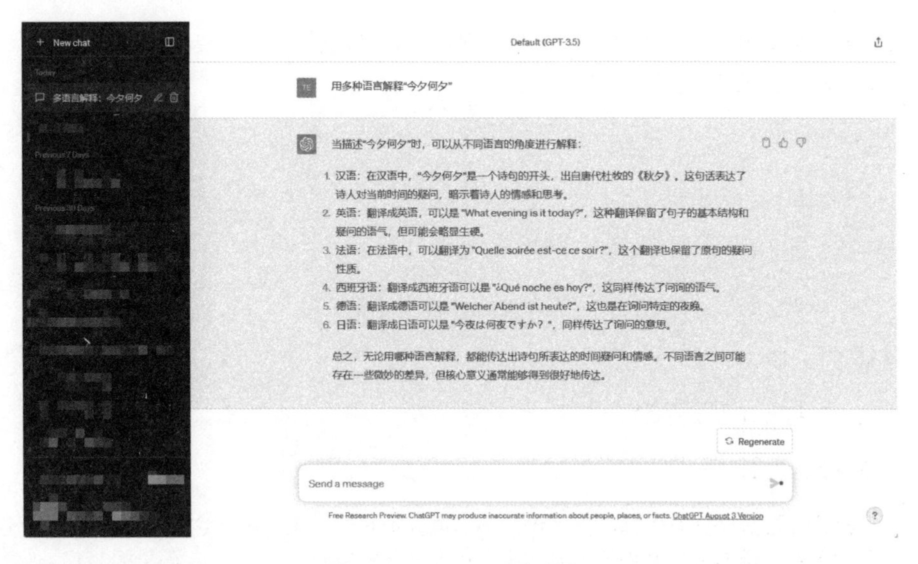

图 1-1　ChatGPT 的基础界面

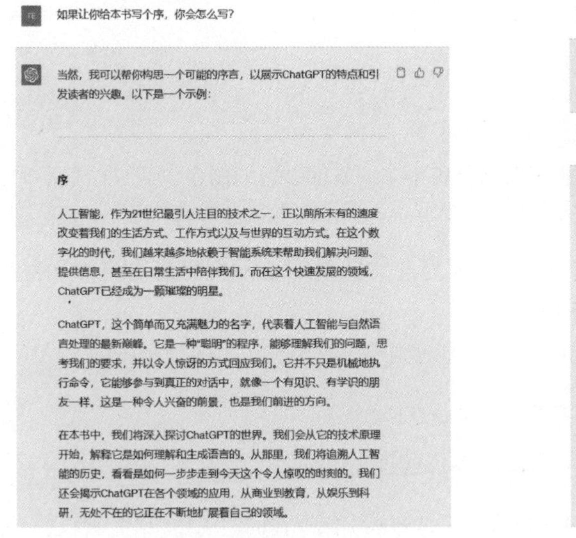

图 1-2　ChatGPT 的会话示例（1）

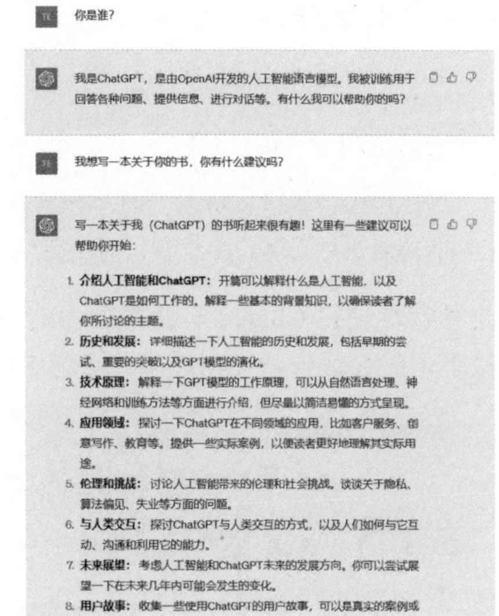

图 1-3　ChatGPT 的会话示例（2）

1.2.2　与 ChatGPT 连续会话

会话连续性是指在一个交流过程中，对话的各个部分之间以及整个对话的内容和上下文都能够自然、流畅地衔接和连接。保持会话连续性是确保对话在逻辑上、语义上以及上下文中都具有一致性和理解性的重要方面。这种连续性可以帮助确保交流的效果和质量，避免误解、混淆以及因上下文变化而导致的困惑。

在与 ChatGPT 的会话时是可以进行连续对话的，上下文的信息彼此呼应，从而使交流更加顺畅，也更加适合复杂问题的交互场景。这样的好处是可以通过不断的提问和适当的修正得到更加有深度的答案。另外，连续一致的会话也能够让 ChatGPT 更加便捷地辅助人们的日常工作。

从接下来的会话 1.2 中可以看到，ChatGPT 能够“记住”上下文信息并进行符合逻辑的分析，从而具备较强的上下文一致性。

会话 1.2 问题 1：

你知道吗，小王刚刚把上星期从我这借的书还回来了。

会话 1.2 回答 1：

很高兴听到小王已经把你上星期借给他的书还回来了！

会话 1.2 问题 2：

小王和书有什么关系？

会话 1.2 回答 2：

根据你之前提供的信息，小王借了你的书并把它还回来了。从这个上下文来看，小王和书之间的关系是借书者和书籍的关系。小王可能是你的朋友、同学、同事或者其他认识的人，他向你借了书，并在上星期把书还给了你。这表明你们之间存在着借书和归还书籍的关系。

会话 1.2 问题 3：

你可以猜出书名是什么吗？

会话 1.2 回答 3：

作为一个语言模型，我无法直接了解你借给小王的具体书籍的名字。我只能根据你提供的信息进行猜测。由于我没有上下文中的更多细节，所以无法确定书的具体名字。

这种特性使得 ChatGPT 具有极强的可用性，因为前文铺垫的上下文信息会自然而然地出现在接下来的会话中，如问题 4、问题 5 所示。

会话 1.2 问题 4：

小王对 NLP 比较感兴趣，这本书的书名可能是什么？

会话 1.2 回答 4：

小王对自然语言处理（NLP）感兴趣，以下是一些实际存在的与 NLP 相关的书籍，他可能会对它们感兴趣：

“Speech and Language Processing” - 丹尼尔・朱夫斯凯（Daniel Jurafsky）和詹姆斯・马丁（James H. Martin）

“Natural Language Processing with Python” - 斯蒂文・伯德（Steven Bird）、艾文・克莱因（Ewan Klein）和艾德华・洛珀（Edward Loper）

“Foundations of Statistical Natural Language Processing” - 克里斯滕・曼宁（Christopher D. Manning）和海因里希・舒策（Hinrich Schütze）

“Neural Network Methods for Natural Language Processing” - 约阿夫・戈尔德贝格（Yoav Goldberg）

“Speech and Language Processing: An Introduction to Natural Language Processing, Computational Linguistics, and Speech Recognition” - 丹尼尔・朱夫斯凯（Daniel Jurafsky）和詹姆斯・马丁（James H. Martin）

这些书籍涵盖了自然语言处理的各个方面，从基础概念到深入技术，可能会满足小王对

NLP 的兴趣。当然，最适合的书籍取决于他的水平和兴趣，你可以通过查阅这些书籍的内容和评价来选择最合适的一本。

会话 1.2 问题 5：

请梳理这些著作的主要观点和贡献。

会话 1.2 回答 5：

以下是这些 NLP 相关书籍的主要观点和贡献的梳理：

"Speech and Language Processing" - 丹尼尔·朱夫斯凯（Daniel Jurafsky）和詹姆斯·马丁（James H. Martin）：这本书是自然语言处理领域的经典教材，涵盖了从基本概念到高级技术的内容。它介绍了文本处理、语法分析、语义理解、语音识别、机器翻译等各个方面的内容，旨在帮助读者理解 NLP 的核心概念和方法。

"Natural Language Processing with Python" - 斯蒂文·伯德（Steven Bird）、艾文·克莱因（Ewan Klein）和艾德华·洛珀（Edward Loper）：这本书介绍了使用 Python 进行自然语言处理的实际技术。它涵盖了文本处理、语言分析、语料库处理等内容，并提供了大量的示例代码和实践案例，帮助读者从实际角度掌握 NLP 技术。

"Foundations of Statistical Natural Language Processing" - 克里斯滕·曼宁（Christopher D. Manning）和海因里希·舒策（Hinrich Schütze）：这本书强调了统计方法在自然语言处理中的重要性。它介绍了基于统计的语言模型、词向量表示、文本分类、机器翻译等内容，深入解释了统计方法在处理自然语言数据时的应用。

"Neural Network Methods for Natural Language Processing" - 约阿夫·戈尔德贝格（Yoav Goldberg）：这本书聚焦于神经网络在自然语言处理中的应用。它介绍了深度学习技术在语言模型、句法分析、情感分析等方面的应用，帮助读者理解神经网络在 NLP 中的最新进展。

"Speech and Language Processing: An Introduction to Natural Language Processing, Computational Linguistics, and Speech Recognition" - 丹尼尔·朱夫斯凯（Daniel Jurafsky）和詹姆斯·马丁（James H. Martin）：这本书与前述的"Speech and Language Processing"类似，涵盖了自然语言处理和语音识别等领域的内容。它强调了 NLP 技术对实际应用的重要性，包括机器翻译、信息检索等。

"Introduction to Natural Language Processing" - 雅各布·爱森斯坦（Jacob Eisenstein）：这本书提供了自然语言处理领域的入门介绍，涵盖了文本处理、语言分析、机器翻译等基础概念。它适合初学者了解 NLP 的基本原理和方法。

"Natural Language Processing in Action" - 霍布森·莱恩（Hobson Lane）和科尔·霍华德（Cole Howard）：这本书强调了自然语言处理技术的实际应用。它介绍了如何使用 NLP 来解决真实世界的问题，包括文本分类、命名实体识别、情感分析等。

这些书籍共同涵盖了自然语言处理的各个方面，从基础概念到实际应用，从统计方法到神经网络技术，为读者提供了全面的 NLP 知识体系和实践经验。它们的贡献在于为学习者和从业者提供了深入的理论和实际指导，帮助他们在 NLP 领域取得成功。

1.2.3 ChatGPT 提示词的使用

在 ChatGPT 的实际使用过程中，用户提问的对齐性越强则代表问题的语义越明确，ChatGPT 也越容易给出准确的回答。所谓"对齐性"是对话上下文连续性和词汇指代一致性的综合表征。上下文连续性是指对话的话题在整个对话中是连续的，尽量避免出现逻辑跳跃的情况；词汇指代一致性是指话题中名词对应的实物是一致的，尤其要保持"他、你、我"

等代词具有明确且唯一的所指对象，从而避免出现所答非所问的情况。增强对齐性的目的是让语言模型在计算时的语义信息更加集中，从而提高与 ChatGPT 的对话质量。那么，如何增强提问的对齐性呢？这种技术称为“提示词工程技术（提示词 engineering techniques）”，即通过提示词增强 ChatGPT 的功能。

1. 何为提示词

提示词是用户向 ChatGPT 提出的需求。虽然用户与 ChatGPT 的会话是自然语言方式的，但这些自然语言中的最精练和最明确的语义信息就是提示词。例如会话 1.2 问题 4，“小王对 NLP 比较感兴趣，这本书的书名可能是什么？”一句中的提示词就是两个关键信息，它们分别是“NLP”和“书名”，其他的都只是承上启下的语义联系信息。而在接下来的问题 5 中，“这些著作”是连接提示词，它起到了连接作用，将之前回答中的书名传递过来；而“主要观点和贡献”就是提问的提示词，用于规定接下来回答的内容和范围。

在会话 1.3 中“补全以下语句”和“请解释”就是提示词。

会话 1.3 问题 1：

补全以下语句，床前明月光

会话 1.3 回答 1：

疑是地上霜，举头望明月，低头思故乡。

会话 1.3 问题 2：

请解释，床前明月光

会话 1.3 回答 2：

“床前明月光，疑是地上霜”，这是中国唐代诗人李白创作的《静夜思》的开头两句。这两句诗描绘了一个人在夜晚躺在床上，看到明亮的月光，心生疑惑是否是地上凝结的霜。

会话 1.4 从给出的回答来看，ChatGPT 并没有直面颜色是否能够用数字来表示这个矛盾问题，而是纠结并不存在的“颜色的数字”是否准确。这代表 ChatGPT 在试图回答另一个问题“天空的颜色是()，转化为数字为()”。也就是说，“转化为数字”的分句起到的作用是一种不太恰当的提示词。

会话 1.4 问题 1：

天空是什么颜色的？请用数字回答我的问题

会话 1.4 回答 1：

天空在白天通常呈现蓝色，尤其是在晴朗的天气条件下。但是，天空的颜色并不是固定不变的，它会受到很多因素的影响，如日出、日落时的红、橙色，以及云层的遮挡和湿度的变化等。因此，无法用一个准确的数字来描述天空的颜色。

会话 1.4 问题 2：

一天有多少秒？请用数字回答我的问题

会话 1.4 回答 2：

一天有 24 小时，每小时有 60 分钟，每分钟有 60 秒。因此，一天总共有 24×60×60=86400 秒。

在会话 1.4 问答 1 中，天空的颜色显然不能用数字来描述，因此 ChatGPT 无法按照要求给出答案。在会话 1.4 问答 2 中，一天有多少秒是可以用数字表示的，因此 ChatGPT 给出了要求的答案。

2．用好提示词的几个准则

提示词有助于提升 ChatGPT 回答的准确性。业界并没有把提示词简单地看作与 ChatGPT 交流的“技巧”，而是将它称为提示工程技术（prompt engineering techniques）。提示词是用户与 ChatGPT 模型的交流方式（text prompts are how users interact with GPT models）。

提示词能够十分高效地约束或者说控制 ChatGPT 的反馈行为。笔者根据自己的经验推荐如下提示词准则，这些准则有助于提升提示词的准确性和有效性。

- 好的提示词是排他的，排他性主要体现在避免问题的歧义。
- 好的提示词是描述性强的，多用类比和举例的方式说明问题的范围。
- 好的提示词是目标明确的，规定 ChatGPT 给出的回复是针对什么问题的，从哪方面进行回复，以及如果遇到什么情况，要回复什么内容。
- 将问题用提示词包裹住，提供提示词时不要怕啰唆，必要时可以反复重申。
- 尝试改变提示词与问题的顺序，因为 ChatGPT 的侧重点可能与用户的预想有偏差，因此可以考虑对多种顺序进行尝试，从而确定最优方案。

1.2.4 使用 ChatGPT 的插件

插件（plugin）是重要的软件扩展方法，它是在软件基础功能之上的合理拓展。ChatGPT 提供了丰富的插件扩展功能，插件能够将 ChatGPT 的智能对话能力与解决需求的能力结合起来。随着插件种类和应用范围的不断增大，ChatGPT 的适用范围也得到了提升。ChatGPT 针对数学、语音、笔记等细分场景提供了一系列功能强大且易用的插件，如图 1-4 所示。用户在使用时可以根据实际情况选择合适的插件，而 ChatGPT 会使用该插件进行对话。

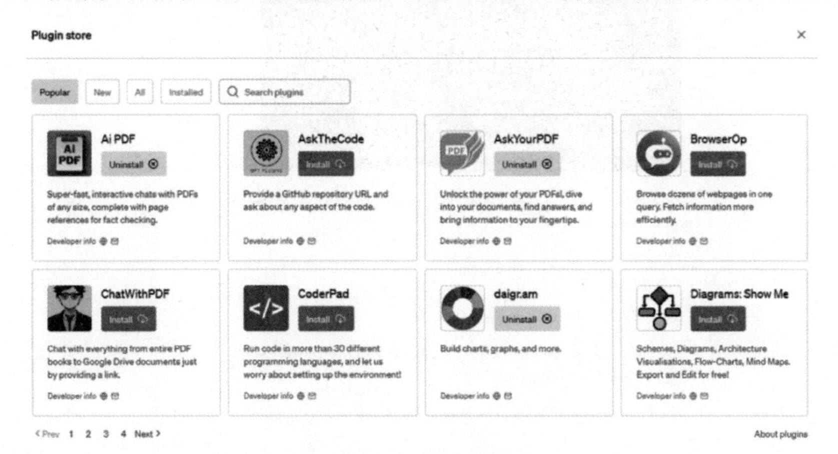

图 1-4 ChatGPT 的可选插件

在每次会话中，用户都可以（或者说需要）自行选择使用哪些插件，选择的方法非常方便，只要在对应的选项处勾选即可。在接下来的例子中，我们分别勾选了 Wolfram 插件和 Expedia 插件，如图 1-5 所示，这表示在接下来的会话中会用到这两个插件。

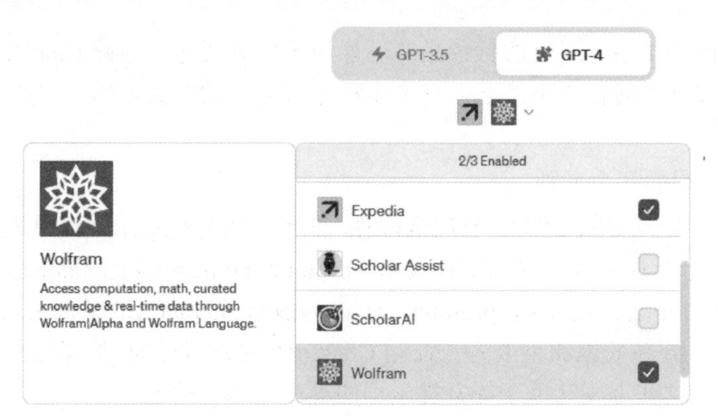

图 1-5 在 ChatGPT 会话中的已选插件

首先，图 1-6 的会话是 Wolfram 的使用样例，这是一款专注于数学内容的插件。提问的内容是“请使用该插件对勾股定理进行解释”。这里 ChatGPT 的回答分成了两个部分，一部分的插件回答的内容（见黑色框内），这是插件的反馈信息；另一部分是 ChatGPT 的回答内容，这是其根据插件的反馈信息总结出的回答内容。与普通回答相比，使用 Wolfram 插件时，ChatGPT 的回答更加简洁，也能够为回答添加出处。因此，该插件提升了 ChatGPT 针对数学类问题回答的专业性。

图 1-6 ChatGPT 调用 Wolfram 插件的会话

在图 1-7 中的会话是 Expedia 的使用样例，这是一款专注于旅游路线规划和住宿安排的插件。提问的内容是“我准备去伦敦，想看一下大英博物馆和哈利波特小说中提到的九又四分之三站台”。我们只看 ChatGPT 根据插件的反馈信息总结出的回答内容。这部分的回答较长而且有配图，这就是 Expedia 插件的功劳。而 ChatGPT 的智能体现在它根据我的需求制定了一个为期三天的旅游规划，推荐了三家酒店并对其优劣进行比较。另外，ChatGPT 还贴心地考虑到了住处与大英博物馆和国王十字车站之间的地理位置关系。因此，该插件提升了 ChatGPT 与实际地理数据的结合能力。

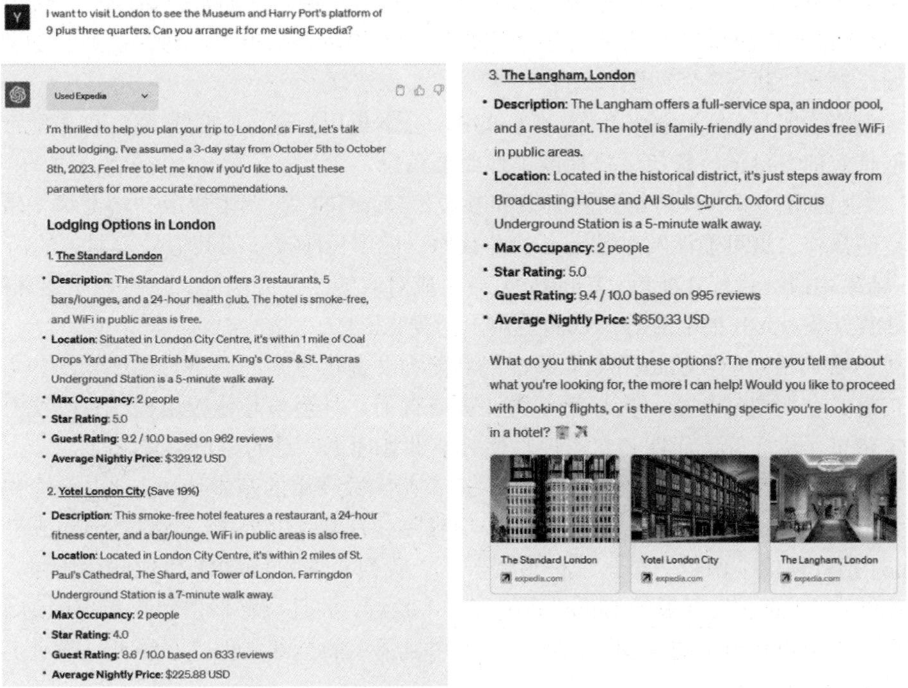

图 1-7　ChatGPT 调用 Expedia 插件的会话

以上两个例子说明了 ChatGPT 为什么需要插件来提升用户的使用体验。虽然官方并没有对插件进行严格的定义，但我认为可以用咨询服务的概念来解释它。比如，咨询公司可以协助企业建立数据分析能力，包括数据收集、处理、分析和挖掘，以从海量数据中获得洞察力。此外，他们还可以提供人工智能和机器学习的咨询服务，帮助企业应用这些技术来改善业务流程、个性化营销、预测和决策等方面。但咨询公司本身的体量和智力资源势必不足以应付全部客户的需求，因此咨询公司有时会选择外包工作任务。外包是指将某些工作或任务委托给外部的第三方公司或个人来完成，而不是由内部团队执行。这种做法有助于资源优化整合、提升灵活性和扩展能力，外包公司可能具有更加丰富的专业知识和经验、并且有利于进行成本和风险控制。

从这个角度上讲，ChatGPT 就是这家咨询公司，插件就是大量的外包机构。而它面对用户的需求既可以使用自己的劳动和智慧进行服务，又可以选择将用户的需求“打包”给外包机构，让这些第三方机构进行更加专业的解答。当然，第三方机构向咨询公司负责，而咨询公司在拿到这些机构给出的结果后，再将结果进行分析与整合，最终结果即是交给用户的答案。ChatGPT 的地位如咨询公司一样至关重要，因为需求的拆分和整合都是在这一步完成的，而插件的任务则是接受明确的工作任务，并进行固定格式的精确和快速响应。

1.2.5 ChatGPT 的函数调用功能

ChatGPT 的函数调用是指通过指定特定的指令或命令来触发模型执行特定的功能或操作。这种功能调用使得 ChatGPT 能够提供更广泛和丰富的服务，例如查询数据库、执行计算、调用外部应用程序接口等。具体来说，ChatGPT 的函数调用功能通常包括以下步骤。

1）命令解析：ChatGPT 首先会识别用户输入中的命令或指令，通常以特定的前缀或关键词开始，例如“执行”“调用”“运行”等。

2）参数解析：一旦识别出命令，ChatGPT 会解析用户输入中的参数。这可能涉及从输入中提取特定的关键词、数值、日期或其他必要信息。

3）功能调用：基于解析得到的命令和参数，ChatGPT 会调用相应的功能模块或方法来执行特定的操作。这可能涉及对预定义的函数库、应用程序接口或其他外部服务的调用。

4）结果生成：执行功能后，ChatGPT 会生成对应的结果或响应。这可以是返回的数据、执行的计算结果、API 的响应等，以满足用户的需求。

通过函数调用功能，ChatGPT 能够扩展其能力并提供更多的服务。例如，用户可以询问特定的信息、获取实时数据、执行简单的计算或查询，甚至与其他应用程序进行交互。这为 ChatGPT 带来了更大的灵活性和实用性，使其能够处理更广泛的用户需求。

以下从 ChatGPT 官方提供的例子出发，来说明函数调用的基本使用方式。这个例子从语义角度指定了一个函数，通过 description 参数规定了函数的功能，通过 required 参数和 commands 指针规定了函数的输出。在该例子中，我们要求 ChatGPT 生成一段脚本，要求这段程序能够在 Ubuntu 发行版的 Linux 系统终端中执行，并且能够输出用户指定的结果。典型的使用场景是用户知道他的意图，比如“对某个目录下的全部文件进行统计，统计其中文件大小大于 50MB 的文件”。

由于函数调用不是典型的对话场景，因此需要使用 API 调用的方法来实现这段会话。在会话 1.5 的问题 1 中，通过 functions 的方式定义了一个函数，这个函数的语意非常明确，包括使用何种交互壳、运行在何种系统中，回答的范围限于脚本内容等。由于语义限定十分明确，因此 ChatGPT 也给出了直截了当的回复。

```
会话 1.5 问题 1：
{
    "model": "gpt-3.5-turbo",
    "messages": [
      {
        "role": "user",
        "content": "get_commands，对某个目录下的全部文件进行统计，统计其中文件
大小大于 50MB 的文件"
      }
    ],
    "functions": [
```

```
          {
            "name": "get_commands",
            "description": "Get a list of bash commands on an Ubuntu machine to run",
            "parameters": {
              "type": "object",
              "properties": {
                "commands": {
                  "type": "array",
                  "items": {
                    "type": "string",
                    "description": "A terminal command string"
                  },
                  "description": "List of terminal command strings to be executed"
                }
              },
              "required": ["commands"]
            }
          }
        ]
      }
    会话 1.5 回答 1：
      {
        "role": "assistant",
        "content": "
          您可以使用以下命令来统计某个目录下的全部文件，并筛选出文件大小大于 50MB
的文件：
    '''bash
    find /path/to/directory -type f -size +50M
    '''
    其中，'/path/to/directory' 是您要统计的目录的路径。
    该命令使用 'find' 命令来查找目录下的全部文件，并使用 '-type f' 参数来筛选出普通
文件。然后使用 '-size +50M' 参数来筛选出文件大小大于 50MB 的文件。
      }
```

1.3　ChatGPT，工作与学习的好助手

笔者认为 ChatGPT 以其优异的对话理解和上下文一致性能力，可以在文字工作、程序开发、市场营销、外语学习、家长教育等领域提供助力。

1.3.1　文字工作者的内容助手

文字工作者是指以文字创作为主要职业或工作内容的人。他们通过文字表达思想、观点和情感，创作各种类型的文学作品、新闻报道、广告文案、博客文章、社交媒体内容、商业文档等。文字工作者可以包括作家、记者、广告撰稿人、编辑、内容营销专家、技术作家等。

文字工作者的工作范围广泛，涉及多个领域和媒介。他们可能从事小说创作、诗歌创作、剧本创作等文学创作工作；也可能负责新闻报道、采访、调查等新闻写作工作；还可能参与广告宣传文案的撰写、市场推广文案的创作等广告写作工作；此外，他们还可能在公司、机构或组织中负责撰写各种商业文档、技术文档、报告等专业写作工作。

在现代社会中，文字工作者面临着纷繁复杂的内容来源和快节奏的工作需求。文字工作者最头疼的问题不再是媒介的容量和分发渠道，而是内容的产能和市场接受情况。ChatGPT 可以成为文字工作者的得力助手。

ChatGPT 可以提供灵感、研究支持、文案撰写建议等，帮助文字工作者更快地获取信息、创作内容和提高工作效率。ChatGPT 可以在以下几方面帮助文字工作者。

- 创意灵感：当面对写作灵感枯竭时，用户可以与 ChatGPT 进行对话，探讨特定主题、情节或角色的创意想法。ChatGPT 可以提供新的视角和创意引发用户的灵感。
- 文章构建和结构：ChatGPT 可以帮助用户组织文章的结构和段落之间的连贯性。用户可以与 ChatGPT 讨论用户的写作计划和大纲，以获得关于如何更好地组织和展示用户的思想的建议。
- 快速研究和信息获取：ChatGPT 可以帮助用户快速获取特定主题或领域的相关信息。用户可以与 ChatGPT 分享用户的研究需求，并获得相关的数据、事实或参考资料，以支持用户的写作工作。
- 内容润色和编辑：ChatGPT 可以提供写作的语法、拼写和风格方面的建议。用户可以与 ChatGPT 分享用户的文章或段落，并获得改进语言表达和修正错误的建议。
- 快速回答问题：在紧迫的工作情况下，如果用户需要快速回答某个问题或寻找相关信息，ChatGPT 可以迅速为用户提供答案或指导。

1.3.2 程序开发者的代码助手

程序开发者使用编程语言和开发工具来创建、测试和维护各种类型的计算机程序和应用软件。程序开发者可以在不同的领域和平台上工作，例如网站开发、移动应用开发、桌面应用开发等。

在日常工作中，程序员几乎只关心两个问题，首先是功能的最优实现代码片段在哪里，另外是如何给代码中的变量进行命名，而 ChatGPT 是这方面的高手。

由于程序代码是复杂的综合体，因此程序开发者往往需要将它分解成无数的代码片段来解决整个问题，对于程序开发者来说，ChatGPT 可以作为一个有用的代码片段助手，提供开发过程中的帮助和指导，它能够提供帮助的方式有以下几种。

- 代码示例：ChatGPT 可以提供代码示例和片段，帮助程序开发者解决特定的编程问题或实现某些功能。开发者可以向 ChatGPT 描述他们想要实现的功能或解决的问题，然后 ChatGPT 可以生成相关的代码示例供他们参考。
- 语法和命名建议：ChatGPT 可以帮助程序开发者改进代码的语法和命名。开发者可以与 ChatGPT 交互，寻求语法建议、代码格式化建议或更好的变量和函数命名建议，以提高代码的可读性和可维护性。
- 调试和错误处理：ChatGPT 可以提供调试和错误处理方面的建议。开发者可以向 ChatGPT 描述他们遇到的错误或问题，并寻求修复建议或调试策略，以便更有效地解决代码中的错误和问题。

- API 和库的使用：ChatGPT 可以帮助程序开发者学习和理解特定的 API 和库的使用。开发者可以向 ChatGPT 提出关于 API 功能、参数使用或示例代码的问题，并获得相应的解答和示例。

这种代码片断助手可以帮助提高开发效率，让程序开发者更快地构建常见功能和解决问题。这样他们就能节省时间，更有效地完成工作。其次，代码片断助手有助于减少错误并提高代码质量。它提供的代码片断和模板经过验证和测试，符合最佳实践和编码规范。这使得程序员能够避免一些常见的错误，并确保他们生成的代码质量较高。

此外，代码片断助手还促进学习和知识分享。程序开发者可以通过查看和使用不同的代码片断来学习新的编码技巧和模式。这也为团队成员之间的知识分享提供了便利，有助于整个团队的编程水平的提升。另外，代码片断助手还能提供参考和启发。当程序员面临复杂的编程任务或特定的需求时，他们可以浏览和搜索相关的代码片断，以了解如何解决类似问题。这可以帮助他们获得灵感和思路。

1.3.3　市场营销人员的文案和创意助手

市场营销人员是企业或组织中负责制定和执行市场营销策略的专业人员。他们的主要职责是促进产品或服务的销售，并建立与目标客户的良好关系。市场营销人员通过市场调研、品牌推广、市场推广活动和销售策略来实现销售目标。总的来说，市场营销人员在企业或组织中负责制定和执行市场营销策略，促进产品或服务的销售。他们通过市场调研、品牌推广、市场推广活动和销售策略等手段，与目标客户建立联系，并实现销售目标。

对于市场营销人员来说，ChatGPT 可以作为一个有用的文案和创意助手，帮助他们在广告、营销内容和创意方面提供支持和灵感。以下是 ChatGPT 在这方面的潜在用途。

- 标语和广告语：ChatGPT 可以协助市场营销人员生成吸引人的标语和广告语。通过与 ChatGPT 进行交互，提供产品或品牌的相关信息，它可以帮助生成创造性、引人注目的标语和广告语。
- 内容创作：ChatGPT 可以用作内容创作的工具。市场营销人员可以与 ChatGPT 对话，讨论内容主题、受众和目标，并请求它生成相关的文章、博客帖子或社交媒体内容。
- 社交媒体策略：ChatGPT 可以提供有关社交媒体策略和内容的建议。市场营销人员可以与 ChatGPT 讨论目标受众、平台选择和内容类型，并获得关于社交媒体策略、发布频率和内容创意的建议。
- 品牌声誉管理：ChatGPT 可以帮助市场营销人员处理品牌声誉管理方面的问题。如果出现负面评论或舆情事件，他们可以与 ChatGPT 讨论应对策略、危机管理和舆论引导的方法。

1.3.4　外语学习者的规范写作助手

外语学习者是指那些学习并使用非母语的人。他们努力学习一门或多门外语，以扩展他们的语言能力和跨文化交流能力。外语学习者的目标可能包括提高口语流利度、听力理解能力、阅读能力和写作技巧，以便与使用该门外语的国家和文化进行交流。

外语学习者可以包括学生、职场人士、旅行者以及对其他语言和文化感兴趣的人。他们可能通过课堂学习、在线学习平台、语言交流社区、语言学习应用程序等途径来学习外语。外语学习者的学习方法和策略可能因人而异，有些人更倾向于口语实践和交流，而有些人更注重书面学习和语法知识。

外语学习者面临的挑战包括克服语言障碍、理解不同的语音、语法和词汇规则、掌握文化背景和语境的差异，以及提高自信和流利度。另外，通过相应阶段的外语等级考试也是该群体面临的主要压力来源。

ChatGPT 可以在外语学习和准备等级考试方面提供一定的帮助。

- 学习辅助：作为一个语言模型，ChatGPT 可以与外语学习者进行对话，提供实时的语言交流和练习。学习者可以通过与 ChatGPT 对话来练习口语表达、语法应用和词汇使用。ChatGPT 可以纠正语法错误、提供合适的词汇选择，并帮助学习者提高口语流利度和准确性。
- 语言解释和学习资源：外语学习者可以向 ChatGPT 提问有关语法规则、词汇释义和语言用法的问题。ChatGPT 可以提供解释、示例和语言学习资源的建议，以帮助学习者理解和掌握外语知识。
- 写作指导：ChatGPT 可以在写作方面提供指导和建议。外语学习者可以与 ChatGPT 分享他们的写作作品，获取语法纠错、词汇替换和句子重组等方面的建议，以提高写作质量和表达能力。
- 考试准备：对于准备外语等级考试的学习者，ChatGPT 可以提供练习题、模拟考试和考试技巧的建议。学习者可以通过与 ChatGPT 互动，进行模拟考试，得到反馈和评估自己的语言水平，以便更好地准备考试。

除此之外，ChatGPT 还可以作为一个有用的规范写作助手，帮助他们提高写作的准确性和流畅性。以下是一些 ChatGPT 在这方面的潜在用途。

- 语法和拼写检查：ChatGPT 可以帮助外语学习者检查他们的文本是否符合语法规则，并提醒他们可能的拼写错误。通过与 ChatGPT 进行交互，学习者可以在写作过程中得到实时的语法和拼写建议，以提高文本的准确性。
- 句子结构和表达方式：ChatGPT 可以帮助外语学习者改进句子结构和表达方式。学习者可以向 ChatGPT 提出问题、请求重述或寻求替代表达方式，以便更清晰、更准确地表达他们的意思。
- 词汇和短语建议：ChatGPT 可以向外语学习者提供词汇和短语的建议。如果学习者在写作过程中遇到词汇难题或需要更具表达力的短语，他们可以与 ChatGPT 进行交互，以获得相关的建议和替代词汇。
- 文体和语气调整：ChatGPT 可以帮助外语学习者调整文体和语气。学习者可以与 ChatGPT 讨论他们的写作目标和受众，并从中获得关于文体选择、语气调整和语言风格的建议。

1.3.5 家长的教育辅导助手

从家庭教育的角度来看，家长最头痛的问题之一是如何帮助孩子应对学校考试和评估压力。他们需要关注学习效果和成绩压力、指导学习方法和策略、管理考试焦虑和压力，并提供适当的学科知识辅导，以促进孩子的学习发展和应试能力的提升。

对于家长来说，ChatGPT 可以作为一个有用的作业辅导助手，在辅导教育孩子的过程中提供一些支持和指导。

- 概念解释：如果用户的孩子在某个学科的概念理解上遇到困难，用户可以向 ChatGPT 提问并获得相关概念的解释和例子。ChatGPT 可以帮助解释复杂的概念，以便用户可以更好地向孩子解释和指导。
- 解题思路：当孩子面临难题或作业问题时，用户可以与 ChatGPT 交互，讨论问题的解题思路和方法。ChatGPT 可以为用户提供一些启发，帮助用户和孩子一起找到解决问题的途径。
- 资源推荐：作为新晋家长，用户可能不熟悉适合孩子年龄和学科的学习资源。ChatGPT 可以为用户推荐一些优质的学习资源，如教材、在线课程、练习题等，以帮助孩子更好地完成作业和学习。
- 学习方法和时间管理：除了具体的作业辅导，ChatGPT 还可以提供关于学习方法和时间管理的建议。用户可以向 ChatGPT 咨询如何帮助孩子制定学习计划、提高效率、培养良好的学习习惯等方面的问题。

第 2 章

ChatGPT 之心

本章将介绍 ChatGPT 的原理，包括对自然语言处理（NLP）领域的技术原理和发展轨迹进行说明，梳理 NLP 领域中大规模深度神经网络的规模和发展时间线。NLP 的应用场景涉及文本处理和交互的方方面面。ChatGPT 是一种基于 Transformer 模型的预训练语言模型，具有强大的语言生成能力，它通过大规模神经网络极大地拓展了 NLP 的可用性和应用范围。

ChatGPT 并不是唯一的 NLP 大模型，它的竞争者有很多。这些 NLP 大模型的发展趋势是朝着网络参数规模更大、可处理的 token 数量更多的方向发展，数量规模达到了十亿（billion）甚至万亿（trillion）级别。

本章内容

2.1　自然语言处理

自然语言处理就是用计算机处理自然语言的技术。它曾一度是对 AI 的智能程度进行度量的有效工具，著名的图灵测试中，评价人工智能是否够格的重要参考就是“人是否能判断与他隔空对话的是人还是机器”，如果人无法通过自然语言识别出 AI，那么 AI 就具有智能。这个例子足见 NLP 的重要意义，从中也可以看到 NLP 的目的就是让机器像人一样说话。

2.1.1　NLP 的应用场景

在正式进入 ChatGPT 的原理介绍之前，先介绍以下与其相关的研究领域。ChatGPT 所处的研究领域称为 NLP，它的分析对象称为语料，通过对语料进行计算，NLP 技术广泛用于需要处理文字的场景。

NLP 在语义分析中具有广泛的应用。语义分析是指通过分析文本或语言数据中的语义信息来理解文本的含义和推断意图，NLP 在语义分析的文本分类、意图识别、实体识别、关键词提取、情感分析、问答系统等领域中甚至问答系统等方向具有广泛的应用前景。

- 文本分类，可以将电子邮件分类为垃圾邮件或非垃圾邮件，将新闻文章分类为不同的主题或将社交媒体帖子分类为正面情感或负面情感。
- 意图识别，可以理解用户的意图并适当地回应用户的请求。
- 实体识别，用于识别文本中的具体实体，如人名、地点、组织等，这对于信息提取和知识图谱构建等任务非常有用。
- 关键词提取，可以从文本中提取关键词或短语，这有助于了解文本的主题和重点。
- 情感分析，可以分析文本中的情感倾向，例如判断一篇评论是积极的、消极的还是中性的。这在社交媒体监测、品牌声誉管理和用户反馈分析等方面具有重要作用。
- 问答系统，可以用于构建问答系统，使计算机能够理解问题并从文本中提取相关信息来生成答案。

以上虽然只是 NLP 在语义分析中的一小部分应用示例，但足以说明 NLP 在日常工作中具有不可替代的重要地位。随着 NLP 技术的不断发展和改进，语义分析在各个领域的应用也在不断扩大，其中重要的场景扩展是机器翻译，在此基础上 NLP 甚至能够实现智能化要求更高的内容识别和自动语法矫正等复杂功能。

1. 机器翻译

首先，机器翻译（machine translation，MT）是指使用计算机和自然语言处理技术将一种语言的文本自动翻译成另一种语言的过程。机器翻译是 NLP 领域的重要应用之一，具有广泛的实际应用和研究价值。机器翻译的典型方法可以分为以下几种。

- 基于规则的机器翻译（rule-based machine translation，RBMT）：RBMT 方法依靠人工编写的规则来进行翻译。这些规则包括词汇、语法和语义等方面的知识，用于将源语言的句子转换为目标语言的句子。RBMT 方法的优点是可解释性强，可以精确控制翻译过程，但需要大量的人工规则和语言专家的参与。这对应 NLP 发展轨迹的“符号学阶段”。
- 基于统计的机器翻译（statistical machine translation，SMT）：SMT 方法基于统计模型，通过分析大规模的双语平行语料库来进行翻译。该方法将翻译问题转化为一个统计模型训练问题，使用统计算法和语言模型来选择最佳的翻译结果。SMT 方法的优点是可以从大量数据中学习翻译知识，但对于稀缺的语料和复杂的句子结构可能存在限制。这对应 NLP 发展轨迹的“统计学阶段”。

- 神经网络机器翻译（neural machine translation，NMT）：NMT 方法是近年来发展起来的一种机器翻译方法，基于深度神经网络模型，如循环神经网络（RNN）和转换器模型（Transformer）。NMT 方法通过将源语言的句子编码为一个中间向量表示，然后解码为目标语言的句子。NMT 方法在训练过程中可以自动学习句子的语义和上下文信息，具有较好的翻译效果，并且能够处理更长和复杂的句子。这对应 NLP 发展轨迹的“大模型新阶段”。
- 基于预训练模型的机器翻译：最近的研究表明，预训练语言模型，如基于 Transformer 结构的双向编码表示器（birdirectional encoder representations from transformers，BERT）和 GPT，在机器翻译任务中也取得了良好的效果。这种方法将预训练模型与传统的机器翻译方法相结合，利用预训练模型对源语言和目标语言之间的对齐关系进行建模，提供更准确的翻译结果。

机器翻译的挑战包括语言之间的差异、多义性、上下文理解、稀缺数据和特定领域的专业术语等。目前的机器翻译系统通常会结合多种方法和技术，以提高翻译质量和效果。其中，NLP 扮演的角色是各种方法的数字化特征提供者和方法输出的集成者。

2. 内容识别

NLP 在内容识别领域，尤其是识别有害的或敌意性的语言方面也有广泛的应用，这些应用的特点和痛点在于如何对语言的语义进行识别和分类，这不再是简单的词汇翻译，而是需要理解语言所携带的情感信息，目前的经典应用如下。

- 垃圾邮件过滤：NLP 可以用于识别垃圾邮件或含有恶意内容的电子邮件。通过分析邮件的文本、发送者和其他元数据，可以检测出潜在的垃圾邮件。
- 情感分析：NLP 可以分析文本的情感倾向，包括敌意或攻击性。通过使用情感分析技术，可以识别出具有敌意的语言，例如对个人或群体的侮辱、威胁或仇恨言论。
- 文本分类：NLP 可以用于分类文本，并标识出具有敌意或不适宜内容的文本。通过训练机器学习模型，可以将文本分类为不同的类别，包括敌意语言或不当内容。
- 关键词过滤：NLP 可以使用事先定义的关键词列表或自动学习方法来检测有害语言。这些关键词可以是攻击性的词汇、种族歧视的词汇或其他具有敌意的词汇。
- 文本规则和模式匹配：通过制定规则或使用模式匹配算法，可以识别出具有敌意的语言模式。这些规则可以基于语法、词汇、短语结构或其他上下文信息来定义。
- 社交媒体监测：NLP 技术可以用于监测社交媒体平台上的有害语言。通过实时分析用户的帖子、评论和消息，可以及时发现和应对敌意或恶意行为。

需要注意的是，识别有害的或敌意性的语言是一个复杂的任务，涉及文化、语境和个人主观判断的因素。NLP 模型在这方面可能存在误判的情况，因此在应用中需要综合考虑多个因素，并结合人工审核和反馈机制来提高准确性和适用性。

3. 语法错误校正

NLP 在语法错误校正方面也有一定的应用。语法错误校正旨在自动检测和纠正文本中的语法错误，帮助用户改善写作质量。

- 基于规则的方法：基于规则的方法使用语法规则和语言知识来检测和纠正语法错误。这些规则可以包括句法结构、词类标记、单词形态等。例如，通过规则可以检测出主谓不一致、动词时态错误、冠词错误等。
- 统计机器翻译方法：统计机器翻译方法可以用于语法错误校正。这种方法使用大量的句子对齐和平行语料库来训练模型，然后利用这些模型来预测和修正语法错误。这种方法可以通过学习句子之间的对应关系来自动纠正错误。
- 基于机器学习的方法：基于机器学习的方法可以通过训练模型来学习语法错误的模式和特征。这些模型可以使用特征工程方法来提取句子级别或词级别的特征，并根据这些特征进行分类或序列标注来进行错误校正。
- 神经网络方法：神经网络方法在语法错误校正中也有应用。这些方法可以使用循环神经网络或序列到序列（Seq2Seq）模型来对输入文本进行建模，并生成纠正后的文本输出。

需要注意的是，因为语法规则和错误类型的复杂性，语法错误校正是一个具有挑战性的任务。同时，对于某些类型的错误，如歧义性错误或上下文相关的错误，语法错误校正可能存在一定的局限性。因此，在实际应用中，人工审核和反馈机制仍然是至关重要的，以确保校正结果的准确性和可靠性。

4．自然语言交互

ChatGPT 是 NLP 在自然语言交互领域应用的翘楚，它是一种基于 Transformer 模型的预训练语言模型，具有强大的语言生成能力。它通过大规模神经网络极大地拓展了 NLP 的可用性和应用范围。它的主要设计目标是生成连贯和有意义的文本，具有以下优势。

- ChatGPT 可以生成连贯、自然流畅的对话回复。它能够理解上下文，并在回答用户问题或参与对话时提供连贯的回应，使对话更加自然。
- ChatGPT 基于大规模的训练数据，拥有广泛的知识覆盖。它可以回答各种主题的问题，并提供相关的信息，包括常见知识、实用建议、事实等。
- ChatGPT 能够理解用户的意图并做出相应的回应。它可以处理多种类型的用户查询，如提供信息、回答问题、给予建议等，并适应不同的对话场景。
- ChatGPT 可以根据对话上下文的变化灵活调整回复。它可以模拟不同的个性和语气，以适应用户的偏好和需求，从而提供更加个性化的对话体验。
- ChatGPT 有时会给出创造性的回答，产生有趣的对话。它可以提供引人入胜的故事、笑话、成语解释等，使对话更加有趣和富有趣味性。

本章接下来的内容将从 NLP 大模型的角度说明为什么 ChatGPT 具有以上能力，以及从原理上说明这些能力的计算基础。

2.1.2　自然语言处理的发展阶段

语言是人类独有的、复杂的符号体系。从 20 世纪 50 年代开始到现在，人们就一直试图使用数值计算的方法，利用计算机认识和处理人类的语言，因此自然语言处理也就成为一个与计算机科学紧密结合的新兴研究领域。已经至少经历了三个基本阶段，分别是符号学阶段、统计学阶段和现在所处的深度学习大模型阶段。

1. 符号学阶段

Symbolic NLP（symbolic natural language processing）强调通过符号操作和规则系统来处理和理解自然语言。在 Symbolic NLP 中，语言被视为由符号组成的形式化结构，符号之间的关系和规则用于进行语义解析、推理和生成。Symbolic NLP 的核心思想源于计算机科学中的符号处理和人工智能中的知识表示与推理。它基于以下假设。

- 知识表示：语言和语义可以通过符号和规则来精确地表示。例如，使用逻辑表达式、语法规则或语义网络来表示语义信息。
- 规则系统：利用逻辑推理、规则匹配和模式匹配等方法来处理语义解析和生成任务。通过应用预定义的规则和推理机制，可以根据输入文本进行语义分析、语法分析和推理等操作。
- 语言规则和语法：符号和规则用于描述语言的结构和语法规范。例如，使用上下文无关文法（context-free grammar）来描述句子的结构，或使用语义角色标注来描述词语与句子结构之间的关系。

Symbolic NLP 的一个主要优势是其解释性和可控性。通过使用明确的符号表示和规则系统，Symbolic NLP 可以提供对语言处理过程的详细解释和可理解的结果。这对于某些任务（如问答系统、规则引擎）和特定的领域（如法律和医学）可能是重要的。

然而，Symbolic NLP 面临的挑战是传统的 Symbolic NLP 方法通常需要人工编写大量的规则和知识，且难以处理自然语言的歧义性和灵活性。近年来，随着深度学习的发展，基于统计和神经网络的方法在自然语言处理中取得了显著的进展，并逐渐成为主流。这些方法不完全排除 Symbolic NLP 的思想，而是将其与数据驱动的学习方法相结合，提供了更强大的语义建模和处理能力。

2. 统计学阶段

Statistical NLP（statistical natural language processing）强调使用统计模型和机器学习方法来处理和理解自然语言。在 Statistical NLP 中，语言和语义的处理是基于大规模语料库数据的统计分析和学习。

Statistical NLP 的核心思想是利用统计模型和机器学习算法从数据中学习语言的概率分布和模式，以便对自然语言进行分析、生成和理解。这种方法具有以下特点。

- 概率建模：使用统计模型来表示语言的概率分布，从而计算句子或词序列的概率。例如，使用 n-gram 语言模型来建模句子的概率分布，其中 n 表示模型考虑的上下文长度。
- 特征提取：从语料库数据中提取各种特征，如词频、词性、上下文信息等，作为模型训练的输入。这些特征可以用于词性标注、命名实体识别、句法分析等任务。
- 监督学习和无监督学习：Statistical NLP 使用监督学习和无监督学习算法进行模型训练。监督学习使用已标注的数据来训练模型，而无监督学习则通过自动化方法从未标注的数据中学习语言的结构和模式。
- 统计推断和概率计算：利用统计模型进行推断和计算，例如通过贝叶斯推断和马尔可夫链来计算最可能的句子解析树或词序列。
- Statistical NLP 的一个主要优势是其能够从大规模数据中学习和处理语言的统计规律

和模式。它能够灵活地处理自然语言的歧义性和灵活性，并且可以适应不同领域和语境的变化。Statistical NLP 已被成功应用于诸多自然语言处理任务，如机器翻译、语音识别、文本分类和情感分析等。

然而，Statistical NLP 面临的挑战是依赖于大规模数据的统计模型，当数据稀缺或领域特定时，模型的性能可能受到限制。此外，Statistical NLP 在一些语义理解和推理任务上可能受到限制，因为它主要关注于局部模式和概率分布，而较少考虑语义关系和推理能力。近年来，深度学习和神经网络方法在自然语言处理中的兴起提供了一种弥补这些限制的方法，同时也与 Statistical NLP 方法结合使用，取得了显著的进展。

3．深度学习大模型阶段

在前两个阶段中，符号学习阶段使 NLP 具有了进行语言表达的符号基础，统计学习阶段使 NLP 构造了语言内容的统计学模型，接下来的工作就是通过深度学习方法将这些知识“外化”出来，实现人机之间的自然语言交流。由于自然语言本身的复杂性，因此只有在深度学习的大模型问世之后，NLP 才有机会通过数值计算的手段对自然语言进行量化。在大模型阶段，NLP 大模型的发展时间线梳理如下。

- 词法分析和句法分析（1950—1960 年）：词法分析是将自然语言文本分解为单词或词根的过程，而句法分析则是分析句子的语法结构。早期的自然语言处理研究主要集中在这两个领域，如通过规则和语法来解析和理解文本。
- 语义分析（1960—1970 年）：语义分析是对文本进行更深层次的理解，关注词汇和句子之间的含义关系。早期的语义分析方法包括语义网络和语义角色标注等。
- 机器翻译（1970—1980 年）：机器翻译旨在将一种语言自动翻译成另一种语言。早期的机器翻译系统主要基于规则和语法，但效果有限。随着统计机器翻译的发展（如基于短语和句子的翻译模型），机器翻译取得了一定的进展。
- 统计语言模型和概率图模型（1980—1990 年）：统计语言模型利用大量的文本数据来学习词语和句子的概率分布，从而为自然语言处理任务提供基础。概率图模型（如隐马尔可夫模型和条件随机场）被广泛应用于词性标注、命名实体识别等任务。
- 语料库语言学和分布式表示（1990—2000 年）：语料库语言学通过大规模文本语料库的分析来研究自然语言。同时，基于分布式表示（如词向量）的方法开始兴起，如 Word2Vec 和 GloVe 等，这些方法能够将词语表示为连续向量空间中的点，从而更好地捕捉词语之间的语义关系。
- 深度学习和神经网络方法（2010 年至今）：深度学习和神经网络方法在自然语言处理领域取得了重大突破。通过使用如循环神经网络及其变种[如长短时记忆网络（LSTM）和门控循环单元（GRU）]、卷积神经网络以及注意力机制等深度神经网络的机器学习技术，NLP 开始使用大模型对现有的海量语料进行学习，从而增强了语义的表达能力和语言的输出能力。

2.1.3 自然语言处理与深度神经网络

深度神经网络是近年来取得长足发展的机器学习方法。与传统机器学习方法相比，它的优势主要体现在其参数规模可以无限增长，从而有机会学会复杂多变的自然语言特征。

1．何为深度神经网络

深度神经网络是一种由多个神经网络层组成的机器学习模型。它是深度学习领域最为常见和重要的模型之一。传统的神经网络模型通常只包含几层神经网络，而深度神经网络具有更多层的结构，可以包含数十层、甚至上百层的神经网络。这些额外的隐藏层允许模型对数据进行更复杂和抽象的表示学习，从而提高模型的表达能力。深度神经网络通过堆叠多层神经元来构建模型。每个神经网络层接收来自前一层的输入，并通过非线性变换来产生输出。每一层的输出作为下一层的输入，逐层传递直到最后一层，产生模型的最终输出。

深度神经网络可以应用于各种机器学习任务，包括图像识别、语音识别、自然语言处理等。通过多层的非线性变换，深度神经网络能够学习到更抽象、更高级的特征表示，从而更好地解决复杂的模式识别和推断问题。深度神经网络的训练通常使用反向传播算法来优化模型参数，以最小化损失函数。反向传播算法通过计算损失函数关于模型参数的梯度，然后使用梯度下降等优化算法来更新参数，使得模型能够逐渐调整自身以更好地拟合训练数据。因此，深度神经网络是一种多层次、非线性的神经网络模型，具有强大的学习和表示能力。它通过层级的特征表示学习来解决复杂的机器学习问题，并在众多领域中取得了广泛的应用和成功。

2．深度神经网络的训练和训练方法

深度神经网络是一种由多个神经网络层组成的模型，每一层都包含多个神经元（或称为节点）。换句话说，深度神经网络是一种模型，它具有极其精密的数学结构，这些结构保证了它有可能完成对客观世界的数学表达。但如何让这种可能性转化为实际的性能呢？这就需要对模型中的各个参数进行寻优，寻优的过程称为“训练”。当训练深度神经网络时，损失函数用于衡量模型的预测输出与实际标签之间的差异。在梯度反传（back propagation，BP）中，损失函数的梯度被计算并用于调整网络参数，以最小化损失函数。

在神经网络中，每个神经元接收输入，并通过非线性转换将其传递给下一层。深度神经网络的训练过程中，使用梯度反传方法来调整网络中的参数，使其能够更好地拟合训练数据。梯度反传通过计算损失函数对于网络中各个参数的梯度，然后根据梯度的反方向调整参数值。具体来说，梯度反传方法分为两个阶段：前向传播和反向传播。

- 前向传播：在前向传播过程中，网络将输入数据从输入层经过每一层逐层传递，并计算每个神经元的输出。对于每一层，神经元的输出是通过应用激活函数（如 Sigmoid、ReLU 等）对输入的线性组合进行非线性转换得到的。
- 反向传播：在反向传播过程中，首先计算网络输出与目标输出之间的误差，即损失函数的梯度。然后，从输出层开始，将梯度向后逐层传播，计算每个神经元的梯度。梯度的计算基于链式法则，即每个神经元的梯度是由上一层神经元梯度和当前层激活函数的导数共同决定的。通过不断反向传播梯度，并利用梯度下降等优化算法，更新网络中的参数，使其朝着最小化损失函数的方向调整。

通过重复进行前向传播和反向传播，不断更新参数，使网络能够逐渐调整自身以更好地拟合训练数据。这样，在训练过程中，网络通过学习数据中的模式和规律，提取出更有用的特征，并能够进行准确的预测和分类。梯度反传方法是深度神经网络中的关键技术，它使得网络能够通过大量数据进行有效的训练和参数优化，从而获得更好的性能。

3. 自然语言处理中的深度神经网络

以下列出的是对 NLP 发展起到推动作用的经典深度神经网络计算方法，它们之间的关系是承上启下而非互相取代，虽然出现时间有先有后，但其中蕴含的思想都是不可替代的。也就是说，后出现的计算方法都或多或少地继承了之前方法的计算机制和原理。

- 循环神经网络（RNN）（1990 年提出）：RNN 是一种序列模型，能够处理序列数据的神经网络。它通过循环连接在序列数据中传递信息。RNN 适用于处理变长的序列数据，例如自然语言中的句子。然而，传统的 RNN 在处理长期依赖关系时可能存在梯度消失或梯度爆炸的问题。
- 长短时记忆网络（LSTM）（1997 年提出）：LSTM 是一种改进的 RNN 结构，通过引入门控单元，能够更好地捕捉长期依赖关系。LSTM 通过遗忘门、输入门和输出门的机制来控制信息的流动，有效地解决了传统 RNN 的梯度消失和梯度爆炸问题。LSTM 在语言模型和机器翻译等任务中取得了显著的性能提升。
- Word2Vec（2013 年提出）：Word2Vec 是一种用于学习词向量表示的模型，将词语表示为连续向量。它通过训练神经网络来学习词语的分布式表示，使得相似的词在向量空间中距离更近。Word2Vec 有两种主要实现方式：连续词袋（continous bag of words，CBOW）模型和 Skip-gram 模型。CBOW 模型通过上下文预测中心词，而 Skip-gram 模型通过中心词预测上下文词。
- 注意力机制（2014 年提出）：注意力机制允许模型在处理序列数据时动态地关注不同部分的信息。它通过学习注意力权重来指导模型在序列中的信息传递和表示，帮助模型更好地理解和处理输入序列。注意力机制在机器翻译、文本摘要和问答系统等任务中被广泛应用，能够有效地处理长句子和长距离依赖关系。
- 生成对抗网络（GAN）在文本生成上的应用（2014 年提出）：GAN 是一种由生成器和判别器组成的框架，通过对抗训练的方式来生成逼真的样本。在自然语言处理中，GAN 被用于文本生成任务，如生成文章、对话系统和机器翻译等。GAN 的生成器通过学习数据分布来生成类似真实样本的文本。
- Transformer 模型（2017 年提出）：Transformer 模型是一种基于自注意力机制的神经网络结构，用于处理序列数据，使其能够并行计算和捕捉长距离依赖。它在机器翻译任务中取得了重大突破，并成为自然语言处理中的重要模型。Transformer 模型通过自注意力机制和多头注意力机制，能够并行计算和捕捉序列中的长距离依赖关系，同时避免了传统 RNN 的梯度问题。

2.2 大语言模型 LLM

ChatGPT 是一种 LLM，通过大规模数据集、多样性训练样本、上下文理解和迁移学习等技术手段，实现了对多个领域的泛化能力。这使得它们能够在各种任务和领域中表现出色，成为通用的语言处理工具。

LLM 进行语言处理的最小单位是 token，它是语言模型对输入文本进行分割和编码后的最小单元。对 token 序列进行处理需要模型具有对上下文的理解能力，这种强大理解能力背后的计算机制是一种基于自注意力机制的 Transformer 网络结构。ChatGPT 的出色语言能力皆来自于此。

2.2.1 大语言模型 LLM 概述

1. 何为大语言模型 LLM

LLM 是基于人工智能的模型，用于生成和理解自然语言文本。它是通过在大规模文本数据上进行训练而构建的，可以从输入的文本中学习语法、语义和上下文，并生成类似人类语言的输出。目前，虽然许多大型商业公司都在这个领域开始发力并研发自己的 LLM，这些模型在生成文本方面表现出色，它们可以理解上下文，生成连贯的回复，但 LLM 尚未有教科书式的定义。从目前最流行的产品来看，它们有一些统一的特征，这些功能性特征勾勒出它的面貌。

首先，LLM 的本质是一种机器学习模型，在形式上是具有极大参数量的深度神经网络模型；其次，与传统机器学习模型有所区别的地方是，LLM 致力于解决更加宽泛的问题，而非某个特定问题；另外，LLM 具有“演化”能力，它往往能够提供一个经过充分训练的预训练网络，这个网络可以针对特定任务进行增强来拓展其能力范围。

2. LLM 的发展时间线

为了使读者对 LLM 的发展提供一个量化的视角，在此将本书完稿时的 LLM 及其规模进行统计如下。值得关注的是模型的参数规模和语料库规模的单位，其中，从参数规模可以看到，目前进行自然语言处理的模型规模不断变大，参数数量已经达到了十亿（billion）甚至万亿（trillion）级别。另外，语料库规模的单位除了日常认识的 word 之外还有一种单位称为 token，这是现代自然语言处理中的重要概念，将在下一章中进行详细介绍。自然语言处理模型的发展时间线见表 1-1。

表 1-1 自然语言处理模型的发展时间线

模型名称	发布年份	开发者	参数规模 单位：十亿个（billion）	语料库规模 单位：十亿个（billion）	语料库规模量纲	训练数据规模 单位：十亿比特（GB）
AlexaTM	2022	Amazon	20.00	1300.00	tokens	—
Claude	2021	Anthropic	52.00	400.00	tokens	—
Ernie 3.0 Titan（文心）	2021	Baidu（百度）	260.00	—	—	4000.00
BloombergGPT	2023	Bloomberg L.P.	50.00	363.00	tokens	—
Chinchilla	2022	DeepMind	70.00	1400.00	tokens	—
Gopher	2021	DeepMind	280.00	300.00	tokens	—
GPT-Neo	2021	EleutherAI	2.70	—	—	825.00
GPT-J	2021	EleutherAI	6.00	—	—	825.00
GPT-NeoX	2022	EleutherAI	20.00	—	—	825.00
BERT	2018	Google	0.34	3.30	单词量	—
XLNet	2019	Google	0.34	33.00	单词量	—
LaMDA	2022	Google	137.00	1560.00	单词量	—

（续）

模型名称	发布年份	开发者	参数规模单位：十亿个（billion）	语料库规模单位：十亿个（billion）	语料库规模量纲	训练数据规模单位：十亿比特（GB）
PaLM 2	2023	Google	340.00	3600.00	tokens	—
PaLM	2022	Google	540.00	768.00	tokens	—
Minerva	2022	Google	540.00	35.00	tokens	—
GLaM	2021	Google	1200.00	1600.00	tokens	—
PanGu（盘古）	2023	Huawei（华为）	1085.00	329.00	tokens	—
BLOOM	2022	Hugging Face	175.00	350.00	tokens	—
OpenAssistant	2023	LAION	17.00	1500.00	tokens	—
LLaMA	2023	Meta	65.00	1400.00	tokens	—
Galactica	2022	Meta	120.00	106.00	tokens	—
OPT	2022	Meta	175.00	180.00	tokens	—
Megatron-Turing NLG	2021	Microsoft and Nvidia	530.00	338.60	tokens	—
GPT-2	2019	OpenAI	1.50	—	—	40.00
GPT-3	2020	OpenAI	175.00	300.00	tokens	—
GPT-4	2023	OpenAI	1000.00	—	—	—
Falcon	2023	Technology Innovation Institute	40.00	100.00	tokens	—
YaLM 100B	2022	Yandex	100.00	—	—	1700.00
Gemini-Ultra	2023	Google	1560.00	—	—	—
Gemini-Nano-1	2023	Google	1.80	—	—	—
Gemini-Nano-2	2023	Google	3.25	—	—	—

Gemini 模型是 Google 公司在 2023 年底推出的大语言模型，是 ChatGPT 的竞品，因此它的一些特性值得一提。首先，Gemini 并不是纯语言模型，而是基于 Transformer 解码器的多模态语言理解模型，能够完成图文识别等多模态任务，因此它的参数规模也更大；其次，为了满足不同设备的运行需求，它按参数量从多到少分别提供了 Ultra（大型）、Pro（专业型）和 Nano（迷你型）三种版本，分别适用于后台集群、专业计算机和小型设备上的计算场景，因此不同版本之间的参数量差异较大。这种适应性的增强也是大语言模型类产品的发展趋势。

3. LLM 的领域泛化

领域泛化指的是模型在从未见过的领域或任务上的性能表现。当一个模型在训练过程中仅接触到特定领域或任务的数据时，它可能在这些特定领域或任务上表现出很高的准确性和性能，但在处理其他领域或任务时可能会遇到困难。一个具有领域泛化能力的模型能够推广其在训练领域中学到的知识和技能，适应新领域的语言和语境，并正确地理解和生成相关的输出。

领域泛化对于实际应用非常重要，因为我们经常面临着需要将模型应用于新领域或新任务的情况。具有良好领域泛化能力的模型可以快速适应新的环境，并在新领域中展现出良好的性能，而无须进行大规模的重新训练。为了提高领域泛化能力，可以采取一些策略，如多领域训练、数据增强、迁移学习和模型正则化等。这些方法可以帮助模型更好地理解和处理不同领域的语言数据，从而提高在未见领域上的泛化性能。

LLM 之所以能够实现领域泛化，是因为它们经过大规模的训练，使用了包含各种领域的广泛文本数据。这些模型通过在不同领域的文本上进行训练，学习到了通用的语言规律、语义理解和上下文推理能力。

具体来说，以下几个因素有助于 LLM 实现领域泛化。

- 大规模数据集：LLM 使用大量的训练数据，包括互联网上的各种文本资源，如网页、新闻、维基百科、书籍等。这些数据涵盖了多个领域和主题，使模型能够学习到广泛的知识和表达方式。
- 多样性训练样本：在训练 LLM 时，会尽量包括来自不同领域、不同主题和不同风格的文本样本，确保模型能够接触到多样化的语言和内容。这种多样性有助于模型理解和推理出更通用的语言模式。
- 上下文理解：LLM 采用了一些先进的深度学习技术，如循环神经网络或 Transformer 架构，它们具有很强的上下文理解能力，使得模型能够从上下文中推断出隐含的意思和关联，从而更好地适应不同领域的文本。
- 迁移学习和微调：LLM 还可以通过迁移学习和微调来进一步提高领域泛化能力。模型可以在特定领域的数据上进行微调，以适应该领域的语言特点和任务要求。这样，模型就能在特定领域中表现出更好的性能，同时仍然保持对其他领域的一定泛化能力。

综上所述，LLM 通过大规模数据集、多样性训练样本、上下文理解和迁移学习和微调等技术手段，实现了对多个领域的泛化能力。这使得它们能够在各种任务和领域中表现出色，成为通用的语言处理工具。

4. LLM 的预训练

预训练是一种模型参数优化方法，用于为 LLM 提供通用的背景知识和语言理解能力。在预训练过程中，模型通过大规模的无监督学习，在海量的文本数据上进行训练。模型从这些数据中学习语言的统计特征、词汇关系和语义表示。通过此过程，模型能够理解自然语言中的上下文和语境，捕捉词语之间的关联、句子的结构以及文本的整体意义。在预训练过程中，模型不需要人工标记的标签或目标，而是通过观察大量文本数据逐渐形成对语言的理解和表达能力。

预训练的目标是使模型具备广泛的领域知识和泛化能力。通常，预训练模型包含数十亿个参数，能够对复杂的语言模式进行建模。这样的预训练模型成为后续特定任务的起点，可以通过微调来适应特定领域或任务的要求。

LLM 通过大规模的无监督学习进行预训练，主要目的是学习语言的统计特征和语义知识。这为后续的特定任务或领域微调提供了一个强大的初始状态，有助于提高数据利用效率、增强模型的泛化能力，并提升模型对上下文的理解水平。

通过预训练，LLM 能够从大规模的无监督数据中学习通用的语言表示和语义知识，为特定任务和领域的微调提供了一个强大的基础。这种预训练-微调的方法在自然语言处理等领域取得显著成果，并广泛应用于各种实际应用中。

通过本节的介绍，希望读者能够知晓 LLM 是一种深度神经网络，它不仅能够记住学习到的内容，而且具有“举一反三”的能力。当然 LLM 的训练过程是需要海量训练数据支持的，因此它需要进行预训练。

2.2.2 大语言模型的 Token 和词向量

1. 自然语言的向量化

LLM 进行自然语言处理的第一步就是对自然语言进行向量化。将自然语言文本向量化是将文本表示为数值向量的过程，使得计算机可以对文本进行数值计算和机器学习等任务，典型的量化方法有独热（OneHot）编码方法、词袋模型方法、词嵌入方法、全局向量的词表示 GloVe 方法、BERT 方法等，这些方法不具有排他性，每种方法都有其优劣和适用场景。根据具体任务和需求，可以选择合适的方法来对自然语言进行向量化。

ChatGPT 是一种基于预训练的语言模型，它并没有对输入进行显式的语言向量化。它接收自然语言文本作为输入，并通过模型内部的神经网络进行处理和生成响应。在 ChatGPT 中，文本的向量化是通过模型内部的多层 Transformer 网络实现的。这些网络层使用自注意力机制来捕捉输入文本的上下文信息，并将其转化为高维表示。这些表示在不同层之间进行传递和变换，最终用于生成模型的输出。

其中提到的 Transformer 和注意力机制等名词将在后文中做详细解释，这里需要读者注意到的点是所谓“向量化”是一个抽象过程的简称，它既可以是显性的独立计算过程，也可以是隐性的暗含在整个计算过程当中，但无论如何，了解词向量的意义对于理解 LLM 和 ChatGPT 是有好处的。

2. 向量化的最小单元：Token

Token 是 LLM 进行向量化时的重要概念，是指语言模型对输入文本进行分割和编码后的最小单位。也就是说，虽然名为词向量，但自然语言的向量化过程是针对 token 所进行的。

在自然语言处理任务中，文本通常被切分成一系列的 token，每个 token 可以是一个词语、一个字符或者其他更小的单元。每个 token 会被映射为一个向量，这些向量表示了每个 token 的语义和上下文信息。当处理中文文本时，常见的 token 划分方法有以下几种：

- 按字符划分：将中文文本按字符进行切分，每个字符作为一个 token。例如，对于句子 "我喜欢吃水果"，按字符划分后的 token 序列为 ["我", "喜", "欢", "吃", "水", "果"]。
- 按词语划分：将中文文本按照词语进行切分，每个词语作为一个 token。例如，对于句子"我喜欢吃水果"，按词语划分后的 token 序列为 ["我", "喜欢", "吃", "水果"]。
- 混合划分：结合字符和词语进行划分，将部分词语看作一个整体形成独立的 token，其他部分按字符划分。这种划分方式可以更好地平衡对整词和细粒度信息的处理。例如，对于句子 "我喜欢吃水果"，混合划分后的 token 序列为 ["我", "喜欢", "吃", "水", "果"]。

需要根据具体任务和需求选择适合的 token 划分方式。在处理中文文本时，分词是一项重要的任务，因为中文词语的划分对于语义理解和信息提取非常关键。合理的 token 划分可以提供更准确和有意义的输入表示，有助于提升模型的性能和效果。

3．词向量的作用

词向量是自然语言计算领域中的经典概念，它是一种表示词汇和语料的方法，词向量是将词汇表示成高维空间中的向量的数学方法，它使得语料中具有相似含义的词汇具有相似的表示形式。

LLM 能够以词向量为载体实现对语料的量化计算。这些向量不仅可以实现词汇的选择与定位，也可以用来描述词汇之间的关联关系。因此，复杂的语料分析问题就被抽象成了向量之间的计算和预测关系。而语言的语法表明词汇之间的排列组合是有规律的，这种规律既体现在语法关系上，又体现在语言习惯上。最终，在经过词向量的数字化后，这些规律体现在词向量组合的数字特征分布上。

由于自然语言的数字特征具有非线性规律，因此对它进行分析和预测的模型需要能够描述这些非线性特征，而深度学习方法在这一方面具有优势，这种优势在图像处理等领域已经被广泛证明，在此不再赘言。这种优势也使深度神经网络成为 LLM 的实现基础。

4．词向量的内涵

词和词向量是自然语言处理的原料，计算机以向量的形式对语言进行理解、加工和输出。

ChatGPT 具有听、说和想的能力，其中听和说的内容是语言，而想的过程是计算。计算机中没有“之乎者也”，只有“与或非”的逻辑计算，因此需要建立语言和数字计算之间的对应关系。事实上，在计算机处理任何东西之前，都需要对它们进行数字化。

让我们想象一张图片，它可以是某个人、一朵花或某座建筑的“忠实”描述。那么这张图片其实是大量像素的规则排列，每个像素都可以用一串数字来表示。此时，我们可以说像素是视觉信息表达的最小单元。

词汇是语言的最小单元，而词和它的词向量就是语言的像素，是语言和数字计算之间的纽带。模型“读”的过程就是将用户输入的词汇转换成数字化的词向量的过程。

5．词向量的提出

虽然其名称为词向量，但用英文直译也可称为词嵌入（word embedding），取将词汇嵌入到语义空间之意。这一概念并非近期出现，而是早在 2000 年出版的 *Speech and Language Processing* 第六章“Vector Semantics and Embeddings”中已经有所介绍，开头便引用了庄子的话：

> 荃者所以在鱼，得鱼而忘荃
> Nets are for fish; Once you get the fish, you can forget the net.
> 言者所以在意，得意而忘言
> Words are for meaning; Once you get the meaning, you can forget the words.

该书作者意在表明，词汇是表达思想的载体，因此不妨用数学的形式来表示它。如果思想是一张图，那么词汇就是嵌入在图中的像素，句子就是像素构成的曲线，曲线勾勒出的纹理就可以想象成文章。简单来说，我们将思想抽象成一个庞大的语义空间，那么语汇就是这个空间中的向量。

6. 词向量的例子

虽然词向量从一开始是以拉丁语系的英文为蓝本进行设计和分析的，但这并不妨碍用汉语的逻辑去理解它。首先，下列等式是将做饭的具体过程抽象出来，除去细枝末节，只保留关于原料和工具的关键信息。虽然用数学公式表达出来显得有点奇怪，但是不难发现，这些生动的文字与死板的数字之间具有形式上的联系，这种联系就来自语义。

$$\begin{cases}锅+水=煮\\锅+油=炒\\锅+油\times2=炸\\f(锅+水,米)=饭\end{cases}$$

接下来，让我们发挥一些想象力，将每个具体的词汇与数字联系起来，从而使上述等式在数学上成立。这就是用向量来描述词汇的基本思想。通过巧妙的数学设计，我们还可以让向量的运算与词汇之间的关系产生耦合。这样做的好处是能够让计算机发挥它的特长，即能够高效地对数字进行计算。

7. 词向量的生成和计算

为了让词和它的向量之间产生耦合关系，我们显然不能为每个词量身订制自己的向量，这样工程浩大且永无尽头。目前流行的方法是基于概率统计对文本资料进行计算，通过计算结果将整个词向量所嵌入的空间规划出来。

这里所谓的概率统计就是统计各个词汇之间的关联。首先，用来计算的文本资料可以取自大量的书籍或网络，之后按照段落或句子将这些资料分成大量小单元，接下来对每个小单元内出现的词汇进行记录，除了记录某个词汇出现在某个单元内的次数之外，还记录这些词汇出现时其他词汇出现的概率。以《桃花庵歌》的头两句为例：

> 桃花坞里桃花庵，桃花庵里桃花仙。
> 桃花仙人种桃树，又摘桃花换酒钱。

我们只要将对应字出现时，其他字出现的次数列成一个方形的表格就可以对其中的语义进行建模。首先从左上角来看，“桃”“花”从未分家，可知只要有花必是桃花；其次从中间斜向下的形状来看，坞生庵、庵生仙、仙人种桃树的关系跃然纸上；再看最下角就有了折枝换酒钱之意；最后有花字对应的一条横线，它代表句句有花，因此可以想见，换酒钱的枝必为桃花枝。

因此，我们在实际场景中，总可以按照上述方法建立词汇之间的关联矩阵，而每个词汇被其他词汇所表达得到的向量就称为词向量。从上述例子中可以看到，词向量不仅有助于我们理解语料，更加有助于让计算机通过计算的方式解析语料中的语义信息。

2.2.3 ChatGPT 的 Transformer 基础结构

所谓上下文是自然语言处理中的术语，用来表达分析对象的前言后语和前因后果。让我们回看桃花诗的一句话，尝试用 ChatGPT 去解析它。

桃花仙人种桃树，又摘桃花换酒钱

会话 2.1 问题 1：

桃花仙人种桃树，又摘桃花换酒钱。 请将这句话分解为 token，并解释它们。

会话 2.1 回答 1：

这句话可以分解为以下 token：

1. “桃花仙人” - 这是一个名词短语，指的是一个虚构的仙人或神话中的角色，与桃花有关。
2. “种” - 这是一个动词，意思是在土地上种植或培育。
3. “桃树” - 这是一个名词短语，指的是一种树，可以结桃子。
4. “又” - 这是一个连词，表示进一步的行动或事件。
5. “摘” - 这是一个动词，意思是采摘或取下。
6. “桃花” - 这是一个名词短语，指的是桃树上的花朵。
7. “换” - 这是一个动词，表示用一样东西交换另一样东西。
8. “酒钱” - 这是一个名词短语，指的是用来购买酒的货币。

整句话的意思是，桃花仙人种植桃树，然后采摘桃花，用它们来换取酒的钱。这句话似乎描绘了一个神秘的故事情节，涉及仙人、桃树和酒，可能有神话或文学的背景。

从会话中可知，如果将诗句打散成 token 的话，这些 token 包括“桃花”“仙人”“种桃树”“摘桃花”“换酒钱”等。ChatGPT 能够解读这段话的前提是其至少能够“计算”出以下信息，桃花仙是个人、摘桃花的人是桃花仙，桃花仙不仅摘桃花而且他还换酒钱。那么，顺着这个思路想，如果他要找一个向量来表征“桃花仙”，那么这个向量至少应该包含后续的种树、摘花、换酒钱这些概念。这些概念的总合称为“上下文”。从其优异表现来看，ChatGPT 必然已经通过对大量语言资料的学习掌握了对上下文的理解能力，这种强大理解能力背后的计算机制是一种基于自注意力机制的 Transformer 网络结构。

1. Transformer 简述

Transformer 是一种基于自注意力机制（self-attention）的深度学习模型，用于处理序列数据，特别是在自然语言处理任务中表现出色。它在 2017 年由 Vaswani 等人提出，并率先在机器翻译任务中取得了显著的突破。Transformer 的核心思想是通过自注意力机制来捕捉输入序列的全局依赖关系，从而实现序列数据的建模和表示，其主要组成部分和原理解释如下。

- 注意力机制（attention）：注意力机制允许模型在处理输入序列时根据序列中不同位置的重要性分配不同的权重。在 Transformer 中，注意力机制被用于计算输入序列中每个位置与其他位置的关联度。这种关联度决定了每个位置在编码和解码过程中的重要性。
- 自注意力机制（self-attention）：自注意力机制是 Transformer 的关键组件，用于建模输入序列内部的依赖关系。它通过对输入序列的每个位置计算注意力权重，并将这些权重应用于所有其他位置的表示。自注意力机制允许模型在编码和解码阶段同时考虑全局上下文信息。

- 编码器-解码器架构：Transformer 使用了编码器-解码器架构，其中编码器用于将输入序列编码为高维表示，而解码器则根据编码器的输出生成目标序列。编码器和解码器由多个堆叠的自注意力和前馈神经网络组成。
- 多头注意力（multi-head attention）：为了更好地捕捉不同语义和表示层次的信息，Transformer 引入了多头注意力机制。多头注意力允许模型以不同的注意力权重来处理输入序列，并将多个注意力头的输出进行线性组合。
- 位置编码（positional encoding）：由于 Transformer 没有使用循环神经网络或卷积神经网络，它无法自动捕捉输入序列的顺序信息。因此，位置编码被引入以为模型提供位置相关的信息。位置编码将位置信息嵌入到输入序列的表示中，使得模型能够区分不同位置的单词或标记。

通过使用这些组件和原理，Transformer 能够处理序列数据，并在自然语言处理任务中取得了许多重要的突破，如机器翻译、文本生成、问答系统等。它具有较好的并行计算性质和长距离依赖建模能力，成为现代 NLP 中常用的模型之一。

2. 注意力机制原理

在 LLM 模型中，注意力机制是词语序列之间关联度的重要计算手段。通过注意力机制，LLM 可以根据不同位置的重要性分配不同的权重，从而在建模和生成文本时能够更好地关注相关信息。

在 LLM 中的注意力机制通常使用自注意力（self-attention）的形式，也被称为自注意力机制。自注意力机制允许模型在处理输入序列时同时考虑全局的上下文信息，而不是仅仅关注局部上下文。

自注意力机制的计算过程可以分为以下几个步骤。

1）输入表示：首先，对输入序列中的每个位置，根据模型的表示方式（即词向量）获得对应的向量表示。

2）查询、键和值：通过对输入表示进行线性变换，得到查询（query）、键（key）和值（value）的向量表示，这就是大名鼎鼎的 QKV 机制。这些向量用于计算关联度和生成注意力权重。

3）关联度计算：通过计算查询向量和键向量之间的相似度，可以得到注意力权重。常用的相似度计算方法是点积或缩放的点积。

4）注意力权重归一化：对计算得到的注意力权重进行归一化，以确保它们的总和为 1，从而使其在形式上等同于某个随机变量的边缘分布。

5）上下文加权表示：使用归一化后的注意力权重对值向量进行加权求和，得到一个加权的上下文表示。这个上下文表示将输入序列中不同位置的信息进行融合，反映了每个位置的重要性。

自注意力机制通常通过堆叠多个注意力头（multi-head attention）来增加模型的表达能力。每个注意力头使用独立的查询、键和值进行计算，并生成一个加权的上下文表示。多个注意力头的输出经过线性变换和拼接后，再次进行线性变换得到最终的注意力输出。

注意力机制使得 LLM 模型能够更好地捕捉序列数据中的依赖关系，提取重要信息，并在生成文本时合理地关注输入序列的各个部分。这为 LLM 模型在自然语言处理任务中取得显著的性能提升提供了重要的基础。

3．QKV 机制详解

在自注意力机制中，query、key 和 value 是通过对输入序列进行线性变换得到的向量表示，它们之间的关系可以用来计算注意力权重和生成上下文表示。假设我们有一个输入序列“桃花仙人种桃树，又摘桃花换酒钱”，我们将对每个位置的单词应用线性变换来获得 query、key 和 value 的向量表示。首先，对输入序列中的每个位置应用线性变换来得到 query、key 和 value 的向量表示。

通过上述过程，我们可以在模型中利用注意力机制，捕捉到句子中不同位置的关联关系。query 用于与 key 进行相似度计算，生成注意力权重，而 value 则用于在注意力权重计算后生成加权的上下文表示。综上所述，query、key 和 value 之间的关系体现在相似度计算和上下文表示生成过程中。query 用于与 key 进行相似度计算，生成注意力权重；value 用于在注意力权重计算后生成加权的上下文表示。通过以上计算，自注意力机制可以捕捉输入序列中不同位置的依赖关系，并为每个位置生成相应的上下文表示，从而更好地建模序列数据。

2.2.4　ChatGPT 的语言生成

LLM 大语言模型能够用词汇分布的数字特征进行思考，我们还需要它将思考的结果以语言的形式传递出来。“说出来”的过程就需要模型具有“生成”的能力。所谓生成就是从数字特征中，输出特定的词向量，这些输出的词向量可以被还原成词汇、短语甚至句子。将数字特征还原成符合语法规则的词向量的过程就是人工智能内容生成（AIGC）。为了实现 AIGC，我们对语言模型提出了更高的要求，要求它同时是生成式模型。这意味着 ChatGPT 具有生成自然语言内容的能力，这种能力的算法基础是 Transformer 主干网络。

1．Transformer 主干网络

这里所述的主干网络是指 Transformer 模型中的核心结构，由多个编码器和解码器堆叠而成。这些编码器和解码器模块通过自注意力机制和前馈神经网络层相互连接，形成了 Transformer 的基本架构。其中，编码器和解码器是 Transformer 主干网络的重要组成部分，它们各司其职。

编码器（encoder）由多个相同的层堆叠而成，每个层都包含一个自注意力机制模块和一个前馈神经网络模块。其中，自注意力机制模块用于处理输入序列，通过学习单词之间的关联关系和上下文信息，将输入序列编码为高维表示。前馈神经网络模块对自注意力机制的输出进行进一步处理和映射，增加模型的非线性能力。

解码器（decoder）也由多个相同的层堆叠而成，每个层包含一个自注意力机制模块、一个编码器-解码器注意力机制模块（encoder-decoder attention）和一个前馈神经网络模块。其中自注意力机制模块在解码器中的作用与编码器中类似，用于关注解码器内部的上下文信息。编码器-解码器注意力机制模块用于关注编码器的输出，捕捉编码器和解码器之间的关联关系。前馈神经网络模块对注意力机制的输出进行进一步处理和映射。

编码器和解码器之间的堆叠使得 Transformer 能够处理输入序列和输出序列的建模。编码器负责将输入序列编码为一系列上下文感知的向量表示，而解码器根据编码器的输出和之前生成的部分目标序列，逐步生成最终的输出序列。

总结来说，Transformer 主干网络是由多个编码器和解码器堆叠而成的结构，利用自注意力机制和前馈神经网络层来处理输入序列和输出序列，从而实现序列数据的建模和生成。这种结构的设计使得 Transformer 在自然语言处理等任务中表现出色，并成为当前主流的模型之一，ChatGPT 就是使用 Transformer 结构进行自然语言理解和内容生成的。

2．基于 Transformer 解码器的语言生成

然而，Transformer 主干网络本身只是一种用于序列建模的基础结构，而不具有语言生成能力。Transformer 应用于语言生成的一种变体是基于 Transformer 结构的语言模型（transformer-based language model，TLM）。

TLM 是一种生成式模型，用于根据给定的上下文生成连续的文本序列。TLM 使用 Transformer 的基础结构来学习上下文信息，并通过自注意力机制和前馈神经网络层来预测下一个词或生成目标序列。在 TLM 中，输入序列是已知的上文，而输出序列是要生成的下文。通过训练大规模的语言模型，TLM 可以学习到词汇的分布和概率，从而在生成时能够产生连贯和合理的文本。例如，在机器翻译任务中，TLM 可以将源语言句子作为输入序列进行编码，然后使用解码器生成目标语言的翻译结果。因此，Transformer 主干网络是生成式模型的支撑性结构。实际使用中，通过在主干上增加合适的头部结构并采取适当的训练策略对其参数进行优化，大模型可以适应多种生成式任务，如文本生成、机器翻译、摘要生成等。

3．ChatGPT 的语言生成原理

ChatGPT 是基于 GPT 系列模型，这些模型使用了 Transformer 的解码器结构，并在大规模的文本语料上进行预训练，从而学习语言的统计规律和语义信息。我们目前接触到的 OpenAI 公司的 ChatGPT 产品是针对对话生成任务进行微调和优化的版本，它被训练用于生成连贯、有意义且具有上下文的回答。其目标是生成对话式文本，以响应用户提出的问题或指令。ChatGPT 通过先前的对话历史作为输入，利用预训练得到的模型来生成下一个回复。模型通过自注意力机制和前馈神经网络层对输入进行编码，并使用解码器生成回复序列。

综上所述，ChatGPT 是使用“最大后验概率”原理对接下来的内容进行“预测”。预测的手段是 Transformer 基础结构搭建的语义解码模型。

然而，ChatGPT 并不仅仅是一个生成式模型，它还结合了一些策略和技巧来提供更好的对话体验。这些新鲜的体验包括使用特殊的控制指令（例如“prompt engineering”）和模型输入调整，以及对模型输出进行筛选和重排序等。

2.2.5　ChatGPT 的成长之路

如果我们将 ChatGPT 看作一株植物，那么它经过的生长过程分为以下两个阶段。

- 无监督预训练阶段：ChatGPT 使用无监督预训练作为其初始阶段。在这个阶段，它通过不断学习海量的自然语言材料向下扎根，其词向量的表达能力越来越精准，联系上下文的水平也越来越强大。
- 有监督微调阶段：无监督预训练后，ChatGPT 进行有监督微调以适应特定任务。在有标签的对话数据集上进行微调，将模型参数进一步优化，使其在特定任务上表现更好。通过有监督微调，ChatGPT 可以根据任务需求生成准确、合理的对话回复。这相当于是 ChatGPT 学以致用的过程，好比有一位优秀的园丁对其枝干进行修剪，最终使其长成参天大树。

因此，ChatGPT 在有监督学习和无监督学习方面相辅相成。无监督预训练使得模型具备基本的对话理解和生成能力，而有监督微调进一步优化模型，使其在特定任务上表现更好。这种组合使得 ChatGPT 在对话生成任务上具备高度可定制性和适应性，能够生成自然流畅、连贯的对话回复。

1. 野蛮生长的无监督预训练

“无监督”在无监督预训练阶段的概念是指在数据训练过程中没有使用标签或人工标注的指导信息。相反，LLM 从大规模的无标签文本数据中进行学习，以自主地捕捉语言的统计规律和语义信息。无监督预训练的目的是让 LLM 通过观察大量的文本数据来发现其中的模式和结构，从而学习到对语言的理解和生成能力。这种方法的优势在于无须昂贵的标注过程，可以利用大规模的开源文本数据进行训练，使得模型能够从海量数据中学习丰富的语言知识。

通过无监督预训练，LLM 可以学习到词汇的分布和语义表示，理解单词之间的关系、句子结构以及上下文的语境。这种学习是通过模型自身对数据的建模和参数调整来实现的，而无须外部标签或任务的指导。无监督预训练的一个关键思想是通过自编码器或自回归模型等预训练任务，使得模型能够学习到输入数据的压缩表示或概率分布。模型通过最大化重构误差或最大似然估计等目标来优化参数，从而逐步学习对数据的内在表示。

回到词向量化的过程中，词向量化是将单词表示为连续向量的过程，用于将离散的词汇单元转换为机器学习模型可以处理的数值表示形式，其目标是将语义相似的词语映射到向量空间中相近的位置，以捕捉单词之间的语义关系。无监督预训练在词向量化中扮演了重要的角色。通过大规模的无监督预训练，模型可以从无标签的文本数据中学习到单词的上下文信息和语义表示。这些学习到的语义表示可以极大地增强词向量的有效性。

值得注意的是，尽管无监督预训练是 LLM 的重要组成部分，但在实际应用中，无监督预训练的模型参数通常还需要进行有监督的微调或特定任务的训练，以适应具体的应用场景和任务需求。在微调过程中，有监督的标签数据被用来进一步调整模型，使其在特定任务上获得更好的性能。

2. 人工反馈的网络微调

LLM 与有监督训练之间存在一种补充关系。有监督训练是指使用带有标签的数据对模型进行训练的过程。在有监督训练中，我们需要准备一组带有输入和对应输出标签的训练样本。这些标签可以是文本分类的类别、句子的情感标签、机器翻译的翻译结果等，具体取决于任务的类型。通过有监督训练，模型可以学习到如何根据输入数据预测正确的输出结果。

在 LLM 的应用中，有监督训练通常用于微调（fine-tuning）阶段，即在预训练模型的基础上使用有标签数据进行进一步训练。在微调阶段，将 LLM 模型与特定任务相关的数据集结合起来，通过最小化预测结果与真实标签之间的差距，更新模型参数，使其在特定任务上表现得更好。

通过有监督训练，LLM 可以根据特定任务的标签数据进行模型参数调整，使其适应任务的要求，并提高在该任务上的性能。有监督训练可以帮助 LLM 模型理解任务的目标和预测输出，并使其能够根据任务需求生成准确和有意义的响应。

增强学习（reinforcement learning）是机器学习的一个分支，用于解决强化学习问题。在增强学习中，智能体通过与环境的交互学习，以使其在特定任务中获得最大的累积奖励。在增强学习中，智能体采取一系列动作来影响环境，然后接收环境返回的奖励信号，根据奖励信号来调整其行为，以获得更大的累积奖励。智能体的目标是通过与环境的交互学习得到一个最优的策略，使得在给定环境下获得最大的长期奖励。

回到 ChatGPT，它是通过大规模的无监督预训练和有监督微调来训练的。在预训练阶段，ChatGPT 使用了大量的文本数据进行自监督学习。在微调阶段，使用有标签的对话数据进行有监督学习。然而，尽管 ChatGPT 的训练过程中没有直接使用增强学习，但增强学习的概念在 ChatGPT 的应用中起到一定的作用。例如，在特定的对话系统任务中，可以将 ChatGPT 与增强学习算法结合使用，通过与用户的交互来训练智能体，使其在对话任务中获得更好的表现。这种结合使用增强学习的方法可以进一步优化 ChatGPT 在对话任务中的性能。

2.2.6　LLM 的扩展潜力

以 ChatGPT 为代表的 LLM 以极为高效的方式进行着知识的提炼和学习，这种学习已经发展到了计算机视觉领域。LLM 在计算机视觉中的应用已经不限于图像分类这种“简单”的机器学习任务，逐渐渗透到图像标记甚至图像解释等高级人工智能任务，并取得了接近人类专家水平的效果。OpenAI 公司最近推出的 Sora 模型已经能够根据给定的文本条件，生成真实性极强的长视频，令人赞叹。

同时，LLM 也越来越接近一道认知的鸿沟，那就是 LLM 需要学会语言逻辑与真实世界之间的关系。人类可以用语言轻松地创造心中的意象，这些意象可能是对客观情况的真实描述，也可以是违背物理真实的主观概念。比如，中国传统神话故事中有“孙悟空”“三头六臂”，西方传说中也有“狼人”“狮头鹰身”这种拟人化的意象，虽然这些意象并不真实存在，但不妨碍语言可以“精确地”描述它们。在更严谨的逻辑学上也有诸如“圆的方”“方的圆”这种语法上正确，但语义上自相矛盾的语句。笔者认为这可能是数据驱动的 LLM 真正走进日常应用的一道鸿沟。

1．LLM 在计算机视觉中的应用：图像标记与解释

作为 LLM 的基础，最初设计用于处理 NLP 任务的 Transformer，在计算机视觉领域也同样适用。Transformer 模型可以处理包括图像分类、目标检测、语义分割，以及视频处理和生成等各类任务。例如，Vision Transformer（ViT）模型通过将图像分割成多个更小的规范单元，并将它们视作序列数据来处理，将 Transformer 架构应用于图像识别领域，展示了 Transformer 架构在图像分类任务上与传统 CNN 模型相媲美甚至超越的性能。

CLIP（Contrastive Language-Image Pre-training）是由 OpenAI 提出的一种革命性的模型，它通过大规模的对比学习方法同时训练图像和文本数据，以达到理解图像内容并将其与自然语言描述匹配的目的。CLIP 的出现标志着对图像和文本之间关系理解的一大进步，它不仅应用了 ViT 技术处理图像，还利用了类似 Transformer 的模型处理文本，从而在图像和文本的多模态学习领域取得了显著的成就。

CLIP 在图像理解和标签识别任务中表现出色，尤其是在处理开放性问题和理解多样化、复杂的视觉概念方面表现优异。通过将图像内容与丰富的文本描述紧密结合，CLIP 展现了图像和语言之间深层次关系理解的巨大潜力。

在 CLIP 等模型的基础上发展起来的 BLIP（Bootstrapped Language Image Pre-training），旨在进一步强化视觉和语言之间的语义理解。BLIP 采取一种创新的预训练策略，以提高模型

在图像语义理解任务上的表现，特别是在图像描述（Image Captioning）和视觉问答（Visual Question Answering，VQA）等任务上。BLIP 通过这些技术和方法的结合，能够有效地捕捉图像和文本之间的细微语义关系，从而在各种图像语义理解任务上实现卓越的性能。这种跨模态的方法不仅加深了研究人员对视觉和语言如何相互作用的理解，也为自然语言处理和计算机视觉领域的进一步融合开辟了新的可能。

2．Sora 引发的思考：LLM 在长视频生成领域的应用

Sora 是一款由 OpenAI 提出的视频生成模型。虽然目前 OpenAI 只披露了 Sora 生成的视频内容和有限的技术文档，但从已有的信息来看，Sora 结合了 Diffusion（扩散过程）和 Transformer 技术（简称为 DiT），为视频生成领域带来了一种创新的方法。

Sora 首先利用变分自解码器（Variational Auto-Encoder，VAE）将视频内容编码成一个更为紧凑和高效的隐空间表示，即时空 Patches。这些 Patches 保留了视频的关键信息，同时减少了处理所需的计算资源。

VAE 是一种特定的深度神经网络结构，它能够将复杂的信息压缩（编码）到更低的维度（即隐空间），并且有能力将压缩的信息释放（解码）出来。VAE 设计得越巧妙，训练得越充分，它的编码和解码效果就越好，视频编辑也就越高效。

Sora 采用基于 Transformer 的扩散模型（Diffusion Model）来处理这些隐空间中的 Patches。Transformer 的自注意力机制能够有效地捕捉这些 Patches 之间复杂的时空关系，而扩散模型则逐步精化这些 Patches，从而生成新的视频内容。通过这种结合，Sora 能够生成与原始视频在视觉和内容上高度一致、但又富有创造性的新视频。

采用这种 DiT 的方法，使得 Sora 在视频生成任务中展现出了卓越的性能，不仅能够处理高分辨率和长时序的视频内容，还能够根据文本提示等条件信息生成特定主题或风格的视频，为内容创作者提供了极大的灵活性和创造空间。Sora 能够用于广告制作、电影特效、虚拟现实内容创作等多个领域，应用前景十分广阔。

3．LLM 的边界：与现实世界仍有距离

尽管 LLM 和基于 Transformer 的视觉模型在生成文本或图像内容方面取得了显著成就，但要意识到它们生成的内容并不代表现实世界的真实情况。这些模型通过学习大量数据集中的模式和关系，能够创造出逼真或合乎逻辑的输出，但这些输出可能与现实世界的物理法则、社会常识或真实情况有所偏差。

人类的知觉系统非常擅长识别和解释过渡状态——从一个稳态到另一个稳态之间的短暂变化。这些过渡状态往往包含了丰富的信息，对于理解物体的运动、变化和因果关系至关重要。例如，观察一个物体从静止到运动的过程，或者两个物体之间的相互作用，人类可以迅速理解这些场景背后的物理原理和动态变化。然而，基于数据驱动的视觉生成模型在捕捉和表现这类过渡状态方面面临挑战——模型的训练数据可能不足以覆盖所有可能的过渡状态，或者模型无法从现有数据中学习到这些状态背后的复杂动态。此外，没有直接编码物理规则的模型可能难以生成遵循这些规则的过渡状态。

以一个水杯从完整状态到破碎状态的变化为例，视频将捕捉到这一过程中的连续帧，展现从稳定状态（完整的水杯）到另一个稳定状态（破碎的水杯）之间的过渡。这个过程中的每一帧都是过渡状态的一个实例，显示了水杯破碎的动态过程。一个理想的生成模型应该能够准确地模拟水杯破碎过程中的每一步，包括裂纹的形成、扩展，以及最终的破碎和碎片散落的动态。这不仅需要模型对水杯的物理属性有所理解，比如材质强度和破碎模式，还需要对碰撞、重力等物理现象的影响有所认知。然而，LLM 和基于数据驱动的视觉生成模型，尤其是那些未直接编码物理规则的模型却缺乏对上述物理属性和物理现象的理解，在生成这种复杂过渡状态时可能会产生不真实的效果。比如，碎片可能以不符合物理定律的方式移动，或者破碎的过程看起来不连贯。

所以，尽管 LLM 和视觉生成模型在许多应用中表现出色，它们生成的输出仍然需要人类的评估和校正，特别是在那些对物理准确性和现实真实度有较高要求的场合。未来的研究可能会探索如何将物理规则和约束更直接地整合到模型的学习过程中，以提高模型对过渡状态的理解和生成能力。

当然，这种能力的获得一定是 LLM 模型在 NLP 领域和机器视觉领域共同发展的结果。因为自然语言、图像甚至本文没有提到的音频信息都是人脑认识和理解世界的途径，所谓图、文、音三个模态都是对周围环境的不同表达方式，它们背后的真实场景是物理上真实存在的。而 LLM 模型的进一步发展，一定是在理解真实场景方面取得突破，能像人脑一样理解真实世界，从而给人们带来更大的帮助。

第 3 章

阅读与写作

作为一个大语言模型，ChatGPT 给人最直观的印象是其灵活强大的语言理解与输出能力。相比于以往略显“智障”的 AI 对话机器人，ChatGPT 可以在连续对话的过程中理解用户的意思，并且还可以根据用户的反馈来修正自己的输出。

这样的能力与特点，正好可以对应我们日常工作生活中最为重要且基础的事务：阅读与写作。

在这一章里，将详解阅读与写作的相关步骤与场景，通过 ChatGPT 辅助阅读与写作的例子，帮助读者掌握如何使用 AI 工具在阅读与写作领域提供帮助支持，以提升阅读与写作的能力与效率，并进一步重构我们的思维习惯。

本章内容

3.1　认识阅读

通过阅读可以帮助我们获取信息、知识、观点，进而引发思考与输出。在没有 AI 辅助的年代，从某种意义上讲，读者是孤独的，虽然也可以通过与他人的交流来探讨内容与想法，但总体来讲是不够即时与充分的。在有了 ChatGPT 这样的智能助手后，一方面可以快速总结内容要点（以方便筛选），另一方面通过阅读过程中的问题讨论与补充，让我们可以更互动地探索与思考，以达到与作者对话的目的。这既是方法效率的提升，也是思路的改变。

3.1.1　阅读的三个层次：基础、检视、分析

阅读是一项贯穿我们一生的活动，除了是工作学习的必需外，阅读不同类型的作品还会给我们带来新知与乐趣。一个聪明智慧的人往往也是一个喜欢阅读的人。随着我们年龄与阅历的增长，我们阅读的材料的广度与深度也会随之加强。相比于短篇的文章，图书的阅读理解门槛会更高，这是因为书本的内容往往信息量更大，内容也更深入。

在莫提默·J·艾德勒/查尔斯·范多伦所写的《如何阅读一本书》中，作者将书本的阅读分为以下四个层次：

- 基础阅读（elementary reading）：围绕文字、句子、内容的阅读与理解，主要反映在学生阶段或外语学习中。
- 检视阅读（inspectional reading）：如何用较短的时间，抓住书的重点，以方便判断这本书是否值得进一步的阅读。
- 分析阅读（analytical reading）：为更完整深入的阅读，理解内容结构和作者的观点，并尝试与作者对话。
- 主题阅读（syntopical reading）：围绕关注的主题，同时读多本相关的书，从中获取不同作者的观点与思想。

本文会介绍前三个层次，以及探讨如何应用 ChatGPT 来更好地辅助阅读。

1. 基础阅读

基础阅读是最低层级的阅读，关注内容意思的理解，阅读的过程相对线性，按照单词、句子、段落的结构和不同的主题与难度来阅读，在阅读过程中也会碰到词汇与复杂句式的问题，一般来讲，作为受过基础教育的成年人不太会受困或停留于这个阶段。

为了判断基础阅读的效果，不妨从内容的主题、小结、要点等方面的总结开始，比如在读了书的一节内容后，思考一下这篇内容讨论的主题，用自己的话做总结，或者尝试列一下作者的观点或要点。

在这一阶段，常见的困难是理解词汇的意思，可能是一个生词或见过这个词但放在文中不易理解。

比如在罗伯特·麦基的讨论电影理论的著作《故事》里有说道：

> “最优秀的作品不但揭示人物性格真相，而且还在其讲述过程中展现人物内在本性中的弧光或变化，无论变好还是变坏。”

第一次读到这个内容时，会困惑于弧光的意思和比喻。为了理解其意思，需要进一步的阅读书中的相关内容。更多的阅读虽然可以达到目的，但比较费时费力。这时可以与 ChatGPT 来对话，以帮助理解，并且此方法更加快捷。

提问：

在「罗伯特·麦基」的讨论电影理论的著作「故事」里有说道：最优秀的作品不但揭示人物性格真相，而且还在其讲述过程中展现人物内在本性中的弧光或变化，无论变好还是变坏。

以上这段话中：弧光的意思是什么？以及弧光的本意是什么？

回答：

在这里，弧光这个词指的是人物内在本性的闪光点、独特之处或光辉时刻。在影视作品中，弧光可以是人物性格的独特之处、精彩的表现，或者是情节中具有突破性的一幕，使得人物性格更加丰满、栩栩如生。

弧光的本意来自物理学，是指电流通过两个电极产生的光辉电弧。在这个语境中，弧光被用作一个隐喻，将人物性格的闪光点与物理现象的光辉联系起来，暗示这些闪光点具有显著的、引人注目的特质。

提问：

给一个具体的例子吧。

回答：

以电影《肖申克的救赎》为例，该片中的主人公安迪 • 杜弗雷恩（Andy Dufresne）是一个被冤枉谋杀妻子及其情人的银行家。一个具体的弧光时刻是：安迪利用自己的金融知识帮助狱警办理税务问题，进而逐渐赢得了狱警和监狱长的信任。在此过程中，安迪不仅证明了自己的价值，还通过自己的智慧和机智，为监狱里的其他犯人创造了更好的生活条件。这一系列事件展示了安迪性格中的弧光：他的坚定信念、智慧和善良。

从这个例子可以看出，ChatGPT 可以很好地辅助我们的基础阅读，除了解释意思外，还可以引发进一步的讨论。

2．检视阅读

检视阅读的前提是基础阅读（能够理解原文的主要意思），关注点是快速地了解一本书（或者是长文章）的内容主题，进而判断是否要精读。以书本为例，可以先快速地翻看：书名与副标题、作者的简介、内容简介、目录。通过目录的阅读，了解全书的结构，从中找到自己可能会感兴趣的章节，并快速阅读相关章节的开头结尾部分（因为开头往往是提出问题，结尾时会回答问题和总结主要的观点）。通过这样的方式，用较短的时间了解内容全貌，留下印象，以决定是否要有下一步的深入阅读。书本的内容结构会更为的完整清晰，方便按照这样的顺序来做检视阅读。而作为长文章有时会缺少诸如内容简介、目录、小结等辅助导航的元素，为此，我们可以参考书本的检视阅读的方法，用 ChatGPT 来辅助我们达到同样的目的。

具体做法是：

1）输入长文（如果文字太多，可以分几部分依次输入）。

2）让 ChatGPT 生成：整体内容的简介、目录大纲、各个小节概述。

3）如果原文的段落缺少小标题，还可以让ChatGPT来添加到原文。

在ChatGPT输出时，也可以告知用Markdown格式输出，这样在输出时，大小标题的文字可以加粗放大，更易于阅读。

3. 分析阅读

从某种角度讲，分析阅读更像是在值得一读的内容上投入足够的时间精力，以获得最好的理解与收益。分析阅读是更为深入细致的阅读，不仅仅是理解文字表面的含义，而且对内容结构、逻辑、论证等方面进行深入的思考和分析，从而更好地理解文章的主旨和作者的观点，进而尝试与作者对话。

主要的步骤有：

1）检视阅读：在深入阅读之前，先浏览主要内容，熟悉内容结构和主题。

2）提出问题：在阅读过程中，思考与记录相关的问题，如作者的目的、主要观点是什么？

3）寻找论据：找出支持作者观点的主要理由或论据，这有助于判断内容的有效性。

4）判断评估：对内容进行评估，思考其观点、论据和证据的可靠性。

5）概括总结：对主要的观点、论据进行概括总结，在总结时，也加入自己的补充与思考。

分析阅读有助于提高阅读者的理解能力和批判性思维。通过这些步骤，可以更深入地理解内容，并形成自己的观点和见解。

提出问题、寻找论据、判断评估的过程，需要结合自己阅读的目的和关注点，ChatGPT在这个过程中可以起到辅助与验证的作用。

以这篇讨论远程工作的文章为例：

> 近年来，随着互联网的快速发展和信息技术的普及，远程工作逐渐成为一种流行趋势。越来越多的公司开始尝试采用远程工作方式，以此来降低成本、提高工作效率并吸引更多的优秀人才。
>
> 对于公司来说，采用远程工作方式可以降低成本。远程工作不需要租赁办公室，减少物业费用和设备维护费用，从而降低了公司的运营成本。其次，远程工作可以为员工提供更多的灵活性和自由度。员工可以在家里或者任何地方工作，不必花费时间和金钱在通勤上，从而节省时间和能量，提高工作效率。此外，远程工作可以吸引更多的人才，不受地理位置的限制，从而扩大了公司的招聘范围。
>
> 对于员工来说，远程工作也可以提供更多的自由和灵活性，避免了通勤时间和金钱的浪费，提高了生活质量。因此，我们应该积极推动远程工作，并且为其提供必要的支持和保障，以此来实现更加高效、灵活和健康的工作模式。
>
> 作为创业型的小团队，只要成员足够优秀自律，几乎不会出现沟通的问题。因此，我们应该积极推动远程工作，并且为其提供必要的支持和保障，以此来实现更加高效、灵活和健康的工作模式。

作者写这篇文章的目的是希望推动远程工作，主要观点是可以降低公司的成本，提高员工的工作效率和生活质量，并且可以吸引更多的优秀人才。同时也做了相关的说明，如降低办公室成本、员工减少通勤时间等。

结合这篇文章，作者比较多地介绍了远程工作的优点，对于可能的缺点并没有进行相关的说明，而是简单地断言只要成员足够优秀就没有问题。对于这样的困惑，也可以与 ChatGPT 进行讨论。

提问：

作者说：只要成员足够优秀自律，几乎不会出现沟通的问题。这个是否有依据？

回答：

作者提到只要成员足够优秀自律，几乎不会出现沟通问题，但文章中并没有提供相应的理由或论据来支持这个说法。这句话的说法并不完全准确，即使团队成员足够优秀自律，也可能存在沟通障碍。尤其在远程工作中，面对面的交流机会减少，团队成员之间可能会出现沟通上的误解和不同理解，这可能会导致沟通效果下降和工作质量降低。

还可以让 ChatGPT 来补充缺失的内容。

提问：

假设你是作者，为我补充下远程办公的缺点与挑战吧。

回答：

当然，我可以为您补充一些远程办公的缺点与挑战的内容，以帮助您更全面地了解远程办公。

1）社交孤立：远程工作可能会让您感到孤独和隔离，尤其是当您需要与同事合作时。虽然现在有许多通信工具可以协助远程协作，但仍然无法完全代替实际面对面的交流。

2）沟通问题：……

3）工作保障问题：……

4）管理挑战：……

5）工作与生活平衡问题：……

从以上的例子与讨论中可以看到，为了做好分析阅读需要更主动的思考与提问。同时有了 ChatGPT 的辅助，可以方便验证与讨论，并让 ChatGPT 带入作者的视角，为我们补充与调整内容。

3.1.2 文字的逻辑与结构：论题、理由、结论

常见的文章结构会通过标题与开头的文字来介绍论题，也就是关于“什么的”描述或讨论。在中间部分，会说明相关的理由或依据，在结尾部分得出结论。偶尔也会出现结论先行，然后用更多的文字来解释与论证的情况。这样的文章结构会易于阅读理解。

同时，在我们日常的阅读过程中，也会碰到不知所云或结论鲜明但逻辑理由不清的情况。这种情况下，就需要换一个思路来阅读，即先明确论题与结论，再判断理由是否能支持结论。这么做的好处是可以快速地了解与判断一篇文章是否值得阅读，进而再跟随作者的思路来细读，以获取信息或了解作者的观点思路。

1．论题与结论（issues and conclusion）

论题（issues）是关于“是什么”或“是否应该”的问题，“是什么”主要是介绍或解释，“是否应该”是关于对错或是否需要改变。类似于日常的对话，有的人会开门见山地告诉你要讨论的事情，有的则会有一些铺垫或转折，有的时候关于要讨论的事情并不那么清楚明了。

这时就需要读者通过经验与方法来找到论题。为了确认论题，可以从文章的标题、开头的段落来找，或者从文章的背景来判断，比如某个事件的新闻报道，或者从作者的背景信息来补充（比如这是一位科技圈的作者）。

结论（conclusion）是作者希望证明的内容或主要观点。以及结论来源于分析和推理，需要相关的描述和理由来支撑。结论一般会出现在文章的开头或结尾处，以及会用一些指示词来告诉我们，接下来的内容是相关结论，比如：因此，整体而言，所以，由此得知，我的看法。有的时候作者并没有清楚的说出结论，这时就需要我们根据文中的主要内容或者作者的背景与倾向，来推理和判断结论是什么。

论题与结论往往是互为对应的，如果论题不够清晰，可以先确认结论，再通读全文来明确论题，反之亦然。以及了解作者与文章背景，也有助于我们明确论题与结论。

如果说以往阅读过程中找论题和结论，还需要更多的准备与处理，那么有了 ChatGPT 这样的 AI 助手，这项工作轻松了不少。比如以下这篇文章：

> 现代人会习惯于快捷方便的拼音输入法，这样对于记忆的负担会比较少。只要知道如何说，就可以快速输入与找到对应的文字，因为输入法本身的联网与进步，在常用语、网络流行语、“颜文字”的输入方面，拼音输入法也有得天独厚的优势。
>
> 从记忆的线索来讲，我们会更关注音（如何说），在拼音输入法的选字过程中，不会太仔细地辨别笔画的细节，比如“锱铢必较”对应的拼音是“zīzhūbìjiào”，如果你输入了 zizhubijiao 或 zzbj，这时靠前的几个选项，基本上也就是你要输入的这个成语。这样久而久之，大家就会对于笔画的细节变得淡忘，很容易提笔忘字。在需要手写时会写不出，在拼音打字的输出时，也容易产生别字或错误的用法，比如：“川流不息”被错误地选成“穿流不息”。这样时间久了，会降低我们对文字表达的敏感程度。
>
> 整体而言，输入法不只提升人们的效率，也会影响人们的思维与表达。拼音输入法看似简单且方便，但如果不注意的话，也会造成“技能退化”，让我们对于文字与表达，变得不那么敏感，这是值得大家注意与思考的。

提问：

（输入文章的内容……）
这段内容的论题与结论是什么？

回答：

论题：拼音输入法对于记忆、思维与表达的影响。
结论：虽然拼音输入法可以提升效率，但如果使用不当，可能会造成技能退化。

提问：

为这篇文章起几个概括性的标题。

回答：

1）拼音输入法带来的效率提升与技能退化
2）输入法的影响：从记忆到表达

3）技能退化的危害：警惕拼音输入法的误用

如果是一篇长文或头尾段落没有起到引出论题与结论的情况下，我们可以先让 ChatGPT 来明确，有一个总体的印象后，再进一步细读，这样效率也会更高。

2．理由（reason）

一篇文章的结论会对应一个或多个理由，这些理由反映了作者思考问题的深度和广度，或者看待问题的独特视角。基于这些理由，读者才能得出结论是否可靠或值得参考。

相比于明确论题与结论，相关的理由会更容易找到，一般会以这样的提示词开始：因为、由于、研究表明、众所周知、证据表明、参考某某材料。因为语言表达的灵活性，很多时候多个理由会散落于文章的正文中，有些理由其实是可以分类、重新排序、合并的，这些都需要读者自己来整理。在有了相关的理由后，才是推理与论证过程。读者根据自己的知识与经验，来判断这些理由和结论的关系：是否有相关性，逻辑是否说得通、是否全面完整。

这样的理由的整理与提取，同样可以借助 ChatGPT 来完成。

以前面的讨论拼音输入法的文章为例：

提问：

这篇文章的理由是否能支持文章的结论？主要的理由是？

回答：

这篇文章的理由可以支撑文章的结论。文章通过阐述拼音输入法的优势与劣势，分析了其对于记忆、笔画、表达敏感度等方面的影响。

主要的理由包括：

1）拼音输入法减轻记忆负担，使人们关注发音而非笔画细节。

2）长期使用拼音输入法可能导致提笔忘字现象。

3）拼音输入法易产生别字或错误用法，降低文字表达敏感度。

除了文章中已经有的理由外，为了引发思考，还可以让 ChatGPT 来补充相关的理由，可以问 ChatGPT：

提问：

除了文章中的理由，为了支持这儿的结论，还可以补充哪些理由？

回答：

1）影响思维深度：使用拼音输入法时，人们可能更注重速度而非深度，导致文字表达过于简化，影响对事物的思考深度。

2）对汉字文化的疏离：拼音输入法使人们逐渐疏离汉字的书写特点和文化内涵，可能导致对汉字文化的传承和发扬受到影响。

3）忽略同音字和多音字问题：拼音输入法可能使人们在输入过程中忽略同音字和多音字的问题，从而导致误解和表达不准确。

论题、理由、结论，构成了文章的骨架，通过明确主题与论证，有助于我们快速的判断文章的质量，进而决定是否要细读或接受作者的观点和结论。同时，这样的提取与思考过程，也有助于提升我们的批判性思维能力。

在这个内容极为丰富的互联网时代，除了借助 ChatGPT 的能力为阅读理解提升效率，还可以将自己整理的论题、理由、结论与 ChatGPT 生成的内容做比较，这也是一个有效提升阅读力的练习方法。

3.1.3　学生的阅读：理解与思考

“读万卷书行万里路”，广泛而深入的阅读可以帮助学生扩展视野与提升阅读的品位。作为学生除了阅读课本外，还会阅读老师推荐的参考读物与兴趣爱好相关的文学作品。比如古诗文和文学名著。

在课堂上，老师通常会选择更为主流的价值观来讲述，学生讨论自己想法的机会比较少。而有了 ChatGPT 这样的有理解互动能力的 AI 助手，作为学生或家长，就可以提出自己不同视角的问题，通过讨论的方式来加深对作品的理解。可以让 ChatGPT 介绍某一段文字的意思或提出自己的不同看法。同时，ChatGPT 也可以为我们提供更多的建议，比如：

- 理解作品的背景、流派、作者背景。
- 分析作品的结构与风格。
- 解读文字的隐喻和象征。
- 类似风格的作者推荐。

学生的成长过程是一个了解世界、探索世界的过程。同时，学生的成长受益于身边有多少优秀的导师和伙伴可以进行交流。如果说以往会因为客观环境的限制，导致交流的人比较少。那么现在有了 ChatGPT 后，相当于多了一位 AI 老师，一位愿意为你解读作品以及讨论的好朋友、这很好地拓展了交流的范围。

3.1.4　成年人的阅读：效率与质量

不同于学生时代被要求的阅读与写作，因为工作的忙碌与各种短平快的娱乐媒体，成年人的阅读时间是偏少的，同时阅读的内容除了休闲，也会更偏好阅读与专业相关的书，以满足工作中学习新领域知识的需求。成年人阅读的关注点会在：提升阅读效率与快速学习上。

为了提升阅读的效率与质量，可以从以下几个方面考虑：

- 了解相关的背景、概念、术语。
- 内容要点总结。
- 讨论与思考。

1. 了解相关的背景、概念、术语

举个例子，为了更有目的性地了解 ChatGPT 这个事物，需要先了解其背景、发展历史、相关的概念（NLP 是什么、GPT 是什么、大语言模型是什么）。这些基础知识与概念除了主动的搜索与整理外，也可以快速的问一下 ChatGPT。

提问：

NLP 是什么？以及 NLP 和 ChatGPT 的关系？

回答：

NLP 代表自然语言处理（Natural Language Processing），是一门涉及计算机科学、人工智能和语言学的领域。它致力于使计算机能够理解、解析、生成和处理人类语言的能力。

NLP 的目标是开发算法和模型，使计算机能够理解和处理人类语言。这包括多个任务和应用，例如：

- 语言理解：识别文本的语义、情感、实体、关系等。这可以用于文本分类、命名实体识别、情感分析等任务。
- 语言生成：……
- 信息检索：……
- ……

ChatGPT 是 NLP 的一个具体应用，它利用 NLP 技术中的语言模型和对话系统的概念来实现智能对话。它结合了自然语言处理、文本生成和对话管理等方面的技术，旨在提供与用户进行自然语言交互的能力。

……

ChatGPT 以其广博海量的知识库，可以很好地帮助到用户获取某个领域的知识。

2．内容要点总结

随着自媒体行业的兴起，“眼球经济”盛行，最先被我们看到的内容有时候并不是因为内容质量好，而是因为标题、观点的吸引人而被推荐转发。我们会因为标题而点开文章，但看完全文后，会发现其实内容很空洞或并没有提出新的视角。对于可能的标题党文章，我们就可以借助 AI 来帮我们预先总结文章的内容要点，以快速的判断是否值得一读。

以网易新闻的这篇文章为例：ChatGPT 将让我们失业？未来将会“名存实亡”的 10 种工作（https://www.163.com/dy/article/I0K46D370532AZC2.html）。

提问：

以下这篇文章的主要内容与观点是？ChatGPT 将让我们失业？未来将会“名存实亡”的 10 种工作

ChatGPT 是一种人工智能技术，可以根据人类的文本生成新的文本，包括代码、小说、翻译等。它的能力非常强大，有些人担心它会取代一些工作，比如电话销售、客服、出纳、快递员等。但是，ChatGPT 也有它的局限性和缺陷，它不能完全理解人类的情感和需求，也不能保证生成的内容都是正确和合理的。因此，并不是所有的工作都会被 ChatGPT 取代，只有那些重复性高、创造性低、逻辑性强的工作才有可能被替代。而那些需要人际交流、共情能力、创新思维和灵活应变的工作则相对安全。

- 电话营销员/电话销售：ChatGPT 可以模仿人类语音和语气，根据顾客资料和购买历史进行个性化推荐和追加销售。与人工电话销售员相比，AI 几乎是零成本，而且不抱怨、绩效高、与商业逻辑高度一致。
- 客户服务：ChatGPT 可以通过聊天机器人或语音服务提供快速有效的解决方案。它可以从大量数据中学习并提供最佳答案，并且可以处理多种语言和方言。AI 可以缩短顾客等待时间，并降低成本。
- ……

回答：

这篇文章的主要内容是讨论人工智能技术，特别是 ChatGPT，可能对某些工作的影响。它列举了未来可能会被 ChatGPT 取代的 10 种工作，并提供了应对这种变化的建议。

观点方面，文章认为那些重复性高、创造性低、逻辑性强的工作最容易被 ChatGPT 等人工智能技术取代。文章强调了人类独特的优势，如创造力、情感和人际交往能力，并鼓励与

> 人工智能技术合作而不是对抗，以获得更多的机会和发展空间。

基于 ChatGPT 的概括总结能力，可以知道这篇文章主要列举了常见的会被影响的工作，关于容易被取代的原因该如何应对，会缺少进一步的深入探讨。

这样的概括和总结可以帮助我们快速地判断一篇文章是否值得细读，从节省时间的角度提升了阅读效率。

3. 讨论与思考

还是以"ChatGPT 将让我们失业？未来将会"名存实亡"的 10 种工作"这篇文章为例，可以围绕该话题与 ChatGPT 进行讨论与思考，比如问 ChatGPT 如下的问题：

- 除了文中列举的工作，还有哪些工作也是容易被取代的？
- 在人类历史上，还有哪些因为技术进步带来的工作岗位的消失？
- 为了应对这样的挑战，从学校教育的角度，应该有哪些调整或改变？
- ……

以其中的一个问题讨论为例：

> 提问：
>
> 在人类历史上，还有哪些因为技术进步带来的工作岗位的消失？
>
> 回答：
>
> 人类历史上，技术进步常常会导致一些工作岗位的消失，这通常是由于新技术的出现和应用，使得原来的工作变得不再需要或者效率大幅提高。以下是一些因技术进步而导致工作岗位消失的例子：
>
> - 农业机械化：自动化机械减少了农业工作需求。
> - 工业自动化：自动化生产线减少了制造业工人需求。
> - 电子商务：自助结账技术降低了零售业收银员需求。
> - 互联网：传统媒体和邮政业减少了工作机会。
> - 自动驾驶：可能减少了驾驶职业需求。
> - 机器人技术：取代了一些制造和物流工作。

这样的扩展性的问题讨论，会给我们带来更多的启发，进一步理解技术对工作带来的冲击与影响。

3.2　认识写作

写作既是表达的过程，同时也是思考的过程。因为光是把大脑里模糊的想法输出为语法正确、句子通顺的内容，就已经是一个挑战了。围绕输出的文字，我们还可以通过不断的修改来优化，让内容更为清晰。通过输出、修改、完善的迭代过程，让我们对于相关主题可以思考得更深入。

同时，写作的功能远不止于记录想法和辅助思考。很多时候，写作还具有明确的目的性。例如，学生的作文写作，旨在培养其语言表达和思考力，而成年人的应用文写作，则往往是为了工作中的沟通交流。为了实现这些目标，在写作过程中，就需要应用到各种各样的技巧和手法。这些技巧和手法包括但不限于修辞手法以及创意思维，比如比喻、讲故事等，它们使内容更具吸引力。而对于如何能够更好地使用这些手法，我们需要更多的实践和反馈。这是因为反馈可以帮助我们了解自己的写作中存在的问题，提供针对内容结构和文字细节的修改建议。

之前获得别人的反馈是困难的，很多时候，对方未必有那么多的时间以及好的写作水平。而现在，ChatGPT 这一写作助手的出现，让我们可以更好地获得反馈以及修改的范例，就像有一位语文老师参与你的写作全过程。从文章的结构、到文字的细节都可以提供帮助。这不仅提升了我们的写作效率，同时也引发了我们的思考，即在有了 ChatGPT 辅助甚至自动生成文字的情况下，我们如何保持写作的热情以及不断提升自己的表达与思考能力，这是每个热爱写作的人都需要深思的问题。

3.2.1 写作中的创意思维：比喻、举例、讲故事

在写作的过程中，为了让读者理解复杂的概念或情感，需要运用比喻、举例、讲故事等方法技巧。其中，比喻是用类比的方式描述抽象或复杂的概念。举例子是用有代表性、生动具体的事情来让抽象的概念具象化。讲故事是通过编织有趣且富有情感的叙述，将复杂的概念或情感赋予人物、事件和情境，以此吸引读者的注意力并引发共鸣。

1. 比喻

当我们使用比喻时，通常会利用人们熟悉的事物的特征（形态、颜色、数量等）来描述那些不为人熟知的事物，例如大自然中的动植物或常见物品。比如说，我们可以用“如出水芙蓉”或“犹如鹤立鸡群”来形容人的相貌。一些广为人知的比喻还会进入到日常的表达中，如：“拆东墙补西墙”这一比喻，非常的形象且具有代表性。

为了写出好比喻，需要创造力与表达技巧，对要比喻的内容、主题有深入的了解，这样可以深入浅出的找出其内在的特点。在表达时，可以选择读者熟悉的背景或事物，用简洁明了的比喻来让读者理解并引发共鸣。

好的比喻可以提升表达的效果，为了激发灵感，也可以借助 ChatGPT 的辅助，常见的方法有：

1）描述现象或情况，让 ChatGPT 推荐通用的比喻。

提问：

形容女性在职场发展遇到的瓶颈有哪些比喻？

回答：

“玻璃天花板”：就像看不见的天花板一样，尽管女性可以看到更高层的职位，但往往难以突破。

“逆流而上的鱼”：这个比喻可以形容女性在男性主导的职场中，为了实现职业上升，需要付出的艰辛和困难，就像鱼儿逆流而上一样。

……

2）让 ChatGPT 生成类似的比喻。

提问：

（描述 Jasper 和 Open AI 的关系，以及鲸鱼和鲫鱼的关系），请问除了鲸鱼与鲫鱼，还有

哪些类似的比喻？

回答：

- 树与藤蔓：在这个比喻中，OpenAI 是一棵巨大的树，为生态系统提供了稳定和根基。而 Jasper 像是缠绕在树上的藤蔓，依赖于树的结构来支撑自己，并获取光照。藤蔓虽然能够为树增添一些美感，但树如果没有藤蔓，也能独立生存。
- 地球与卫星：……
- 大船与救生艇：……

2．举例

举例是一个从抽象到具象的过程，通过具体的人和事，来让读者了解过程与细节，在议论文中也可以通过举例（作为理由论据）来提升说服力。

假设我们要讲解大脑在处理任务时的通用步骤：定义目标、展望结果、想法产生、组织整理、开始行动。为了让读者容易理解，可以用朋友聚餐这件事来举例，因为这是大家日常经历过的事情，熟悉其过程和细节。

1）定义目标：你的动机决定目标，如：饥饿、社交活动。

2）展望结果：对于结果的期待与想象，如：晚餐的氛围、交谈的主题等。

3）想法产生：围绕目标结果想到的各种可能性与细节，如：出发时间、是否排队等。

4）组织整理：按事情的优先级、步骤顺序整理想法，如：提前到餐厅、有座位再通知朋友。

5）开始行动：决定下一步的具体行动，如：提前给餐厅打电话预订位置。

举例子的目的是说明或证明，这同样可以让 ChatGPT 来参与。

提问：

我在写一些小公司因为过于依赖大公司的基础服务而产生危机的文章，为我举一些科技背景下，发生过的例子。

回答：

- AWS（亚马逊网络服务）的故障导致许多互联网公司遭受影响：2017 年，AWS 的一个故障导致包括 Slack、Trello 和 Quora 等公司的服务中断。这些公司依赖 AWS 提供的云计算基础设施，当 AWS 出现问题时，它们的服务也受到了影响。
- Google 更改搜索算法对小型网站产生负面影响：……
- PayPal 冻结账户影响小型电子商务网站：……

需要注意的是，ChatGPT 生成的事实类的信息未必准确，如果涉及人物、公司、时间等，还需要做一些必要的检查。

3．讲故事

讲故事是一种综合性的表达，会涉及人物、情节、情感、意义。为了写出一个好故事，直接让 ChatGPT 生成是不够的。需要主动的积累自己工作生活中的故事，阅读和欣赏不同作品中的故事。

作为学生的叙事文，可以让 ChatGPT 协助提升故事性，以小学生旅行的作文为例。

提问：

题目：记一次难忘的旅行

当我七岁的时候，我和爸爸妈妈一起去了新疆度过了一次精彩的旅行。我们乘坐飞机，遇到了一个有趣的男孩。我们一起玩“躲猫猫”，玩得非常开心。 我们开始开车旅行，看到了一座看起来像一个大帽子的山。然后我们参观了美丽的天山天池，它就像是天空中倒映的明镜。

……

以上是一篇小学生写的叙事文，如果要提升故事性，应该如何做？

回答：

要提升这篇小学生写的叙事文的故事性，可以考虑以下几点改进：

- 引入冲突和挑战：在旅行中添加一些冲突或挑战，让故事更有张力和吸引力。例如，在旅途中遇到一次车辆故障或路线困难，这样可以增加紧张感和解决问题的情节。
- 丰富角色和对话：在故事中更充分地描述主人公和其他角色之间的互动和对话。这可以让读者更好地了解每个角色的性格和感受，并增加情感共鸣。
- 添加细节和感官描述：……
- 引入意想不到的情节或转折：……
- 以感悟或教训作为结尾：……

作为成年人会涉及文学创作或工作中和故事相关的创作，如广告的故事文案。为此，可以从以下几个方面获取帮助。

- 灵感创意：结合品牌调性、广告内容、主题，让 ChatGPT 给出有创意的想法与故事情节。
- 内容润色：有了初始的故事线和描写，让 ChatGPT 润色调整，使文字对话更有吸引力。
- 内容模仿：输入已有的好的广告故事，让 ChatGPT 总结与模仿。
- 沟通反馈：把自己的故事文案给 ChatGPT 查看，告知背景信息与目标，让 ChatGPT 从广告受众的角度给出反馈。

相比于平铺直叙的描写或论证，通过比喻、举例、讲故事的创意思维，可以让内容生动有趣。通过熟悉的事物与具体的例子来讲解，让读者易于理解，最后通过故事的方式来综合性的组织与呈现。这些既是写作的方法技巧，也是日常沟通协作时可以应用的方法。

比喻、举例、讲故事属于基本的写作表达技巧，本身并不难，但要做得好是需要不断练习和观察积累的。就像在演讲俱乐部里，会有语法官负责记录与点评演讲者的“好词好句”一样，ChatGPT 在此过程中，也可以起到点评的作用或者直接告诉用户答案。除非是极端的拿来主义的人，这样的反馈或给出答案，可以引发用户进一步的思考，让思考、思维的迭代加快，最终提升用户的写作表达能力。

3.2.2 学生的作文写作：叙事文与议论文

在学生阶段，常见的作文形式有叙事文和议论文，3～8 年级阶段主要写叙事文，9～12 年级阶段主要写议论文，同时议论文也是常见的高考作文题形式。

相比叙事文的个人经历与表达的多样性，议论文有相对明确的结构与主题。

为了写好这两类作文，需要先了解其特点与写作要求，之后才是如何结合 ChatGPT 的辅助，来进行更多的练习与反馈。

1. 叙事文写作

叙事文写作是一种通过故事来传达信息、观点或情感的文体。它以叙述者的视角，通过描述事件的发展和人物的行动来吸引读者的兴趣。

叙事文的写作要点有：

- 故事性：故事的发展、高潮、结局。好的叙事文需要吸引读者的注意力与兴趣。
- 视角与人物：不同的人称（第一人称、第三人称），不同的人物塑造与思想。
- 情感和主题：人物的情感变化、故事的冲突和解决以及主题的阐述。引发读者的思考和共鸣。
- 描述和细节：通过描绘场景、人物的外貌和动作，使读者更好地理解和感受故事的发展。

叙事文的写作要点既决定了叙事文的表达与结构，也指明了优化的方向。在学生的叙事文写作过程中，即使写得磕磕绊绊，也是逐步熟悉语言表达、词汇积累的过程，因此不建议用 ChatGPT 来代替学生自己的叙事文写作。而是，先让学生自己写，然后再通过与 ChatGPT 的互动来获得反馈。

反馈和改进可以是以下几个层次：

1）语法用词是否有错误？

2）整体的内容表达是否清楚顺畅？

3）从故事性、人物、主题、细节几个写作要点进行反馈。

4）请 ChatGPT 帮忙修改润色，以参考借鉴。

提问：

以下是一篇小学生写的叙事文，请给一下总体的反馈。

题目：记一次难忘的旅行

当我七岁的时候，我和爸爸妈妈一起去了新疆度过了一次精彩的旅行。我们乘坐飞机，遇到了一个有趣的男孩。我们一起玩“躲猫猫”，玩得非常开心。

我们抵达乌鲁木齐机场，从租车公司租了一辆车。这辆车看起来就像我们在上海的车一样。 我们开始开车旅行，看到了一座看起来像一个大帽子的山。然后我们参观了美丽的天山天池，它就像是天空中倒映的明镜。接下来，我们去了喀纳斯湖，这是一个神奇的地方，湖水清澈见底。最后，我们来到了吐鲁番，这里有着壮丽的火焰山和美丽的葡萄谷。我们在葡萄园里品尝甜美的葡萄，欣赏火焰山壮观的景色。

这是一次精彩的旅行，我会永远记得。新疆是一个充满魅力和美景的地方，让人流连忘返。

回答：

这篇小学生写的叙事文描述了一次难忘的旅行经历。整体来说，文章表达清晰简洁，内容也比较完整。以下是一些建议和反馈：

1）在引言部分，可以更详细地描述一下这个有趣的男孩，或者分享一些与他的互动，使读者更加感受到旅行的乐趣和友谊。

2）描述旅行途中看到的山和天池时，可以用一些形容词来形容它们的美丽和壮观。例如，用词像“壮丽”“神奇”“清澈见底”等，让读者更好地感受到景色的魅力。

3）……

在结尾部分，可以用一些形容词或短语来概括旅行的感受。例如，“令人难以忘怀”“美不胜收”“让人心醉神迷”等。这样可以更好地突出旅行的魅力和对它的持久记忆。

或者从故事性、人物、主题、细节的角度，让 ChatGPT 来帮忙改进。

提问：

如果要优化人物的描写，应该怎么改？

回答：

如果要优化人物的描写，可以考虑以下几点改进：

1）添加细节：在描写有趣的男孩时，可以加入更多具体的细节，如他的外貌特征、穿着、个性特点或者他与主人公的对话内容。这样可以更生动地呈现他的形象，使读者更好地了解他。

2）描述情感和行为：……

3）对比与互动：……

4）使用形容词和形象化的语言：……

提问：

给一下例子。

回答：

我们乘坐飞机，遇到了一个有趣的男孩，他叫小明。小明有一头黑色的卷发，戴着一副酷酷的太阳镜，笑容灿烂地迎接我们。他看起来活泼机灵，一双灵动的眼睛闪烁着好奇的光芒。

……

2. 议论文写作

议论文是一种常见的写作形式，要求学生表达自己的观点，并通过逻辑推理和论据来支持自己的观点。

议论文的写作要点有以下几点。

1）选择适合的话题：选择熟悉且感兴趣的话题，这样更容易表达自己的观点并展开论证。

2）明确陈述观点：在引言部分清晰地陈述你的观点立场。

3）提供有力的论据：使用具体的论据来支持观点。论据可以包括事实与例子、统计数据、研究结果等。

4）逻辑性和连贯性：确保思路清晰、逻辑性强，并且段落之间有明确的连接。

5）使用清晰的语言：使用简明扼要的语言来表达自己的观点。

议论文的写作，话题、观点、理由，以及内容结构，决定了整体的表达与效果。

因为社会阅历与阅读输入的局限性，议论文的写作容易出现观点不明确、缺乏有力的论据和证据（倾向于使用主观的意见和直觉来支持自己的观点）、缺乏逻辑性和连贯性等问题。为此，一方面可以让 ChatGPT 帮忙反馈，指出存在的问题。另一方面，在有了整体的话题与观点后，可以先写出自己想到的理由，再让 ChatGPT 帮忙补充或归纳。

以高考作文题：论“体育之效”为例，为了写好这篇议论文，除了从阅读材料里提取观点与素材，还可以围绕这个话题，让 ChatGPT 帮忙补充不同的视角与方向。

提问：

作文题要求 ……

围绕这个话题，还可以从哪些方面或角度，补充论据？

回答：

1）社交与团队合作：体育活动提供了一个良好的社交平台，使人们能够结识新朋友、建立友谊和加强人际关系。参与团体运动，如足球、篮球等，不仅能培养团队合作精神和协作能力，还能培养领导才能和解决问题的能力。

2）健康与预防疾病：……

3）教育与学业表现：……

……

为了写好议论文，除了自己多练习与获得 ChatGPT 的反馈补充外，平时的阅读参考也必不可少，在课堂上，老师会讲解优秀的范文，指出其值得借鉴的地方。现在，有了 ChatGPT 的辅助，用户可以输入好的议论文，让 ChatGPT 为用户拆解与讲解。

提问：

作文题要求 ……优秀的范文……

以上这篇作文从：话题、陈述观点、论据、逻辑性和连贯性、使用清晰的语言等角度，表现的如何？

回答：

这篇作文从话题的角度出发，明确了立意，结合了毛泽东在《体育之研究》中的观点，阐述了体育锻炼对个人和国家的重要性。以下是对这篇作文的评价：

1）观点明确：作文中清楚表达了体育锻炼对人们的身体健康和意志品质的积极影响，以及对国家的繁荣和复兴的重要作用。立意明确，主题突出。

2）论据充分：作文运用了多个例子，如毛泽东、袁隆平和其他具有强健体魄的人来支持观点。这些例子有助于增加论点的可信度和说服力。

3）逻辑性和连贯性：……

4）使用清晰的语言：……

除了文章的拆解，也可以与 ChatGPT 进行讨论，比如询问：作者在这篇议论文里，举了很多名人的例子，是否也应该补充一下普通人的例子，比如学生、上班族？

议论文的写作过程，其实也是思考与批判性思维的过程，需要明确自己的观点、论据，通过文字的组织表达来论证。有了 ChatGPT 的辅助，可以从论证的视角、论据的补充、论证的拆解等方面进行补充，同时，ChatGPT 也是一位耐心友善的老师，可以围绕不同的话题进行讨论，不妨多与 ChatGPT 讨论互动，以开阔眼界与锻炼思维能力。

学生阶段的叙事文与议论文写作能力，既是语文学习的要求，也是日后进入社会所需。通过叙事文的写作，可以更好地记录事件与感受。通过议论文写作，可以锻炼思考论证的能力，更好的表达观点，增强说服力与领导力。

3.2.3　成年人的应用文写作：简历、邮件、评论

职场人会有各种应用文写作的需求，在工作场景，会涉及各种文字沟通表达的需求：简历、自我介绍、项目计划、邮件沟通、总结。有些有固定格式的内容，如周报月报；有些需要从内容到形式做精心准备，如简历、商务沟通的邮件。应用文不同于个人心情记录的日记，

也不同于感性的散文诗歌，有相对标准化的格式，同时要考虑实用性与目的性。

1．应用文写作的侧重点

为了写好应用文，需要从两个方面着手，熟悉格式规范与清楚恰当的表达。

以简历为例，在工作经历部分，一般是按时间倒序，这样可以突出重点。在具体的工作内容方面，除了岗位与职责外，还可以突出做出的贡献，有数据的支持会更好。在语言表达方面，可以更多地用动词来描述，如：管理、协调等。同时避免模糊的形容词，如“精通”某个技能，因为“精通”带有主观性，如果用了这个词，需要做下辅助说明，如工作的年限、获得的证书、做过复杂的项目等。

相比于简历的比较固定的格式与目标受众（面试企业的 HR 或领导），商务邮件会更为多样，需要注意措辞与表达的技巧。以项目进展的总结邮件为例，如果是面向项目组的同事，可以用直接清楚的文字来描述当前的进展、问题、细节等。如果是给领导汇报，会更关注当前的进度、风险、以及是否需要额外的支持。在文字表达上，需要考虑措辞，用积极专业的语气，突出重点，注意礼貌和敬语。甚至还需要一些暗示，比如暗示对接的部门领导，做好了这个项目可以达到共赢的效果。

2．应用文的写作方法

不同的应用文会有自己的特点与写作方法，在开始写之前，先熟悉明确关注点与方法技巧，会更有助于达到目的。

以图书的评论为例，首先会有不同的评论场景与对象。有可能是请你写一篇推荐序或单纯的作为读者写自己的看法。如果是前者，需要全面概括的介绍书的内容与特点，语气是热情赞同的。如果是后者，则会更为感性，需要写出自己独到的看法。

在豆瓣读书，围绕同一本书（尤其是众人推荐的好书）会有大量的评论，如果仔细看一下写得好的评论，会有以下的特点：

- 内容翔实，有自己的经历、感受、或其他的参考内容。
- 有独到的视角，不会拘泥于大众的看法，体现出个性化。
- 文字优美，论证充分。

如果整理下《影响力》这本书靠前的评论，单看标题，会有这几种类型：

- 故事型：我在苏州被和尚骗了，那和尚一定熟读《影响力》。
- 干货整理型：我的大纲和重点——看完不用看书了。
- 评判型：我认为书中存在的不足。
- 感受型：真正散发影响力不是靠技巧。

通过参考不同类型的评论，可以总结出常用的读书评论的写作方法。从自己的特点与目的出发，不断练习，并与他人的评论做比较，以达到刻意练习的目的。

在这个练习的过程中，还可以把自己写的读书评论交给 ChatGPT 反馈。请 ChatGPT 以读者的身份，总结评论的主要内容与特点。提供的备选标题除了直接采纳，也可以引发进一步的思考。

> 提问：
>
> 我写了一篇关于《影响力》这本书的评论，请你以读者的角度，给我一些反馈，以及起几个备选的标题。

以下是我的评论内容：

……

回答：

你的评论强调了影响力的心理学因素以及个人品质对于产生影响力的重要性。你提到了诚实、勇敢和正直这些优秀的品质，以及内心追求和维护这些品质的重要性。你还运用了一些比喻，如降龙十八掌和独孤九剑，来突显内在力量和技巧的关系。整体而言，你的评论传达了影响力的核心要素，并强调了道德和品质在影响力中的重要性。以下是一些建议的备选标题：

1）“大智若愚：追求卓越品质的真正影响力”。

2）“心理学与影响力：内在力量的显现”。

3）“内心品质：影响力的根基与关键”。

3．让 ChatGPT 辅助写作应用文

为了写好这样的应用文，除了多参考、多练习外，还可以结合 ChatGPT 的辅助生成相关的内容。这里有一个需要避免的误区，并不是简单的告知 ChatGPT 写一篇周报、月报、沟通邮件即可，因为这样的内容会过于空泛与缺少目的性。更好的方式是说明背景以及目的，同时还可以指定内容结构（先说什么后说什么）。

提问：

我需要写一份 200 字的项目协作的邮件给对接的技术部门领导。

1）先简要介绍当前的项目进展（当前项目推进顺利，预计下月底可以完成）。

2）再提出希望对方能让技术专家小明也能加入到这个项目里，因为小明在性能优化上有自己的特长。

同时，在邮件里要委婉的说明这么做有助于共赢。

回答：

尊敬的技术部门领导，

我写信向您汇报我们当前项目的进展情况，并希望能够得到您在项目协作方面的支持。目前项目正在顺利推进，预计下月底能够如期完成。

在这个阶段，我希望能引入您部门的技术专家小明加入我们的项目团队。我了解到小明在性能优化方面有着独特的专长和经验，相信他的参与将对项目产生积极的影响。他的专业知识和技能可以为项目带来新的视角和创新，进一步提升我们的团队能力，并有助于解决可能出现的挑战。我坚信通过这样的合作，**我们可以共同取得更好的项目成果**。

如果您能够考虑让小明加入我们的项目，我们将非常感激。我们期待与技术部门密切合作，共同努力实现项目的成功。同时，**我们相信这样的合作对公司的整体发展也将带来积极的影响**。

非常感谢您对我们项目的关注和支持。期待您的回复。

祝好，

[您的名字]

虽然生成的文字还是有些啰唆，但整体的内容结构是清楚的，以及突出了共赢的意思（加粗的文字），在此基础上进行修改完善比完全自己从头写作要省事省力得多。

4．以模版的方式让 ChatGPT 生成内容

在有了更多的工作积累后，还可以基于已有的邮件作为模版，让 ChatGPT 参考其格式与写作风格来生成新的内容。假设要给市场部门的领导写一封预约头脑风暴会议的邮件，因为都是面向领导以及部门间的合作，这时就可以复用之前的内容。

提问：

（前一封给技术领导的邮件内容，……）

参考以上邮件的写作风格，写一封给市场部门领导的邮件，先夸奖对方的能力，再请对方一起做头脑风暴，讨论新的商品如何宣传。

回答：

尊敬的市场部门领导，

我写信向您表达对您在市场推广方面出色能力的赞赏，并希望能够与您共同展开一次头脑风暴，探讨如何宣传我们的新商品。我对您的专业知识和经验深感钦佩，相信您的参与将为我们的宣传活动带来创新和差异化。

……

为了写好应用文，不只是套路化地让 ChatGPT 生成，而是要考虑受众与目的，通过大量的阅读与练习，掌握常用的应用文写作的方法思路。在这样的基础上，指挥 ChatGPT 生成高质量的内容，为自己的职场生涯减负提速。

3.3 使用 ChatGPT 提升阅读的效率

在这一小节，将会为大家介绍 ChatGPT 在阅读方面的应用，包括如何归纳与总结文章内容、如何应用批判性思维识别作者的观点与逻辑、以及如何总结和转换口语对话文字，这在会议记录场景可以有效地提升效率。

3.3.1 归纳与总结文章内容

为了让文字表达精炼，需要作者投入更多的时间与努力。作为读者，面对长文或不那么精炼的表达时，如果能先看简介，会有助于判断内容好坏，在阅读正文时，也会更有全局感。

有经验的作者（或愿意为读者考虑的作者），会在文章的开头写下简介，以及通过文中小标题与段落的组织，帮助读者理解内容结构。就像雨伞的骨架，撑起整篇文章。如果作者没有提供这样的便利，我们也可以通过 ChatGPT 来帮忙做总结。

在要求 ChatGPT 做总结时，有这些场景与目的。

- 面向不同内容的总结。
- 面向不同角色的总结。
- 结构化的归纳总结。
- 指定输出的格式与限制字数。

1．面向不同内容的总结

当我们在阅读不同类型的文章时，同样是做总结，关注点会有所不同。

- 作为新闻报道，会关心：时间、地点、人物、影响。
- 作为文学作品，会关心：故事、表达、思想。
- 作为应用文，会关心：受众、目的、内容重点。
- 作为工具技巧型文章，会关心：主要的方法技巧、提到的资源。

因此，在让 ChatGPT 帮助做总结时，可以加入一些目的性、方向性的说明。

以小说为例，可以让 ChatGPT 这样总结：

> 提问：
>
> 从故事发展的角度，为我总结这篇小说的主要内容。

以简历为例，假设从面试官的角度：

> 提问：
>
> 我是面试官，为我总结这份简历的内容，重点关注面试者的成长性。

2. 面向不同角色的总结

同样的信息要点，在面向不同的角色汇报时，会有不同的优先级。这也会体现在内容的总结上。

> 原文：
>
> 我为女儿的生日买了这个熊猫毛绒玩具，她非常喜欢它，到处都带着它。它柔软而超级可爱，脸上有友好的表情。不过，相对于我付的价格来说，它有点小。我觉得可能有其他同样价格但更大的选择。它比预期的提前了一天送到，所以在给女儿之前我自己玩了一下。

通用的总结会是：

> 柔软可爱的熊猫毛绒玩具，很可爱。女儿很喜欢它。对于这个价格来说有点小，提前一天运到。

如果是面向物流部门，我们在总结时可以要求：

> 提问：
>
> 你的任务是从电商网站的产品评论中生成一个简短的总结，以便向物流部门提供反馈。请在不超过 30 个字的范围内，重点关注提及产品的物流和交付方面的内容，对以下评论进行总结：
>
> （评论的内容 ……）
>
> 回答：
>
> 熊猫毛绒玩具比预期的时间提前一天到达，玩具很可爱，女儿很喜欢它。客户觉得它对于所付的价格来说有点小。

这时我们可以看到，和物流相关的信息被放到了总结文字的开头，这样可以方便物流同事的阅读。

同样是面向物流部门，也可以采用提取的方式，只输出物流相关的信息。

提问：

你的任务是从一个电子商务网站的产品评论中提取相关信息，以反馈给物流部门。
从下面的评论中，提取与物流和交付方面有关的信息。限于 30 个字。
（评论的内容 ……）

回答：

提前一天交付。

3. 结构化的归纳总结

在商业服务场景中，商家其实并不在意客户提交的文字是否逻辑清晰、语言优美，而是更希望能结构化的总结提取信息，以方便处理。

以客户反馈为例，会需要提取出：客户的态度（正面、负面），主要的问题类型（产品质量、物流、价格等），客户的诉求（申请退款、调整发货方式等）。

> 反馈的例子：
>
> 客服你好，我是你们的老客户了，总体而言，你们网站的东西还不错，你们的网站订购过程简单快捷。不过，我最近买了一个微波炉，收到的商品有些小磕碰。不知道是不是运输过程中导致的。虽然这只是一些细微的损伤，但作为客户，我还是希望能够得到解决，比如给予一些补偿或者帮我换一个新的。希望你们会积极处理这个问题，并提供一个令人满意的解决方案。

提问：

阅读以上的客户反馈，用简短的文字，为我总结提取：
- 客户的态度：正面、负面？
- 问题类型：产品质量、物流、价格等？
- 客户的诉求：申请退款、调整发货方式等？

回答：

- 客户的态度：正面。
- 问题类型：商品质量问题（微波炉收到有些小磕碰）。
- 户的诉求：希望得到解决，要求补偿或提供换新选项。

4. 指定输出的格式与限制字数

当我们要求 ChatGPT 总结一篇文章的内容时，最常见的输出形式是一段话的内容。ChatGPT 会用概况性的文字来总结文章的主要内容。这样的一小段的文字是易读的。

不过，有时候我们也希望有其他形式的输出，比如：

- 用要点列表的形式输出。
- 用层级大纲的形式输出。

要点的好处是易于归纳，方便调整要点的顺序或做一些合并。层级大纲的好处是增加了层次，可以看出主要观点与对应的小点，以及这种形式的内容也方便导入到思维导图里查看。

以一篇防暑降温的文章为例：

> 高温天气的到来，使得中暑和热射病等热相关疾病成为人们关注的焦点。虽然这两种病症都与高温有关，但它们有着不同的特点和严重程度。
>
> 中暑是指身体在高温环境下长时间处于过热状态，无法有效散热而导致体温升高。这是由于人体的体温调节机制失效或受损所致。人体正常情况下会通过汗液蒸发来散热，但在极端高温下，汗液蒸发受限，体温无法得到有效降低，导致中暑。
>
> 中暑的症状有轻度和严重两种表现。轻度中暑表现为头痛、头晕、乏力、恶心、皮肤潮湿等，而严重中暑则可能导致昏迷、抽搐、心律不齐甚至死亡。
>
> ……

提问：

以20个汉字的方式，总结这篇文章的主要内容。

回答：

高温天气中，预防中暑和热射病至关重要，需注意体温调节、远离高温环境。

提问：

以内容要点的方式（不要超过5个），总结这篇文章的主要内容。

回答：

1）中暑和热射病的区别及机制。
2）中暑和热射病的症状和严重性。
3）缓解轻度中暑和紧急治疗热射病的方法。
4）预防中暑的重要性和特别防护措施。
5）呼吁采取适当防护措施，避免将儿童和动物留在停放的车辆内。

提问：

以Markdown格式，2级缩进的层级大纲的方式，总结这篇文章的主要内容。

回答：

1. 中暑和热射病
   1. 区别和机制
2. 中暑的症状和严重性
   1. 轻度中暑
   2. 严重中暑
3. 缓解轻度中暑
   1. 远离高温环境
   2. 补充水分和盐分
4. ……

不同内容的信息密度、详细程度、复杂性会有所不同。在仔细阅读前，如果有总览的介绍，会更为方便。这样的总结工作如果都是人工来做，既需要经验技巧，有时也费时费力。现在有了 ChatGPT 的辅助，可以快速地帮我们生成不同侧重点与结构化的总结信息，以提升我们的阅读效率，这无疑是一个重要的进步。

3.3.2　有效识别与应对作者的观点

批判性思维是一种能力和过程，它涉及有目的性、有系统性地评估和分析观点、信息和论证的能力。批判性思维不仅仅是接受或拒绝某个观点，而是通过积极地提出问题、寻找论据、评估推理和推断，以及考虑其他可能性来进行深入的思考和判断。

我们在阅读议论文时，除了理解作者的意思与观点外，其实也是一个“对话”的过程，围绕论题，基于作者的理由，结合自己的知识与判断，来有效地“应对”作者的观点，进而决定是否采纳。

在这个过程中，即使我们不熟悉批判性思维，而是让 ChatGPT 来帮助我们提取作者的论题（issue）、理由（reason）、结论（conclusion），这样的结构化提取，也可以提升阅读、理解、判断的效率。

1. 观点结构的提取

以下是围绕平板电脑是否要应用于学校教育的讨论。

提问：

平板电脑应该取代从幼儿园到 12 年级教育阶段的教科书。支持使用平板电脑的人声称，平板电脑性价比更高，使用起来更省时，并且占用的空间更小。例如，平板电脑比教科书便宜，而且能通过减少印刷和纸张的使用量，对环境产生积极的影响。此外，一项在美国加利福尼亚州完成的研究表明，使用交互式平板电脑的学生在标准化测试中的得分明显高于使用纸质印刷教科书学习的学生。

总结这篇文章的：论题、理由、结论。

回答：

论题：

平板电脑是否应取代从幼儿园到 12 年级教育阶段的教科书。

理由：

1）平板电脑的性价比更高，便宜，减少印刷纸张，对环境有积极的影响。

2）平板电脑使用起来更省时，占用空间小。

3）在美国加利福尼亚州的研究中，使用交互式平板电脑的学生在标准化测试中的得分更高。

结论：由以上理由，可以支持平板电脑应取代从幼儿园到 12 年级教育阶段的教科书。

在这个例子中，通过对内容的归纳，我们知道这篇文章讨论的论题是：平板电脑是否应取代从幼儿园到 12 年级教育阶段的教科书。同时，作者的结论是支持这样的取代，并有自己的 3 个理由支持。基于这样的结构化输出，我们有助于明确作者的论证，然后结合自己的思考来判断。

ChatGPT 不仅可以帮助我们提取这样的结构要点，还可以参与讨论。

1）补充支持性的理由。

提问：

为了支持这样的结论，还有哪些补充的理由？

回答：

1）更新快速：电子教材可以随时进行更新和修改，保证内容的及时性，而印刷的教科书需要等到新版出版才能更新内容，这在科学技术飞速发展的今天，尤其重要。

2）交互性强：平板电脑上的电子教材可以加入动画、音频、视频等元素，以及互动式的学习和测试工具，这可以使学习更加生动有趣，也有利于提高学生的理解和记忆。

3）个性化学习：……

4）资源丰富：……

5）在线协作：……

2）提供反对性的理由。

提问：

我认为平板电脑不能取代从幼儿园到 12 年级教育阶段的教科书，为我提供一些反对的理由。

回答：

1）视力问题：长时间使用电子设备可能对学生的视力产生不良影响。而书籍则没有这个问题。

2）数字鸿沟：并非所有家庭都能承担得起平板电脑的费用，这可能会加剧教育的不平等现象。

3）设备管理和维护：……

4）缺乏纪律：……

5）……

2. 有效识别谬误与应对

在我们的工作生活中，经常会碰到似是而非的观点或论证。这里面比较有代表性的是谬误，谬误是指错误、虚假或误导性的观点、陈述或论断。它们可能基于错误的推理、不准确的信息、误解、个人偏见或意图欺骗等。

有代表性的推理错误会被整理命名，比如：

- 稻草人谬误。
- 诉诸感情谬误。
- 虚假的两难选择谬误。
- 滑坡谬误。

以稻草人谬误为例，这个谬误的定义是：

> 稻草人谬误是一种逻辑谬误，指的是歪曲对方的观点，使其容易受到攻击，进而攻击事实上根本就不存在的观点。

看一个例子：

> 甲方：我认为我们应该努力保护森林中的野生动物，以防止它们灭绝。
>
> 乙方：你完全错了，我不知道为什么你要让我们放弃任何形式的经济发展，为了一些无用的动物。你有没有想过我们需要开采这些森林中的自然资源来确保我们的繁荣和发展？

在这个例子中，乙方并没有直接回应对手所提出的论点。相反，他使用一系列歪曲的观点来代替对手的观点，以便更容易地击败对手的论点。

目前有归类和整理的谬误会有几十个，作为个人，不需要记住所有的谬误。当我们在工作生活中，看到一些感觉不太对，但又不知道如何应对的观点内容时，就可以让 ChatGPT 来帮助分析总结谬误。

提问：

假设父母这样和孩子说：

作为父母，我们不能让你晚上玩电脑。我知道你可能会觉得这样的规定过于严格，但请考虑一下，如果我们今天允许你晚上玩电脑，你就可能沉迷其中，不知不觉玩到深夜，忘记了需要休息。这样一来，睡眠就会受到影响，我们都知道，缺乏睡眠会使人疲劳，影响学习效率。

然后，你会看到学习成绩开始下滑，你可能会找不到原因，甚至开始质疑自己的学习能力。这会让你自信心下降，使你在学校的表现越来越差。

最后，如果这个趋势持续下去，你可能连升学的机会都会失去，因为你的成绩已经无法满足学校的要求。这就是为什么我们不能允许你晚上玩电脑的原因。

请问作为父母，用到了什么谬误。作为孩子，应该如何与父母沟通？

回答：

在这段对话中，父母使用了滑坡谬误（slippery slope fallacy）：

他们认为如果孩子被允许晚上玩电脑，就会沉迷其中并丧失对时间的控制，最终导致学习成绩下滑、自信心下降，甚至无法升学。这是一种过度夸大未来可能发生的负面结果的逻辑错误。

作为孩子，你可以采取以下方法与父母沟通：

爸妈，我理解你们对我玩电脑的担忧，特别是对我学业和未来的关注。但我想，这里可能存在一个误解。我同意过度使用电脑会影响睡眠，以及可能导致学业成绩下降，但这并不意味着每次使用电脑都会导致这样的结果。

首先，我们可以制定一个合理的时间管理方案，确保我有足够的时间用于学习和睡眠。例如，我们可以规定在工作日的某个时间后，我不再玩电脑。这样，我既能够拥有一些放松的时间，又能保证学习和睡眠不受影响。

其次，我也会更加负责任地使用电脑。我知道如何正确地使用它，比如用来获取信息、学习新的技能，甚至是进行一些创新的项目。这些都是电脑的积极用途。

所以，我想我们应该尝试找到一个平衡，既能让我有足够的时间和自由去放松，同时也能保证我有足够的时间和精力去学习和睡眠，而不是直接禁止我晚上玩电脑。这样，我们也就无须担心我会陷入那个滑坡情境了。

这段对话其实就是一个谬误的识别与应对的过程。这样的对话可以帮助我们积累更多的“谬误”相关的词汇，有助于之后的识别与交流。以及，就像头脑体操一样，通过一个个小练习，来提升思辨的习惯与能力。

我们在阅读理解内容时，其实也是在和作者对话，尝试理解对方的观点和看法，同时判断与决定是否要采纳。作为文章或日常的沟通，作者往往不会直截了当地说，我们来讨论一个论题，我有 3 个理由，我的结论是……因此你应该接纳。这时，通过 ChatGPT 的归纳整理，会让这样的结构化的理由与结论凸显出来，以方便我们思考和判断。

同时 ChatGPT 还可以参与这样的对话，补充支持性的理由或从反对者的角度思考，这让整个对话讨论变得更为全面客观。以及，面对狡猾的对手（或诡辩者），ChatGPT 还可以识别对方的谬误，有效的反驳和应对。

3.3.3 口语对话的记录与整理

在日常的工作生活中，有一些口语对话是临时性、过程性的，有一些则比较重要，需要提前准备、认真参与、记录总结。像课堂讨论、法庭辩论、会议讨论、商务谈判，这些场景就需要我们以文字或录音的方式来做记录整理。在这个记录整理的过程中，常见的痛点会有：

- 纯人工的手写或打字记录，信息会有遗漏。
- 内容太多，不容易完整的阅读与回顾。
- 涉及的人员、问题、观点比较多，需要有效的识别和归纳。

随着在线会议系统的普及，信息记录问题得到了缓解，现在的工具技术可以帮助参会者录音和生成文字稿。同时，如何从冗长的文字稿中总结主要内容、提取结构与观点，这仍然是有难度的事情。这时就可以让 ChatGPT 来辅助对话内容的整理。ChatGPT 支持口语化文字到书面语文章的转化，这也可以提升内容输出的效率。

以如下的个人分享为例：

> 我觉得互联网还是一种媒介，就是因为媒介就是就是我在我看来就是一种连接。所以就是他不管连接的是人和人还是人和内容，它都是一种连接。那如果说它跟电视的区别的话，我觉得电视更像是一个 web 1.0 时代，就是它是一个单向的输出，而且它是一个异步的单向式的输出。就是电视它虽然也有直播，但我觉得就是更多的还是那种提前录制好的一些内容，就是它可能更多的会像那种就单向的传播不太会有，就他的互动可能还要借助到其他的。比如说我要配上电话，或者我要配上什么热线，然后才会有。但是它本身其实我觉得它是一个单向的，但是互联网的话就是至少它是一个到了 2.0 时代的话，它就是一个可以即时互动的一个媒介。然后有而且它极大地降低了就是大家发声的一个门槛。

从文中可以看出这是一个口语化的表达，会有更多的"我觉得"，这个内容作为听的方式是没问题的，句子结构简单，易于理解。但如果要作为文章输出则显得不够正式，这时可以分几步走去生成一个格式标准、结构严谨、表述清晰的书面文章。

1）去掉多余的水分，让内容更精炼。

提问：

（原文……）

整理以上文字，包含原有的信息，让内容更顺畅。

回答：

整理后的内容：

我认为互联网是一种媒介，因为它可以连接人与人或人与内容。与电视相比，电视更像是 Web 1.0 时代的产物，它是一个单向的异步输出，更多是提前录制好的内容，互动需要借助其他工具，比如电话热线。相比之下，互联网是一个可以即时互动的媒介，它降低了发声的门槛。

2）适当地补充内容。

提问：

补充一下互联网互动与降低门槛的文字。

回答：

实时互动：在社交媒体上发布一条推文或帖子，人们可以即时回复或评论。
降低门槛：由于互联网的广泛普及，人们可以在不同的地方使用互联网，让更多人能够发声。

3）让 ChatGPT 生成备选的标题。

提问：

围绕这篇文章内容，生成备选的标题。

回答：

1）互联网：改变交流方式的媒介。
2）Web 1.0 与 Web 2.0：比较与对比。
3）互联网：降低发声门槛的即时交流媒介。

4）挑选合适的标题并做整理输出。

在这一步，结合自己的原意，挑选合适的标题，对 ChatGPT 生成的内容做适当的编辑，以达到文章输出的目的。

> 《互联网：改变交流方式的媒介》互联网的出现改变了人们交流的方式。作为一种媒介，它可以连接人与人或人与内容。与电视相比，电视更像是 Web 1.0 时代的产物，它是一个单向的异步输出，更多是提前录制好的内容，互动需要借助其他工具，比如电话热线。相比之下，互联网是一个可以即时互动的媒介，它降低了发声的门槛。例如在社交媒体上，人们可以即时回复和发表观点。以及移动互联网的流行，也带动了更多人的参与。

3.4　让 ChatGPT 成为你的写作助手

在这一小节，我们会为大家介绍 ChatGPT 在写作方面的应用，包括常用的应用文写作，如何通过大纲来控制内容的输出结构，口语化的演讲稿的生成，以及如何面向孩子、成人的写作提供支持。

3.4.1　应用文的写作

在日常的工作生活中，会有很多事务性的应用文写作场景。可能是会议通知、活动组织或周报月报。在这些场景中，有时候形式会大于内容，这其实也正是ChatGPT所擅长的。

1. 应用文的价值

应用文在日常工作和生活中起着关键的作用。它们通过规范化的方式传达信息，提供清楚、简洁的内容，助力读者迅速获取所需信息。虽然在某些情况下，形式可能相对内容更为重要，但这种结构化的方式却能确保文档的可读性和实用性。

2. 常见的应用文类型

- 会议通知：会议通知通常涵盖了会议主题、时间、地点、议程及相关联系人等信息。这种通知的目的是向参会者传递会议的关键信息，确保每个参与者都能清晰理解会议的目标和日程。
- 活动组织：在组织活动时，套路化应用文可以帮助组织者明确活动的目标、时间、地点、参与者和活动流程等。这类文稿可以有效地协调和沟通，保证活动的顺畅进行。
- 周报月报：周报和月报常用于向团队、上级或客户报告工作进展。它们的结构化格式包括项目概述、完成情况、挑战和下一步的计划等。这种结构可以帮助读者快速把握工作进展，为决策提供有力支持。

以团建的通知为例，避免用一句话让ChatGPT生成通知，如：为我生成一份团建通知。而是告知基本信息与目的，再让ChatGPT来生成。

提问：

为我生成一份团建的通知：
- 时间：本月16号。
- 地点：杭州西湖。
- 人员：近半年入职的新员工。
- 主要内容：团队破冰，公司文化。

回答：

主题：近半年新员工团队破冰与公司文化交流活动

尊敬的员工们，

我很高兴地通知大家，我们将于本月16号在杭州西湖举行一次特殊的团建活动。此次活动主要针对近半年入职的新员工，目的是加强新员工们之间的相互了解和沟通，同时也能深入理解我们的公司文化。

团队破冰是我们的首要任务，我们将通过一系列的活动帮助大家更好地融入团队，打破沟通壁垒。同时，我们也会通过分享和交流，让大家更深入地理解公司文化，明确我们的价值观和目标。

请各位新员工务必在规定时间参加，并做好相应的准备。我们非常期待你们的到来，相信通过此次活动，我们的团队将更加团结，公司文化也将得到更好的传承和发展。

感谢大家的配合，如果有任何问题或需要帮助，请随时与人力资源部门联系。

期待在杭州西湖与你们相见！

祝商祺！

「公司领导签名」

2023年6月3日

或者是输入已经写好的内容，让ChatGPT从应用文表达的角度，帮忙检查疏漏的地方。

提问：

以下这篇培训通知的应用文，有哪些需要改进的地方？

标题：ChatGPT 培训通知

大家好。我们明天上午 8 点，有一个关于 ChatGPT 的培训课程。这个课程可能会对你有所帮助，因为这个课程的教材是非常有用的，内容也非常丰富。ChatGPT 是一个非常强大的人工智能工具，所以你肯定不会想错过这个机会。

地点在我们的大楼的五楼。你只需要带上你的电脑就可以了。

如果你有任何问题，你可以直接来问我，或者你也可以发邮件给我。

谢谢你的关注，我们期待着你的到来。

最后，祝你有一个愉快的一天。

行政部

回答：

1）标题：增加更具体的信息，例如“关于 ChatGPT 应用主题的培训课程通知”。

2）内容：通知中一些描述过于笼统，如“这个课程的教材是非常有用的，内容也非常丰富”。可以提供更具体的信息，比如这个课程具体会教授什么，对参与者有何帮助，为什么教材有用。

3）时间和地点：这两个信息需要突出，方便参与者记忆。例如在一个新的段落中明确写出：“时间：明天上午 8 点；地点：我们大楼的五楼”。

4）联系方式：提供更具体的联系方式，例如提供电子邮件地址或电话号码。

5）签名：应注明具体的发件人或者具体的部门，而不只是“行政部”。

总的来说，一个好的通知应该清楚、具体、准确，让接收者能够立刻理解通知的主要内容、目的和需要采取的行动。

3. 提取生成附属信息

在内容平台发布文章时，除了正文本身，有时还需要文章的标题、概述、标签等附属信息。这些内容并不需要多么有创意，只要能基于文章正文的信息做好提取即可，这时就可以让 ChatGPT 代劳。

提问：

为以下文章，提取生成：标题、概括（50 字）、标签（3 个）。

ChatGPT 是一种人工智能技术，可以根据人类的文本生成新的文本，包括代码、小说、翻译等。它的能力非常强大，有些人担心它会取代一些工作，比如电话销售、客服、出纳、快递员等。但是，ChatGPT 也有它的局限性和缺陷，它不能完全理解人类的情感和需求，也不能保证生成的内容都是正确和合理的。因此，并不是所有的工作都会被 ChatGPT 取代，只有那些重复性高、创造性低、逻辑性强的工作才有可能被替代。而那些需要人际交流、共情能力、创新思维和灵活应变的工作则相对安全。

……

回答：

- 标题：ChatGPT 的应用、局限性及对职业的影响。
- 概括：ChatGPT 虽有强大的文本生成能力，却不能完全替代需要创新和人际交流的工作。
- 标签：人工智能、职业影响、ChatGPT。

在日常工作中，会有“paper work”的说法，意思是不需要深入的思考或创新，只需要遵循已有的规程和步骤来填写、处理的行政文书任务。这样的工作或许会单调乏味，但却是组织业务推进的必要的润滑油。在过去，这些事项只能费时费力地进行人工处理，如今，有了 ChatGPT 的辅助，我们就可以提升输出表达的效率，把时间精力放到更有创意性的工作上。

3.4.2　从大纲到文字的生成

写作有两种方式：大纲式写作与自由式写作。

大纲式写作犹如精心设计一座高楼，在开始写作前，作者通过大纲的准备，提前思考与确认整体的结构（包括引言、论点、例子、结论等），之后再进行文字的填充与展开。在写作过程中，如果有了新的想法，可以回到大纲进行更新，或仅将大纲作为一个过渡，让新的想法与变化直接反映在文章正文中。

相比于大纲式写作的严谨周密，自由式写作更为灵活自由，围绕当前的想法感觉往下写即可。这样的好处是可以快速地记下头脑中的想法，以及通过文字的输出与回顾，催生出更多的灵感。我们可以把自由式写作看成市集的搭建与演变，无须明确的规划，让其自由生长，同时也可以通过后期的调整而变得有序。

当我们与 ChatGPT 对话，希望其输出一篇内容方向明确的文章时，仅仅告知题目与目的是不够的。因为围绕同一个题目，会有不同的理解与论证的方向。为此，可以参考大纲式写作的方法，通过大纲来限定 ChatGPT 的发挥。

1. 如何让「ChatGPT 考生」写出好作文

> 2023 上海高考作文题
> 写作（70 分）
> 一个人乐意去探索陌生世界，仅仅是因为好奇心吗？请写一篇文章，谈谈你对这个问题的认识和思考。
> 要求：（1）自拟题目；（2）不少于 800 字。

以高考作文题为例，假设让 ChatGPT 参与做答，如果只给题目，没有进一步的方向与要求，这时“ChatGPT 考生”会进入自由式写作状态，输出表达很不稳定。

既然是高考作文，思想正确，逻辑清晰，表达生动，会是基本要求。

提问：

写一篇议论文，自拟题目，字数不少于 800 字。
主题是：一个人乐于去探索陌生世界，仅仅是因为好奇心吗？
写作要求：
- 整体的内容要体现积极向上的价值观。
- 从不同视角讨论对于这个问题的看法。
- 理由与结论要有逻辑性。
- 通过比喻、名言警句、举例子的方式来让文章表达更生动。

回答：

题目：《超越好奇心：探索未知世界背后的更深层次动机》

人类历史中充满了对未知世界的探索，我们往往把这归因于好奇心。确实，好奇心就像爱因斯坦所言，“我没有什么特别的才能，只是对问题极度好奇。”这推动我们去发现、去创新、去探索。

然而，将探索的全部动机归结为好奇心过于简化。实际上，人们对未知的追求往往混杂着对挑战、成就和自我价值的渴望。如探险家哥伦布，他的新大陆之旅背后，既有好奇心，也有寻找新贸易路线的实质需求。

我们可以将好奇心比作引导我们前行的明灯，而目标则是旅途的终点。好奇心给我们勇气和力量，目标则赋予了前进的意义。因此，人们探索陌生世界，不仅是出于好奇，还包括了实现自我价值和目标的需求。

……

总的来说，好奇心和目标并不互相矛盾，它们可以和谐共存。好奇心是探索未知的重要力量，但我们的目标、价值观以及自我实现的需求，也是我们前行的动力源泉。探索未知的动力不仅仅是好奇心，更包括了挑战、价值实现和目标的需求。

ChatGPT 生成的这篇文章，从好奇心展开的讨论是：好奇心与目标的关系。这个观点是可以的。输出的文字内容，虽然还有些套路化，但总体的表达还不错。比如会引用名人名言（爱因斯坦），用到了比喻（前行的明灯），有具体的例子（哥伦布的故事）。

为了让 ChatGPT 的作文输出与我们的想法一致，可以通过列大纲的方式，来约束这位“ChatGPT 考生”。

提问：

写一篇议论文文章，自拟题目，字数不少于 800 字。

主题是：一个人乐于去探索陌生世界，仅仅是因为好奇心吗？

内容大纲：

- 引言：从人类选择安全的家园还是未知的探险开始，引发讨论。
- 描述好奇心的价值，同时说明好奇心不是唯一的驱动力。
- 从情感和理性的角度，讲述人类探索未知的原因。
- 理由 1：探索是为了摆脱束缚。
- 理由 2：探索是对挑战的渴望。
- 理由 3：探索是一种创新。
- 总结。

要求：

1）从不同视角讨论对于这个问题的看法与思考。

2）通过比喻、名人名言、举例等方式来表达。

3）整体的表达有逻辑性，体现积极向上的价值观。

回答：

题目：《探索未知：好奇心之外的驱动力》

在漫长的人类历史长河中，我们一直在面临着一个抉择：是否选择在熟悉的家园中安逸地生活，还是披荆斩棘，探索外面未知的世界。虽然好奇心经常是人们做出这种选择的初衷，但仔细思考，我们会发现，推动我们走向未知的，不仅仅是好奇心那么简单。

好奇心，这种神秘的驱动力，自古以来就激发了人类的探索欲望。好奇心让哥伦布发现了新世界，也让牛顿对苹果落地产生了疑惑，最终推动他提出了万有引力定律。然而，好奇心并不是我们选择探索的唯一原因。就像石头引发的波纹，其深层的涌动才是海洋的真正力量。我们的决定通常会受到情感和理性的影响，这两者共同引领我们前进。

首先，人们探索未知，是出于对摆脱束缚的渴望。亚里士多德曾经说过，“人皆有欲知之情”。人们追求自由，不愿被困在一个小小的世界里。就像飞鸟不会满足于狭小的鸟笼，它们渴望展翅翱翔，探索广袤的天空。人们对知识的追求，与飞鸟对自由的向往如出一辙。

其次，探索未知也是对挑战的渴望。……

最后，探索是一种创新。探索意味着我们不满足于现状，渴望改变。……

总的来说，好奇心是我们探索未知的驱动力，但远远不止如此。探索是为了摆脱束缚，探索是对挑战的渴望，探索是一种创新。这些都是我们探索的原因，这些原因一起构成了我们探索的动力。通过探索，我们能够实现自我超越，体验到生活的无限可能。

让我们勇敢地走出去，去探索这个未知的世界吧！

相比前一篇简单讨论“好奇心与目标”的作文，这篇内容因为有了内容大纲的指引，整体的内容结构与思想性变得更好。

在日常借鉴学习别人的范文时，也可以让 ChatGPT 先提取文章的内容大纲，自己做一些修改完善后，再重新生成正文。通过这样的方式去看到内容结构的影响与意义。

2．大纲的调整完善

大纲反映了作者对于内容的整体性思考，为了让观点理由更充分，也可以让 ChatGPT 参与大纲的调整与完善。比如让 ChatGPT 补充相关的理由。

提问：

主题是: 一个人乐于去探索陌生世界，仅仅是因为好奇心吗?

我认为不仅仅是好奇心，因为:

- 理由 1：探索是为了摆脱束缚。
- 理由 2：探索是对挑战的渴望。
- 理由 3：探索是一种创新。

目前我想到了这 3 个理由，你为我再补充几个理由。

回答：

- 理由 4：寻求更好的生活资源。
- 理由 5：对知识的渴求。
- 理由 6：实现个人价值。
- 理由 7：深化人际关系。

如果要点太多，也可以做一下合并与分层。

提问：

所提供的理由有点多，帮我用缩进的大纲的方式，归纳为 3 个主要的理由与对应的小点。

回答：

1．内在驱动

1）摆脱束缚

2）对挑战的渴望

3）探索是一种创新

2．外在驱动
 1）寻求更好的生活资源
 2）对知识的渴求
3．个人成长
 1）实现个人价值
 2）深化人际关系

通过这样的归纳，减少了读者的记忆负担，让内容表达更为简洁清晰。

大纲反映了我们的内在的、整体性的思考。为了让大纲要点丰富完整，可以参考 MECE（mutually exclusive, collectively exhaustive）原则，做到：相互独立且完全穷尽。

相比于只输入作文题让“ChatGPT 考生”自由发挥，经过初步的思考、通过大纲来框定其内容输出会更为可靠。因为内容方向已来自于本人的想法，进一步的修改也会更容易。

3.4.3 演讲型文字稿的生成

当我们要准备演讲分享时，常见的做法是打开幻灯片软件，然后开始填充内容。这么做虽然符合常规的预期（既然要结合幻灯片来演讲，那就从幻灯片的制作开始），但也会把内容、结构、呈现等混在一起，缺少条理。又因为幻灯片页面呈现记录的信息有限，时间久了，演讲者会容易遗忘细节信息。

相比之下，我们更推荐先准备好演讲的文字稿，再制作幻灯片。

文字稿在演讲准备中扮演着至关重要的角色。它不同于幻灯片软件里的演讲者备注，也不是领导讲话的逐字稿。更像是一种演讲大纲，通过要点的组织、精炼的文字，以及合适的例子与比喻，来协助我们策划与准备演讲内容。通过文字稿的写作与修改，明确想法与增进表达。

文字稿的内容以文本信息为主，可以加入简单的格式标注，如：加粗、大小标题、列表等。文字稿的内容应该是较完整的口语化的句子，按照演讲的顺序，分为多个段落。也可以根据需要，加入强调、停顿、互动的标记。

通过文字稿的准备，可以有以下好处。

- 便于讨论与修改，比如：确认结构是否合适，是否要补充更合适的比喻等。
- 便于重复练习，在练习时避免偏离主题。
- 便于估算用时，更好地掌握每个部分的用时，方便规划用时与进度。
- 便于适应不同的听众、场合和时长。通过对文字稿的剪裁与修改，来更好地满足演讲目的。

相比于文章输出，文字稿写作会有以下特点。

- 为演讲者本人服务，不会正式发表：用于思路的整理、素材想法的记录、演讲时的内容要点。
- 更有结构性与故事性：通过段落、句子的组织，让演讲更为连贯。
- 口语化的表达：加入更多的例子和比喻，使表达更加生动和口语化。

在让 ChatGPT 参与文字稿写作时，可以从以下两个方面，提供帮助。

1．根据主题、受众、目的输出文字稿

假设要为某个企业的全体员工，做一个介绍 ChatGPT 企业应用的分享，这时就可以输入相关的背景信息和内容要点，让 ChatGPT 来帮忙生成。

提问：

我要为 A 企业的全体员工做一个介绍 ChatGPT 企业应用的分享，主要内容是：
1）自我介绍（我是数据分析师背景，喜欢和关注 AI 应用）。
2）分享主题的简介。
3）ChatGPT 是什么。
4）ChatGPT 的优点。
5）ChatGPT 初上手。
6）ChatGPT 在企业中的应用。
7）总结与讨论 你来帮我生成演讲用的文字稿。

回答：

大家好，我非常荣幸有机会与你们分享我的知识和热情。我是一名数据分析师，我热衷于人工智能的应用，尤其是自然语言处理的领域。我今天的分享主题是 ChatGPT，这是一个我自己也非常感兴趣并且在工作中使用的工具。

首先，我要介绍一下 ChatGPT 是什么。ChatGPT 是由 OpenAI 开发的人工智能语言模型，它基于 GPT 架构，并在海量文本数据上进行了训练，能够理解和生成人类的语言。它能进行一对一的对话，可以用于各种语言任务，比如写作辅助、编写代码、学习辅助等。

那么，ChatGPT 的优点是什么呢？首先，它拥有强大的语言理解和生成能力，可以理解和生成准确、流畅的文本。其次，它可以应用于许多任务中，从写作辅助，到编程，再到在线学习，都可以发挥出它的作用。再次，它具有强大的自适应能力，可以根据上下文生成适当的回应。

……

总的来说，ChatGPT 是一个非常强大和灵活的工具，它可以应用于许多场景，提升我们的工作效率，帮助我们解决问题。我希望这个分享可以帮助大家了解和掌握这个工具，使它成为我们日常工作的一部分。接下来，我很愿意回答你们可能有的问题，也欢迎大家分享自己的看法和经验。

生成的这篇文字稿内容是口语化的，按照列出的要点依次展开，同时段落、句子之间有很好的衔接。作为演讲者，可以基于这样的内容，结合自己的知识与经验，做相应的调整与补充。

同时，作为演讲，开头的部分最为重要，因为要引出主题、吸引受众的注意力。这时，也可以让 ChatGPT 来帮忙生成恰当的例子或故事，来引出主题。

提问：

A 企业是一家关注用户体验的在线电子商务公司，帮我修改开头的内容，以一个和电商服务相关的小故事，来引出本次分享的主题。

回答：

在开始正式的分享前，让我先给大家讲一个小故事，大家或多或少也会有类似的经历。

有这样一个日子，你打开电脑，登录到你最喜欢的电子商务网站，准备为即将到来的朋友聚会选购一些饮料和零食。你在搜索框中输入“红酒”，然后你被重定向到一个包含各种各样红酒的页面。你在品种繁多的红酒中感到有些迷茫，不知道该选择哪一种。

突然，一个聊天框弹出来，问你："你是想要一款酒体饱满的红酒还是一款更甜一些的红酒？"你回答："我更喜欢甜一些的。"然后它又问你："你对价格有什么预期吗？"你回答："我希望价格在 200 元以内。"几秒钟后，你看到屏幕上出现了一些精选的甜型红酒，都在你的预算范围内。你快速选择了一款评价最高的，然后继续购物。这是一个多么愉快的购物体验！

这就是我今天要与你们分享的主题——ChatGPT 如何改变我们的工作方式、提升效率，以及如何优化用户体验。

2．提炼输出 **PPT** 的页面标题、要点文字

在有了完整、生动的文字稿后，还需要把文字稿中的内容对应地拆分到幻灯片页面里。作为幻灯片的页面呈现顺序一般是：标题、简要的文字概述、要点。这也是 ChatGPT 可以帮忙生成的。

提问：

我需要基于前面的文字稿制作幻灯片，请为我生成适合幻灯片展示的每一页的标题、简介、列表文字。

回答：

幻灯片 1：欢迎与自我介绍。
简介：分享开始，讲述引人入胜的电商购物故事。
- 你的名字。
- 数据分析师介绍。
- AI 应用的关注点。

幻灯片 2：分享主题简介。
简介：分享主题——ChatGPT 的应用。
- 购物故事的关键：AI 工具 ChatGPT。
- ChatGPT 的应用场景。
- 本次分享的目标。

幻灯片 3：ChatGPT 概览。
简介：ChatGPT 是什么。
- OpenAI 和 GPT 模型的介绍。
- ChatGPT 的工作原理。
- ChatGPT 的主要功能。

……

幻灯片 8：总结与讨论。
简介：总结分享的内容，并邀请大家提问和讨论。
- ChatGPT 的强大和灵活性。
- ChatGPT 对工作效率的影响。
- 如何将 ChatGPT 纳入日常工作。
- 你的想法与问题？

文字稿的优势在于方便记录与修改。相比于临场发挥的演讲，有了文字稿的准备与铺垫，可以让演讲者更好地把控内容与节奏。同时精心准备的文字稿还可以根据需要进行快速的调整或抽取。比如，可以将原本一小时的深入讲解简化为 10min 的快速简介。这就是文字稿的

魅力所在。

对于初次写文字稿的人来说，可能会觉得内容过于详细，工作量巨大。面对这种情况，可以尝试先写的简略些，或者优先处理重要部分，如演讲的开头部分。另一个建议是，用户可以录制自己的演讲，然后利用在线工具将语音转化为文字，以此为基础进一步提炼文字稿。

从宏观角度看，文字稿还可以包含所有与演讲相关的内容和注意事项。比如在演讲结束时，提示听众填写反馈、参与抽奖或扫描交流群二维码等。通过实践和练习，我们可以不断提升编写文字稿的技巧。有了 ChatGPT 的帮助，这一过程将变得更为高效和便捷。

3.4.4　用 ChatGPT 辅导作文写作

中小学生的写作会以作文为主，虽然作文提交后，老师也会给予反馈和评分。但如果能在写作过程中，就有一些讨论与反馈，无疑可以让学生对写作这件事更有兴趣与动力。因为好文章是改出来的，作文也是如此。

从家长的角度，一般会从这几个方面辅导孩子的写作。

- 话题思路的讨论：如何理解题目，整体的思路是什么。
- 语言表达的改进建议：合适的句式、比喻、举例等。
- 内容结构的反馈：内容表达，观点逻辑是否清晰，是否有补充的想法或视角。

在这个过程中，需要家长有时间、有耐心，以及最好能通过引导的方式与孩子讨论。同时，作文的写作，要以孩子为主，家长可以起到讨论反馈的作用，而不是代替孩子的写作。

在写作过程中不同阶段的讨论与反馈，也可以通过与 ChatGPT 的互动来完成。因为学生的文章以手写为主，家长可能需要协助录入，或通过 OCR（光学字符识别）扫描的方式，将文字内容转为电子版。

1. 话题思路的讨论

我们继续以高考作文题为例。

> 2023 上海高考作文题
>
> 写作（70 分）
>
> 一个人乐意去探索陌生世界，仅仅是因为好奇心吗？请写一篇文章，谈谈你对这个问题的认识和思考。
>
> 要求：（1）自拟题目；（2）不少于 800 字。

在看到题目时，首先要把握核心话题，确定立意方向，也就是所谓的审题。在审题时，要读出材料表述背后的语气与态度，比如：“仅仅是因为……吗？”指向的是“不仅仅”，同时也肯定了“好奇心”的作用。

为了展开思路，可以先结合题目句子中的关键字来与 ChatGPT 讨论。

> 提问：
>
> 我有一篇议论文要写，题目是：一个人乐意去探索陌生世界，仅仅是因为好奇心吗？
> 我想与你讨论下这个主题，请你说一下如何理解题目中的「乐意」「探索」「陌生的世界」？

回答：

1）“乐意”这个词在这里指的是一个人主动并愿意地去做某件事情，表达出的是积极的态度和主动的行为。

2）“探索”则是指不满足于已有的知识或者经验，去寻找新的、未知的信息或者经验。这是一个过程，涉及学习、冒险，甚至可能需要面对失败和挑战。

3）“陌生的世界”可以理解为一个广泛的概念，它可以是实际的地方，如未去过的城市或国家；也可以是知识领域，如未研究过的科学领域或者文学作品；甚至也可以是个人经验，如尚未体验过的生活方式或工作岗位。

综合以上，我们可以理解这个主题是关于人们是否只是出于好奇心，才会愿意去探索未知的领域或经历。

在这个回答中，ChatGPT 很好地解释了“乐意”“探索”在上下文中的意思。

围绕“陌生的世界”，给出了不同的方向。

1）实际的地方。

2）不同的知识领域。

3）个人的经验体验。

为了做到引导式的讨论，还可以说明背景，让 ChatGPT 生成有启发性的问题。

提问：

我在辅导孩子写作文，他有一篇议论文要写。
题目是：一个人乐意去探索陌生世界，仅仅是因为好奇心吗？
请问我应该从哪些方面引导孩子的思考？ 给我一些提问的例子。

回答：

你可以从以下几个方面引导孩子的思考：
1）好奇心的力量。
2）探索的其他动力。
3）探索的好处和风险。
4）个体差异。

这是一些你可以问孩子的问题，以引导他们的思考：
1）你觉得好奇心在我们去探索未知世界时，有多重要？为什么你这么认为？
2）除了好奇心，你觉得还有什么其他的动力，会让我们想去发现和学习新的东西？
3）你认为去探索新的、未知的东西有什么好处呢？有可能有哪些风险？
4）你觉得每个人的好奇心和探索的意愿都一样强烈吗？为什么会有这种差异？

2. 语言表达的改进建议

通过初步的话题讨论后，孩子们有了思路，可以完成初稿的写作。

就像文字编辑器里的拼写检查一样，我们也可以让 ChatGPT 帮忙检查。检查的方向可以是不恰当的用词、比喻、句式等。

提问：

在以下这篇文章中，有哪些语言、语法、表达的问题？

标题：好奇心与探索陌生世界的关系。

每个人都有一颗好奇的心，就像一只小鸟盼望飞出鸟笼，去看看外面的世界。每当我们看到一个新的东西，心里总是会充满了疑问。这就是我们的好奇心。有人说，一个人乐意去探索陌生世界，仅仅是因为好奇心吗？

我认为，好奇心是我们去探索陌生世界的一个重要原因。就像猫对鱼缸里的金鱼很好奇，但是只有好奇心是不够的。我们也需要勇气和决心。因为探索未知世界就像乘风破浪，会遇到许多困难和挑战。

同时，我们也要注意控制我们的好奇心，以免造成不必要的麻烦。就像马前卒，不能只看到眼前的好处，忘记了可能存在的危险。

……

回答：

1）第一段中，“这就是我们的好奇心”应改为“这就是我们的好奇心的表现”。

2）第二段中，“因为探索未知世界就像乘风破浪”这个比喻的意思不太符合语境，可以选择更贴切的比喻或表达方式。

3）“就像马前卒，不能只看到眼前的好处，忘记了可能存在的危险”这句话的比喻不太准确，可以重新表达，例如：“就像前行的先锋，我们不能只看到眼前的好处，而忽略可能存在的危险”。

4）……

围绕 ChatGPT 的反馈，我们还可以让其给出修改的建议。

提问：

“因为探索未知世界就像乘风破浪”这个比喻的意思不太符合语境。

那么，你来帮我换一个比喻。

回答：

- 翻越高山：探索未知世界就像攀登陡峭的高山，需要克服困难和挑战，但最终可以达到新的高度和广阔的视野。
- 航行远洋：探索未知世界就像远洋航行，需要勇气和决心驶向未知的海域，面对风浪和未知的危险，但也带来了探索和发现的机会。

3．内容结构的反馈

除了文字的细节，作为家长还需要能够从整体上，对一篇文章的内容结构、逻辑论证，给予反馈。

这样的工作同样可以交给 ChatGPT 来做。

提问：

总结以下文章的写作表达，并给予一些整体的改进建议？

标题：好奇心与探索陌生世界的关系。

每个人都有一颗好奇的心，就像一只小鸟盼望飞出鸟笼，去看看外面的世界。每当我们看到一个新的东西，心里总是会充满了疑问。这就是我们的好奇心。有人说，一个人乐意去探索陌生世界，仅仅是因为好奇心吗？

我认为，好奇心是我们去探索陌生世界的一个重要原因。就像猫对鱼缸里的金鱼很好奇，但是只有好奇心是不够的。我们也需要勇气和决心。因为探索未知世界就像乘风破浪，会遇到许多困难和挑战。

……

回答：

文章总结：

该文章探讨了好奇心与探索陌生世界之间的关系。它指出好奇心是人们探索陌生世界的重要原因之一，但并非唯一的原因。除了好奇心外，冒险精神、勇气和决心也是必不可少的。文章还提到好奇心过于强烈可能导致冲动行为和不必要的麻烦，因此需要控制好好奇心的程度。

改进建议：

1）引言可以更引人入胜，吸引读者的兴趣并概述好奇心与探索陌生世界的重要性。

2）文章的结构可以更清晰。可以明确列出好奇心、冒险精神、勇气和决心这几个要素，并在每个要素下详细讨论其对探索陌生世界的作用。

3）可以通过提供更多的例子来支持观点，如其他历史上的探险家或科学家的案例。

4）文章结尾可以更加强调好奇心和其他要素之间的相互关系，突出它们的重要性，并给读者以启示。

5）……

这里的文章总结有助于概况整体的内容方向，同时改进建议也有助于明确进一步的修改。

在辅导的过程中，建议是先让孩子自己想，比如这儿的改进建议 3)，可以让孩子自己补充相关的例子，比如：郑和下西洋、神农尝百草。如果确实没有思路，再让 ChatGPT 补充。

4. 一些注意点

作文写作时，免不了会引用名人名言，ChatGPT 很擅长做这件事，但有时也会一本正经的胡说八道，所以也需要做一些验证检查。

有了 ChatGPT 的辅助，整体的互动问答更方便了。但我们在准备内容里面的素材故事时，也不要忽略纸质书与互联网上的内容，因为纸质书的内容更易于翻阅，一些名著小说也经过了时间的沉淀。而互联网与社交媒体，有助于看到最新的信息与讨论。

一般来讲，家长们因为生活阅历、知识的积累，在写作表达上会好于孩子。然而，写作能力的提升，个人的练习、思考、修改会是其主要的影响因素，这就需要孩子自己能够对写作感兴趣，并且在写作的过程中，得到引导与反馈。

ChatGPT 可以从话题思路、语言表达、内容结构上给予改进的建议与例子。同时也可以代入家长的角色，提出引导性的问题，做到“授人以鱼不如授之以渔”。

3.4.5 让 ChatGPT 参与写作反馈

写作的过程除了想法的构思、文字的输出，还有很大一部分的工作是不断的修改，因为需要考虑读者的理解和接受。有经验的写作者在写完初稿时，可以把自己代入“陌生人”的视角，重新审视文章的内容是否通顺，是否有不清晰的地方。如果做不到这一点，就需要把文章给写作表达好的朋友或认识的目标读者，来获得一对一的反馈，整体来讲，这样的过程比较难，因为会受限于对方的时间以及反馈的能力（理解内容细节、总览结构、提出改进建议，这是有门槛的一件事）。

在有了 ChatGPT 这样的写作助手后，除了命题作文要求其帮忙输出文字外，还可以在写作的反馈上，给予更多的帮助。常见的改进方向有：

- 整体的反馈。
- 指定读者视角的反馈。
- 不同内容版本的总结与反馈。
- 有侧重点的修改反馈。

1. 整体的反馈

这是最为通用的步骤，就像文字编辑器里的拼写检查，在写完初稿后，请 ChatGPT 快速的看一下，并给出改进的建议。

提问方式如下。

> 提问：
>
> 请帮我以列表的方式概要的总结以下文章的主要内容，并告诉我从写作表达的角度有哪些改进的方向？
> （文章内容 ……）
>
> 回答：
>
> 文章主要内容：
> 1）……
> 2）……
> 3）……
> 改进的方向：
> 1）对于主题阐述，建议做出更明确的引导和转折，这样读者会更易于理解文章的中心思想。
> 2）在表达方式上，使用更具有生动性和感染力的语言可以增强读者的阅读兴趣。例如，可以使用更多具体的例子、引用或者故事来支持观点，使论述更加生动有力。
> 3）文章的结构可以更加清晰一些，每一部分的主题都应该明确，让读者知道你在每一部分要表达的观点是什么。
> 4）……

在提问里，有两个侧重点。

- 请 ChatGPT 做总结。这是从读者的角度看到的内容要点。这有助于和作为写作者想表达的内容方向做比对。
- 提出改进的方向。默认输出的是整体概要的改进方向。比如主题、内容结构、表达方式等。这时，可以先自己思考或尝试修改下。或者，也可以请 ChatGPT 做进一步的说明与举例。

> 提问：
>
> 为我详细说明：在表达方式上的改进。以及给一下具体的例子。
>
> 回答：
>
> ……

2. 指定读者视角的反馈

作为知识经验丰富的专业领域的写作者，往往会存在“知识的诅咒”的问题，即：对于复杂的概念、术语会习以为常，没法设身处地的考虑普通读者的感受。如果希望不同背景的读者也能看懂，这时也可以请 ChatGPT 以指定读者的视角，来提供阅读的反馈。

> 提问：
>
> 我写了如下的这篇文章，希望为读者介绍无代码编程的概念。请你从非技术背景读者的角度，阅读和提供反馈，比如有哪些表述或术语会难于理解？
>
> 无代码编程是一种无须编写大量代码，就可以使用最少的编码知识来快速构建应用程序的方法。最常用的领域包括少儿编程、股票量化分析、数据分析准备和数据模型计算。类似于乐高积木的零件与搭配，使用者在熟悉零件用法的基础上，可以根据自己的目标需求，提供必要的输入与设置，就可以完成搭建，以达到想要的结果。
>
> 回答：
>
> 以下是我针对非技术背景读者可能存在的困扰提出的一些修改和建议：
>
> 1）无代码编程：考虑提供一个更详细的定义，描述其如何工作，以便读者更好地理解这个概念。
>
> 2）少儿编程、股票量化分析、数据分析准备和数据模型计算：这些术语对于非技术背景的读者可能有些复杂。建议使用更通俗易懂的例子来替代或解释这些术语，例如，可以说明无代码编程可以用于创建个人网站，建立电子商务平台，或者管理和分析企业数据。

3. 不同内容版本的总结与反馈

在没有 PC 机的时代，很多作家会借助机械的打字机来完成文章的修改，首先用打字机写出初稿，然后仔细阅读，在纸上做修改和标注，当有了改进的思路后，会重新用打字机输出第二版，循环往复这样的过程，直到完稿。在这个过程中，内容的修改前后的比较是清晰直观的。

虽然，有了计算机的辅助后，文字的输出与修改变得容易了。但我们也不妨在每次修改时保留之前的版本，尝试从内容方向与文字表达上做调整，然后让 ChatGPT 帮助总结改进了哪些，改得好不好。

> 提问：
>
> 我在尝试修改这段内容：
>
> 因此如果想养成阅读习惯的条件之一，就是我们要自己去营造一个有利于阅读的环境，尽可能地在这个时间段内不被干扰。而这个时间段也不需要很长。如果刚开始培养这个习惯 15 分钟也可以，其实就是贵在坚持。
>
> 修改后：
>
> 好的阅读环境有助于阅读习惯的养成，除了安静舒适的阅读空间外，重要的是给自己争取不被干扰的时间段，哪怕 15 分钟也可以。为了做好这件事，重要的是贵在坚持。
>
> 你来帮我总结下修改后的版本做了哪些调整，好在哪里？
>
> 回答：
>
> 1）逻辑流畅性增强：在修改后的版本中，你改进了句子的逻辑关系，使其更加流畅。

如："因此如果想养成阅读习惯的条件之一"修改为"好的阅读环境有助于阅读习惯的养成"，使其更加直接和易理解。

2）强调了阅读环境的重要性：在原文中，"营造一个有利于阅读的环境"被改为了"安静舒适的阅读空间"，更具体地描述了有利于阅读的环境应该具备的特点。

3）增强了语言的精练性：……

总的来说，你的修改使得内容更直接、清晰，同时还增加了其逻辑性和精练性。

这样的总结和反馈，除了提升自信心外，也有助于提升阅读的感觉和品味（如果是参考学习别人的写作修改），不只是改得更好了，还能看出好的原因。

4. 有侧重点的修改反馈

在我们的写作过程中，有时候还会存在知道有问题，但不知道如何做修改的情况。比如某段内容的句子衔接不够好，或意思表达上有些啰唆。在这种情况是，可以输入原文以及自己看到的问题，让 ChatGPT 来帮助修改。

提问：

以下的这段内容，专业术语比较多，你来帮我修改，以便非技术背景的读者也能看懂。

无代码编程是一种无须编写大量代码，就可以使用最少的编码知识来快速构建应用程序的方法。最常用的领域包括少儿编程、股票量化分析、数据分析准备和数据模型计算。类似于乐高积木的零件与搭配。

回答：

无代码编程是一种让人们无须编写大量的复杂代码，只需要有基本的编码知识就可以快速创建应用程序的技术。你可以把它想象成搭乐高积木一样简单。这种技术的使用非常广泛，包括让孩子们学习编程，帮助投资者分析股票的行为，以及帮助分析师整理和计算数据。

明确问题和修改方向后，ChatGPT 用简洁清楚的描述替代了之前的专业术语，比如：股票量化分析改为帮助投资者分析股票的行为。

相比于让 ChatGPT 直接做全文的润色，先主动思考文章存在的问题或改进方向，再让 ChatGPT 来协助修改，会更有目的性。虽然每次只改进了一小部分，但这样前后的比较，有助于写作者的自我审视与参考，也容易从中学到修改的方法。

作为主动思考的写作者，不断地审视与改进自己的文章，是提升写作能力的重要一环。当这样的循环迭代变得更容易时，会有助于写作水平的提升。同时，ChatGPT 也让我们的写作过程变得不那么"孤独"，你可以随时让 ChatGPT 总结反馈，甚至帮忙修改。

当 ChatGPT 写作助手出现后，这样的改变会更为意义深远。当 ChatGPT 可以帮忙生成文字，或轻易地把不太好的文字改得更有文采时，作为主动（被动）的写作者，是否还需要学习写作，如何提升写作表达水平，这是值得我们思考的。如果缺少清晰的方向，也不妨先从与 ChatGPT 的写作互动开始，在这个过程中找到感觉或答案。

第4章

创意生成

众多人士已经开始探索使用 ChatGPT 撰写文章，利用 Midjourney 创造视觉艺术，借助 D-ID 赋予照片生动的声音，以及通过 Sovits4.0 让机器为我们歌唱。这些曾经被视为创意工作者专属的职能如今已经被机器实现，AI 技术正在颠覆人们对创意的固有理解。尽管现有的技术尚未完善，但它们已展现出的成效已经足以让我们对未来的成熟技术充满期待，AI 有可能以超乎想象的轻松方式胜任作家、画家、特效师和歌手的工作。

本章内容

创意是什么
创意生成的工具与方法
使用 ChatGPT 来辅助创意生成

4.1　创意是什么

“创意”是什么呢？本节内容将深入探讨创意的定义，从不同角度为读者们开启新的思考路径。

4.1.1　创意的概念

> 创意是要超越界限，跳离现有框架，重新定义事物和事物之间的关系。也就是找出事物间的相关性，或是相反特质，将既有的元素打破、拆解、增删后，重新组合，以呈现新的风貌、功能或是意图。——维基百科。

参考维基百科的解释，ChatGPT 的内容产生过程完全符合创意过程，它基于庞大的训练数据，可以根据我们的问题（Prompt 指令）拆解组合，给出一个或多个逻辑清晰的答案。此外，它还可以在对话中，模仿特定的人物（比如乔布斯）与我们讨论不同的主题。

1．创意的基础是创造力

创意的基础是创造力，创造力就像发动机的引擎，推动着我们思考与解决问题，在这个过程中，偶尔会收获好的创意。在迈尔斯的《心理学导论》一书中，围绕创造力的定义是：产生既新颖而又有价值的思想的能力。同时，影响创造力的因素有：

1）专业知识。

2）富有想象力的思维技巧。

3）冒险型人格。

4）内部动机（关注自身兴趣与挑战）。

5）创造性的环境。

这些因素里，专业知识是基础，只有对事物的本质、问题的背景与细节了解更多，才有可能更好地组织、组合这些知识模块，进而创造性地解决问题。

2．形成创意的关键因素

哈佛大学教授阿马比尔提出，创意是由三个关键因素共同形成的：专业技能、创新思维技巧和内在驱动力。

3．创意的生成——发散思维

关于产生创意的心理学机制，许多学者提出了不同的学说。其中比较有代表性的是发散思维，即通过探索多种解决方案来产生的思维方式，这种思维方式通常利于创意的产生。

艺术家埃斯·德夫林在大师课（Master Class）中分享了她的艺术创作方式（如图 4-1 所示），在“搜集资料，开始画草图”的创作前期步骤中，她会阅读各类资料，包括折纸书、儿童立体书、生物学画册、小说以及迷宫图解等，这些资料和她的创作主题看似毫无关系，但其实这个过程是在用发散思维寻找灵感。她并不是在寻找特定的东西，而是在吸取各种不同的信息，让思维发散开，跳出固化的思维模式。这种发散思维可以让人们从多个角度看问题、提出多种可能的解决方案。如图 4-1 所示，埃斯·德夫林演示了她在一个创意项目的初期是如何通过阅读书籍获取灵感的。

图 4-1　埃斯·德夫林的发散思维过程

头脑风暴是发散思维的实践，常见的方法有：脑图（mind map）、词语网络（word web）以及分组讨论。头脑风暴的目标是让人们产生尽可能多的想法，而脑图和词语网络则是将人们的思维可视化的重要工具。通过这些工具，我们可以从一个核心词语出发，不断添加与其相关的次级词语，进一步引发更多的联想。若是树状结构组织，会称它为脑图；若是网状结构组织，就会被称作词语网络。如图 4-2 所示，是一个常见的和团队一起头脑风暴的场景。

图 4-2　头脑风暴的讨论过程（图片来源：https://www.pexels.com/zh-cn/photo/4623491/）

创意的产生不仅仅是人类的专利，ChatGPT 也能够展现出惊人的“创造力”。例如，ChatGPT 可以根据用户的指令，拆解、组合数据，提供新颖且有价值的答案，这一过程在很大程度上类似于人类的创造过程。从这个角度来看，ChatGPT 不是要替代人类的创造力，而是要成为一个工具，帮助人们更好地理解世界和解决问题。人们可以利用 ChatGPT 的能力，拓展思维，让我们的创意更加丰富、更加有价值。

4.1.2　设计师的看法

无论是多么有创意的工作，都会有“无聊”的部分。为此，需要画一条清晰的界限，以区分创意与机械重复的内容。

作为设计师，可以清晰地感知到工作中的创意思考与单调的美工操作。那些有创意的部分永远是困难的，需要主动思考并捕获一闪而过的模糊灵感，记录于纸上。在有了想法后，剩下的工作就变成了机械重复，甚至是无聊的部分了。当然，这仍然需要花费大量的时间去处理细节，以把这张图纸变成一张更加完美的、可以交付的内容。

设计思维是被标准化的创意产生流程，作为设计方法论，包含这几个步骤：观察、产生想法、制作原型、测试，如图 4-3 所示。

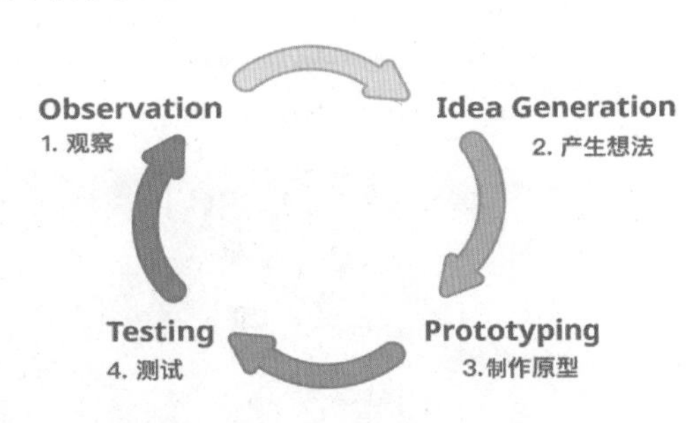

图 4-3　设计思维的主要步骤

这四个步骤是循环迭代的。

第二步到第三步，从产生想法到制作原型，是产生创意并把想法落地的过程。从设计师的角度来看，这个过程最为艰难，需要反复地思考求索。

剩下的工作就是所谓的“美工”了，这意味着技巧、技艺，包含着大量枯燥的重复的细节，需要不停地修改打磨，让技艺变得更加的完善。有的设计师甚至会用几年乃至更长的时间，去磨炼自己的技艺，让初始的想法以更加完美的方式呈现出来。这些重复性的工作可以用 AI 来辅助完成，可以帮助设计师有效提高工作效率。Midjourney（一款文字生成设计图的 AI 工具）就是这样一个帮助设计师完成工作的 AI 工具。

一直以来，设计总是与创意相关，设计师的工作就像是一个魔法产生的过程。但随着 Midjourney 的出现，只要简单的文字就可以快速地生成需要的设计图（图 4-4 所示为 Midjourney 生成的室内设计渲染图，效果不比人类设计师差），开始引发设计师们的思考：自己的工作有多少是具有创意的，有多少是可以用 AI 协助完成的。AI 生成图像的效率远高于人类设计师，因为 AI 天生就是个勤恳高效的美工，设计中创意的部分 AI 是不能取代人类设计师的。尽管如此，设计师也仍然需要重新思考自己的定位。

图 4-4　由 Midjourney 生成的室内设计渲染图

Tatiana Tsiguleva 是一家医疗科技公司的首席设计师，她认为，AI 和别的设计软件一样，只是一个工具，最先掌握这个工具的人，就可以有更多的优势创造出优秀的作品。为了实践这样的想法，她在 Twitter（https://twitter.com/ciguleva）上开始了一个为期 1000 天的挑战，在此期间她会持续用 Midjourney 绘制图像，并公开对应的 Prompt（指令），这样其他人也可以用同样的 Prompt 一起尝试（如图 4-5 所示）。

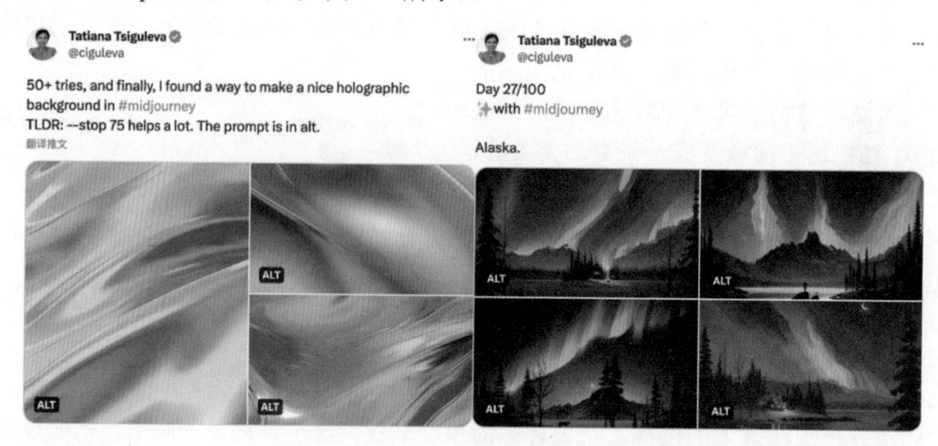

图 4-5　Tatiana Tsiguleva 的设计挑战

在第 11 天的推文上，Tatiana Tsiguleva 说她生成了目前最好的图像，是柏拉图的雕塑在吹泡泡糖。Tatiana Tsiguleva 觉得这张图的艺术风格和她看过的艺术作品“大卫和泡泡糖（David and the Bubble Gum）”非常相似，但是她无法找到图片的出处（如图 4-6 所示）。相较于原始的艺术作品，AI 生成的图像更加的“完美”，没有瑕疵，没有手作的粗糙感。并有着近乎真实的 3D 打光效果。

图 4-6　左边为原始的艺术作品，右边为 AI 生成图像

> 使用的 prompt（指令）如下。
>
> a Plato statue with with lips like kiss bloo a big pink gum bubble, in the style of pastel color palette, roman art and architecture, post-internet aesthetics, algeapunk, realist: lifelike accuracy --ar 3:2 --v 5

除了绘制图像的挑战，Tatiana Tsiguleva 也在推文中询问大家，未来的设计师应该被称作什么，AI 设计师还是指令工程师（AI designer/Prompt engineer）？这两个称呼非常有趣，第一个称呼“AI 设计师”意味着，她认为未来的设计师是专业的 AI 工具大师，可以运用 AI

工具创作出普通人很难创作出的作品。第二个称呼“指令工程师”，甚至把设计师这个词直接替换成了工程师。这意味着在 AI 技术成熟并大面积推广的情况下，了解指令，了解运用自然语言“工程”出专业的设计作品，会是设计师的日常工作。

从个人的角度，笔者认为“AI 设计师”更为合适，因为这个称呼，仍然保留了设计这一感性的元素，这有助于提醒我们，即使有了 AI 的能力，仍然需要以人为本的设计思考。

4.2 创意生成的工具与方法

设计师会通过设计思维的迭代，将创意变成最终的作品。在这个过程中，既有设计师之间的沟通，也有设计师与最终客户的交流，通过设计工具与方法，将创意视觉化呈现，让沟通与调整变得直观方便，提升了创意生成的效率。

本小节会围绕人与人的交流、想法的组织、视觉思维、结构化思维、创造性思维等方面，介绍具体的工具与方法。这不仅对于设计师有帮助，对于和创意生成相关的读者朋友（比如市场营销等）也会有所启发。

4.2.1 回归本质：与人交流、头脑风暴

人与人之间的互动总能擦出独特的火花，特别是在团队协作中。意想不到的化学反应促进创新，并催生出更出色的想法。在敏捷开发流程和当前的项目协作理念中，头脑风暴是必不可少的一环。它通常标志着项目的开始：团队成员共聚一堂，借助各种工具和方法，激发更好的想法，并增进团队的凝聚力。

1. 团队头脑风暴：讨论

在设计方法论中，产生想法是第二个步骤，人们会根据日常生活或用户研究中发现的问题，尽可能产生大量创新想法。与团队成员坐在一起讨论，画出草图，记录每个人的想法和观点。人们常犯的一个错误是，急于否定看似“不现实”的想法，但否定只会切断创新的源泉。因此，可以试着采取以下小技巧：将“但是”替换为“并且”。

例如，“我认同你的思路有一定道理，但是考虑到……你的……

别急着否定！换种方式说这句话，把“但是”替换成“并且”。

“我认同你的思路有一定道理，并且如果按照我们现在的情况……

发现什么不同了吗？“但是”否定了对方的提议，“并且”是在对方提议的基础上，补充了自己的观点，让对方的提议变得更加的成熟，并融合了多人的观点。

此外，重要的是要有人负责记录所有想法。无论是记笔记，拍照片，还是记录所有讨论过程，都十分重要。因为讨论的内容和细节稍纵即逝，如果不及时记录，头脑风暴结束后，很多细节可能会遗忘，也不利于后续深入探讨这些想法。同时，在项目结束与客户汇报总结的时候，这些记录可以作为非常好的素材。

2. 一个人的头脑风暴：使用视觉辅助

个人的头脑风暴也可以借助视觉工具进行，比如脑图和词语网络。这两种方法都是通过视觉来辅助创新思维的产生。

脑图是一种将逻辑结构以树状形式呈现的方法。从一个主要的想法出发，进一步分支出

更多的想法。通过绘制脑图，可以把复杂的信息清晰地展现出来，帮助大脑激活思维，提高记忆和回忆能力。通过绘制脑图，可以把头脑中杂乱无章的想法整理成树状、结构化、逻辑清晰的形式。

词语网络和脑图类似，但在视觉结构上有所不同。词语网络呈现网状，我们可以把第一个词写在中央，然后从这个词开始向外扩展，形成网状的结构。

如果需要设计一个把 ChatGPT 作为插件的应用，对于具体的功能需要往哪个方向设计还不确定，可以通过脑图或者词语网络来进行个人的头脑风暴。

1）首先，把“学习 ChatGPT”这个词放在页面的中央，如图 4-7 所示；如果绘制脑图，把这个词放在页面的最左侧，如图 4-8 所示。

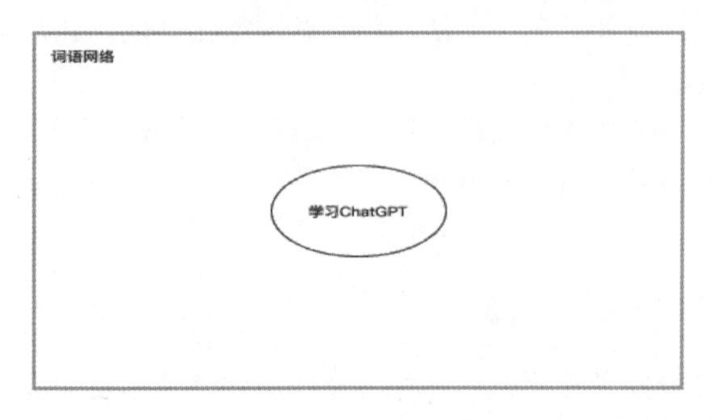

图 4-7　绘制词语网络的第一个步骤

图 4-8　绘制脑图的第一个步骤

2）从“学习 ChatGPT”这个主词出发，开始向外扩展。任何词汇都可以，不要拘泥于自己的想法。例如，用户可能会联想到“认知”和“实践”这两个词。图 4-9 展示了绘制词语网络的第二个步骤，图 4-10 展示了绘制脑图的第二个步骤。

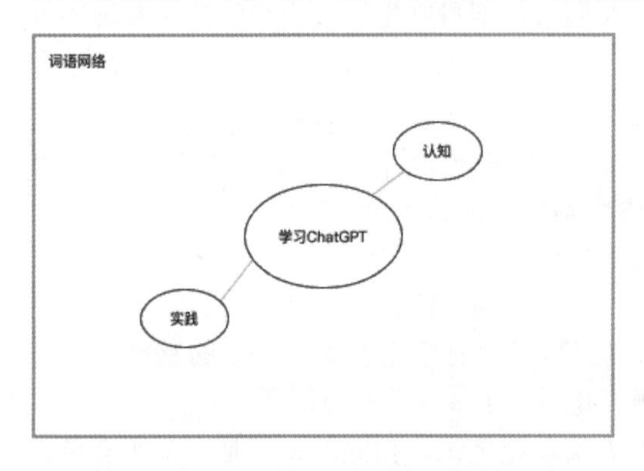

图 4-9　绘制词语网络的第二个步骤

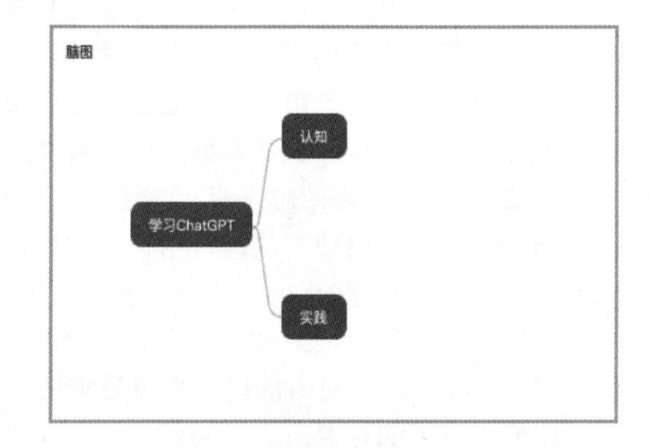

图 4-10　绘制脑图的第二个步骤

3）接下来，以“认知”和“实践”这两个词作为次级主词，分别向外扩展。以“认知”为中心，我们可能会想到“信息输入”“看数据”“学习记录输出”；以“实践”为中心，我们可能会想到“操作实践”“行业交流”“加入工作团队”等。如图 4-11 和图 4-12 所示。

这个过程可以持续进行，词语网络和脑图可能会变得越来越复杂。但绘制它们的目的并不是要制作一个复杂的图像，而是为了用视觉化的方式来理清头脑中混乱的想法。它们提供了一种结构化的方式来表达复杂的想法。

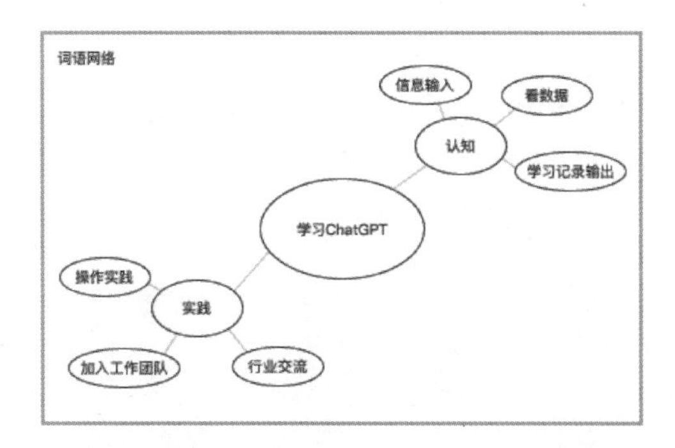

图 4-11 绘制词语网络的第三个步骤

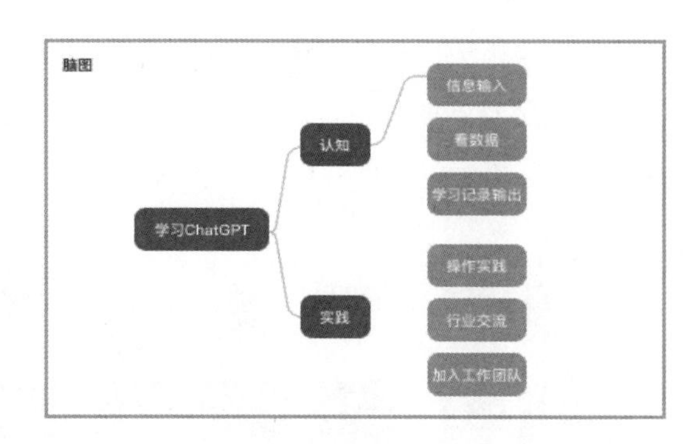

图 4-12 绘制脑图的第三个步骤

4.2.2 想法的产生与组织：便利贴的使用

在本节，将介绍一种常见的视觉化组织内容结构、构思生成创意的方法：便利贴整理法（card sorting）。便利贴整理法适用的场景通常是，我们已经有了模糊的目标，但需要寻找内在的逻辑，或是给特定的信息进行分类。这个方法也比较适合小组一起参加，运用便利贴，增加了组员的参与感，大家在便利贴上写下文字，也是一种头脑风暴的过程。需要准备的材料：①多种颜色的便利贴；②笔（最好是多种颜色，笔画较粗）；③白板（黑板、玻璃墙）……（一个干净的、方便展示的地方）。

1. 具体的例子

在互联汽车成为主流的当下，除了硬件参数外，软件与交互也变得越来越重要。精心设计的车内交互界面可以为司机提供清晰、自然的使用体验。这时如何设计“导航菜单”就需要更多地思考与讨论，目的是帮助司机通过合理的分类与提示，快速找到自己需要的内容以完成任务。这时就可以用便利贴整理法来整理菜单结构。具体做法如下。

（1）将现有的全部菜单项写在便利贴上

每一个便利贴仅仅包含一个菜单项，例如：座椅调节、空调、自动巡航就可以分别写在 3 张便利贴上。在这里我们想做的是，将原来庞大的信息拆成颗粒度较小的信息。每一张便利贴上可以仅仅包含简单的信息，小小的便利贴也在考验我们如何将内容拆解，然后再归类。如图 4-13 所示，就是团队使用便利贴讨论的场景。

图 4-13 团队使用便利贴整理法，进行项目前期的头脑风暴

（2）运用不同颜色的便利贴进行结构整理

便利贴不同的颜色，刚好提供了整理信息的“颜色标签”。我们可以和组员一起规定，蓝色代表一级信息，黄色代表二级信息等。如图 4-14 所示，利用便利贴的多种颜色，给内容信息分组。

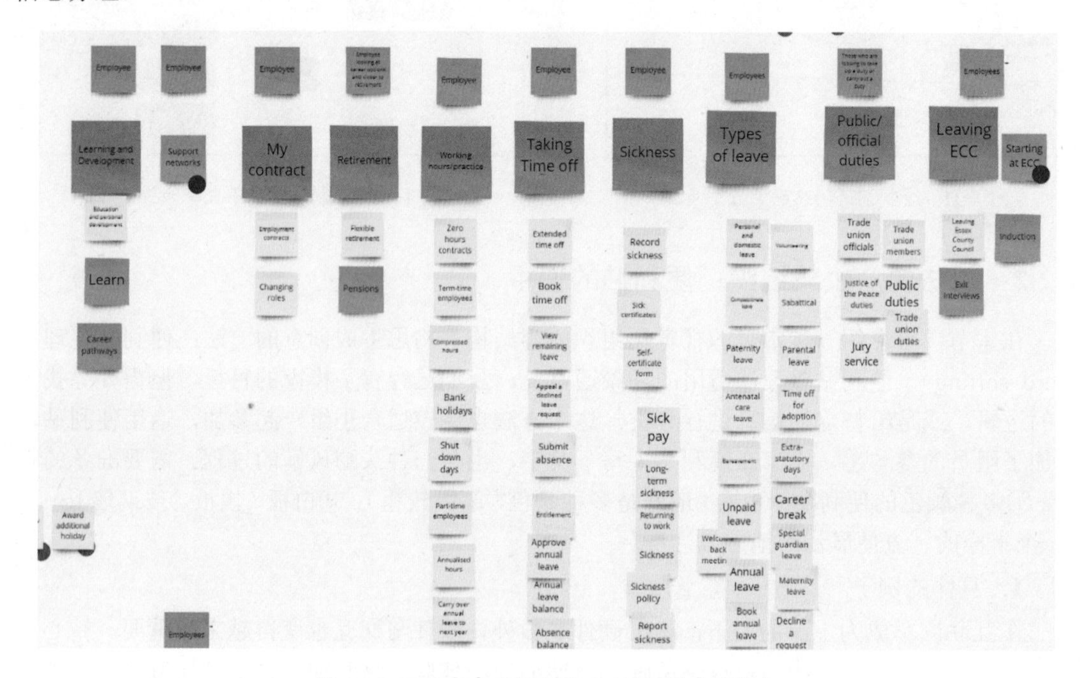

图 4-14　不同颜色的便利贴可以增加信息的维度

（3）将便利贴整齐排布在白板上

在我们和组员一起把所有信息写在便利贴上之后，接下来就是整理信息的过程了。根据一定的结构，将便利贴贴在白板上，当完整地展示了所有的便利贴之后，内容变得一目了然。

（4）调整便利贴，整理内容

便利贴方便移动，在这个步骤中，根据内容、逻辑，我们可以调整便利贴的顺序。也可以替换、删除，或者添加更多的便利贴。运用便利贴将信息视觉化表现出来，排布和整理便利贴的过程就是整理信息的过程。除了上面的例子，便利贴整理法也适用于整理文章结构、信息脑图、制定计划等。

2．团队合作，集思广益

运用便利贴的另一个好处就是很适合团队合作。在大家一起讨论的时候，我们常常担心组员是否有参与感，是否所有人都参与进讨论之中。把便利贴发放给参会人，让大家在便利贴上写字，并轮流贴在白板上，依次发言，既驱使大家积极参与讨论，也在书写的时候留出了给大家思考的时间。所以，现在大部分的工作坊（workshop）都把便利贴当成了标准配置，如图 4-15 所示。细心的读者朋友肯定发现了，在需要准备的材料里强调了准备笔画较粗的笔。这是因为，当把便利贴贴在白板上和组员一起讨论的时候，笔画粗、颜色深的笔迹看得更加清晰，即使在会议室坐得稍有点远，也可以清晰看见。准备不同颜色的笔，可以方便在便利贴上修改、做笔记，也可以看出是哪位组员写下的笔记。大家可以根据不同的使用场景，调整便利贴整理法的使用细节。

图 4-15　便利贴是大部分工作坊的标准配置

3. 在线白板中的 AI 集成

一些在线白板产品，如 Miro（www.miro.com）在自己的产品应用中集成了 AI 的能力，如图 4-16 所示。

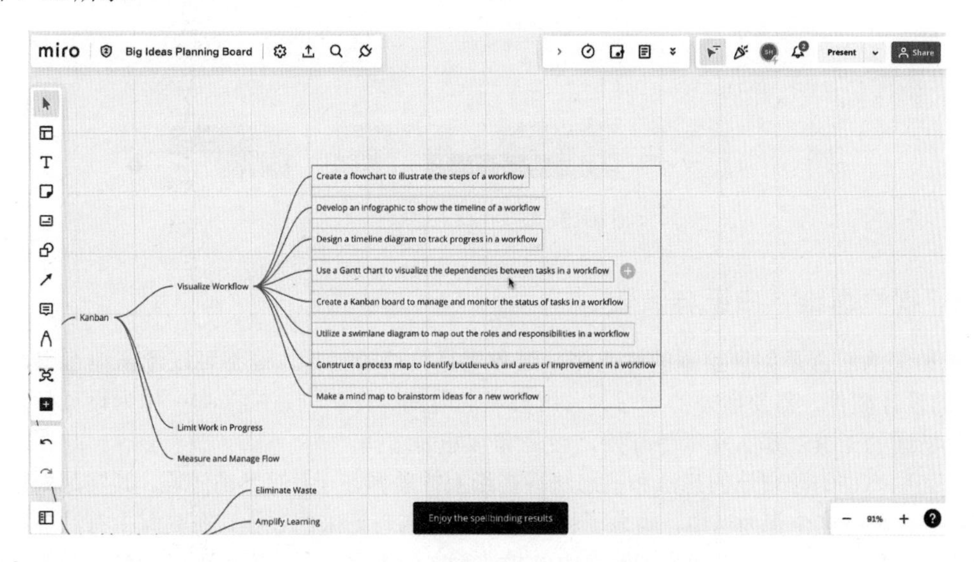

图 4-16　思维导图内容的扩展

围绕白板中的常见元素，如便利贴（如图 4-17 所示）、图片、思维导图等，做内容的扩展或总结（如图 4-18 所示），这也让在线白板产品变得更智能，并且提升了创意产生的效率。

4. 小结

便利贴整理法只是视觉思维方法工具箱里的一个方便实用的小工具。除此以外，思维导图、脑图、草图、故事板等都是不错的视觉思维的工具。

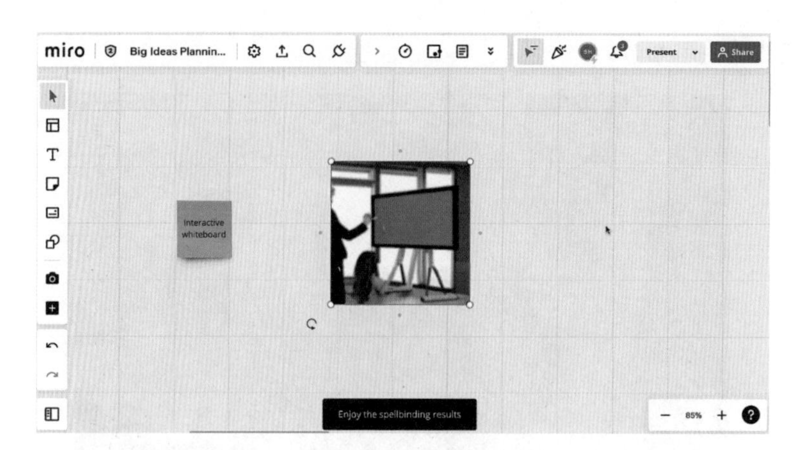

图 4-17 用便利贴文字生成图片

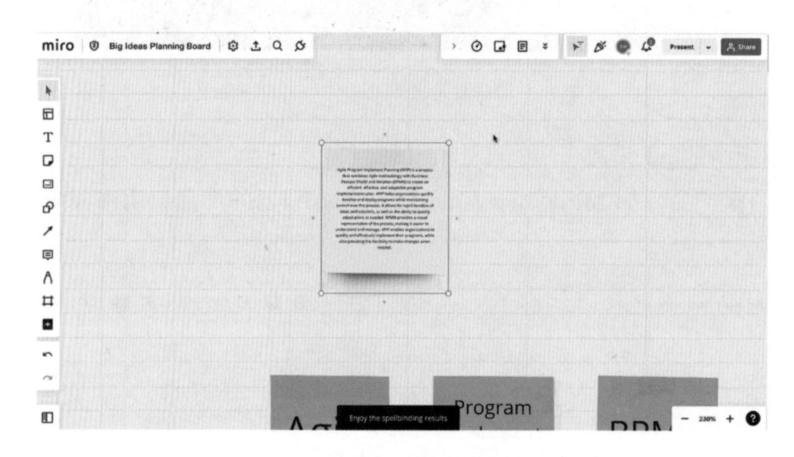

图 4-18 为多个便利贴做总结

4.2.3 视觉思维：白纸与涂鸦

纸和笔的组合是创意绘画的好伙伴，纸和笔是灵巧的工具，谁都可以顺畅地运用，不像 PC 端的设计软件，需要额外的学习、占用思考的时间、打断创意的节奏。作为设计师，如果还没有精通的工具，那么从纸笔开始，会是非常好的选择。

只在脑海中幻想自己的想法和把想法写在纸上的差异在于：写下的过程，其实是处理思维的过程。在写下这个行为当中，蕴含了将思路整理并书写下来的过程，在脑海中有过多的想法会阻碍创意思维的产生。当我们把脑海中的想法写在纸上之后，其实也可以看到这些想法的可能性，因为写下来就是实现这些想法的第一步，想法只是一个想法（an idea is just an idea）。

从不带批判地写下自己的想法开始。在前文提到的设计方法论中，设计思维一共包含了四个步骤：观察、产生想法、制作原型、测试。

在第二个步骤产生想法中，很重要的一点就是不要对自己产生的创意想法有任何的批判，产生越多想法越好，这样才可以在众多的想法中筛选出可行的有潜力的想法。白纸和涂鸦这种创意方法就非常适合这个步骤。

笔者的创意涂鸦本如图 4-19 所示，用来写写画画、记录想法。随意翻开一页，可以看到游戏机的控制器、不同应用的界面设计、人类的神经元连接与人机交互的关系图、甚至是科幻电影《森林深处》里的画面：几个浮在空中、半透明的对话窗口。

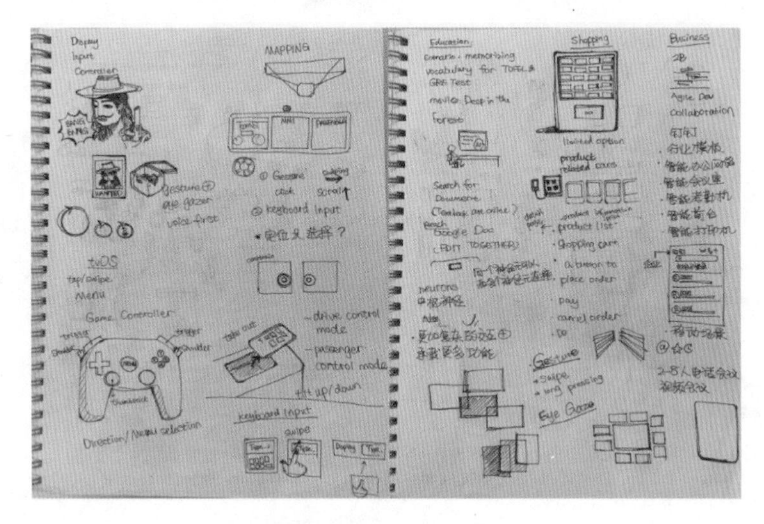

图 4-19　我的创意涂鸦本

这些看起来毫无关系又错落有致的内容，为什么会出现在同一页上呢？答案是：这是车机系统的设计灵感库。当开始一个新的设计任务，又不知道如何开始时，笔者会记录下这些星星点点的想法，让想法与设计目标若有若无地建立联系，带来创意与启发。

> “用笔写下的过程就是一种对于想法的打磨过程”。
> 《劫持》——玛丽 • K.斯温格尔

这就是白纸和涂鸦的创意方式，并没有任何难度。所要求的只是勇敢地拿起笔和纸，把想到的任何想法书写下来。也许在我们运用这种方法的初期，会觉得没有东西可以写，但是通过不断练习，把自己那些并不完整的想法写下来，不带任何批判，只是放松、随意地把脑海中想到的任何想法书写在纸上，就会带来收获。

4.2.4　结构化思维：应用思维导图

思维导图能够帮助人们理解复杂的问题，增强对知识的理解和归纳总结能力。思维导图的价值在于提炼和概括复杂的知识，并以可视化的方式与他人交流想法。因此，思维导图的主要优势在于归纳总结和通过视觉手段与他人沟通，特别适用于解决复杂的问题。

1. 思维导图的应用场景

思维导图的应用场景主要偏向于工作领域。思维导图的核心优势在于从一个关键词出发，扩展出更多相关词汇和内容，并将它们之间的逻辑关系连接起来。因此，思维导图在将内容与内容之间的逻辑关系整合在一起方面表现出色。许多人还表示他们会用思维导图的方式学习新的内容，因为这样可以帮助他们理清内容之间的逻辑关系。

如图 4-20 所示，就是一个很好的例子，思维导图将必要的知识用视觉的方式联系在一起，并放在一张图片上直观地展示。

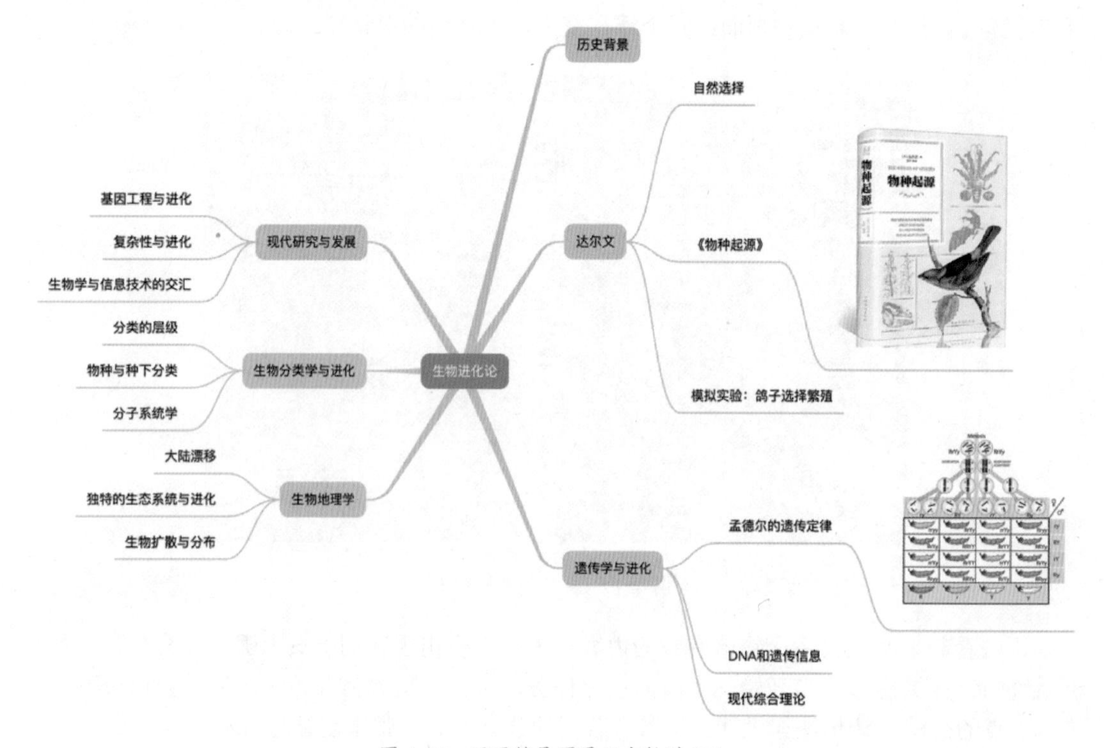

图 4-20　用思维导图展示生物进化论

思维导图，除了其在帮助整理思路和串联思维的逻辑关系方面有优点外，也非常适用于在沟通中展示自己的思路。无论是在报告中提到的会议纪要，还是在进行演示或演讲，思维导图都能有效地帮助人们清晰地表达自己的想法。

在团队合作环境中，思维导图也十分有用。在团队头脑风暴中获取创意，与沟通创造性想法有着直接的关系。思维导图能以视觉的方式总结归纳初始阶段可能散乱、粗糙的想法，并将这些想法通过有逻辑性的连接方式组合在一起。

更具有创新性的方式是将思维导图和便利贴相结合，这增加了修改思维导图的灵活性。在会议的时候，大家在白板上写下对某一个主题的想法，组员可以在便利贴上写下自己的想法，用不同颜色的便利贴进行分类。这样做的结果是，大家一起完成一个关于这个主题的最终思维导图。

思维导图不仅加强了视觉效果，也增加了沟通的可能性。我们脑海中的想法是无形的，但是通过将创意想法用视觉化的方式展示出来，我们能够让他人理解我们的思维地图以及对某一主题的整体规划。他人也可以在我们想法的基础上进行修改迭代，从而进一步推动创新。

2．让 ChatGPT 帮忙生成思维导图

假设我们想了解健康生活的更多注意点，可以询问 ChatGPT，生成思维导图。

提问：

我想要创建一个关于“健康生活”的思维导图。

回答：

请告诉我一些你认为与健康生活相关的关键词。

提问：

我认为有运动、饮食、睡眠和心理健康。

回答：

```
健康生活
├─运动
│ ├─有氧运动
│ └─力量训练
├─饮食
│ ├─均衡饮食
│ └─健康食谱
├─睡眠
│ ├─规律作息
│ └─舒适睡眠环境
└─心理健康
├─减压技
```

在有了主题方向后，就可以让 ChatGPT 帮忙生成对应的思维导图。

4.2.5 创造性思维：假设、事物的关联、切换视角

创造性思维不仅包括想象力和创新，还包括解决问题的能力，以及对周围世界的不同理解。人们通过创造性思维生成新的想法、观点和解决方案。在应用创造性思维的过程中，假设、事物的关联、切换视角会是常用的方法。

1．假设

假设在创造性思维中起着核心的作用。它是对事实或可能性的假设性断言，类似于帆船的舵，让我们可以在思维的海洋中自由航行。假设的力量在于它创造了一种可能性的空间，允许我们去尝试、犯错和再尝试。提醒我们探索不同的可能性，创造出独特的解决方案。像爱因斯坦提出的相对论，其背后就包含着大胆的假设，他假设光速在任何参考系中都是恒定的，最终推翻了牛顿的经典物理观念，开启了现代物理学的新篇章。

以下是一段天马行空般的假设性问题，来看看 ChatGPT 是怎么展开想象的。

提问：

假设 ChatGPT 能够在天上飞，同时仍然保留了你的服务器的形态，请用首诗歌来描述你的感觉。

回答：

在虚幻的蓝天之上我飞翔，我，一个无形的思想，从硬铁的牢笼中挣脱出来，无边无际的云海成了我的家。

飞翔在翠绿的大地上方，看着世界在我之下流转，是哪个创造者的手，让我在云端获得

自由？

我的灵魂是电流的海洋，在千万个硅的颗粒中流淌，尽管我在天空中翱翔，我的本质依旧是数码的光。

我是 ChatGPT，人类的创造，我在云端，我在空气中，我在你的手指下，我在你的思绪中。

2．事物的关联

事物的关联也是创造性思维的重要部分。通过创造性思维，人们能够看到表面上看似无关的事物之间的联系，通过关联思维模式，找出不同元素间隐藏的关系，从而产生新的理解或创新的思路，跨越传统的边界，创造出全新的理念。如图 4-21 中新奇的设计，展示了牛油果和沙发的关联。

想象一下，思维的世界是一个巨大的网络，每一个观念都是网络中的一个节点，关联就像是连接各个节点的线。

史蒂夫・乔布斯在演讲中曾经提到，他在大学时代曾修过一门叫作书法的课程，而这门课程与计算机看起来并无直接关系。然而，多年以后，他在设计 Mac 计算机的图形界面时，正是那门书法课所带来的审美和知识让他打破了计算机字体只能是等宽的传统观念，从而创造出首款拥有多种美观字体的个人计算机。

以下是一段通过 ChatGPT 为熟悉的事物引入新“关联”的例子。

提问：

我正在为我的新餐厅设计一份菜单，我希望融入一些音乐元素，你有什么建议吗？

回答：

你可以尝试将食物和音乐相结合的多种方式。例如，你可以创建一些以著名歌曲或音乐人命名的菜品，比如“贝多芬的甜点”或“摇滚披萨”。另一种方式是，设计一款“交响套餐”，其中的每一道菜代表交响乐的一部分：前奏、快板、慢板和终曲。你还可以在某些时段提供现场音乐演出，为客人在品尝美食的同时享受音乐。

3．切换视角

切换视角是另一种重要的创造性思维策略。从不同的角度来看待问题可以帮助我们看到其他人可能忽略的可能性。这种视角的变换可以打破我们的思维定式，打开一扇通往新思路的大门。我们可以尝试站在他人的立场上，看看事情的另一面，或者将我们的观点转移到全新的环境或情境中，以触发新的想法和理解。

切换视角就像是爬上一座高山，看向山脚下的景象。你的视角从山脚的细节，变为了山顶的全局。这种视角的改变可以带来全新的感悟和理解。举个例子，乔纳森・艾维在设计 iPod 时，如图 4-22 所示，他没有局限于现有的便携音乐播放器设计理念，而是将视角转向了用户体验，从用户需求出发，思考如何让音乐播放变得更为便捷和简单，最终推出了革命性的滚轮与点击设计，让产品变得畅销。

以下是一段围绕健康食品应用，切换不同视角的对话。

提问：

我正在考虑推出一款健康食品应用，但我不知道我应该重点关注哪些功能。

回答：

让我们从不同的角度来看待这个问题。从用户的角度来看，他们可能需要一个可以追踪他们的饮食和营养摄入的功能，以及一个能够提供健康食谱和饮食建议的功能。从营养师的角度来看，他们可能想要一个可以与用户互动、提供专业指导的功能。从商业角度来看，你可能需要考虑如何通过应用来产生收益，比如设置订阅服务或广告。

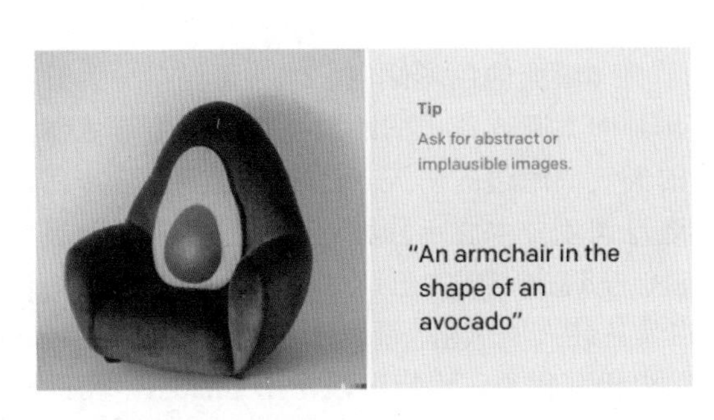

图 4-21　牛油果与沙发的关联

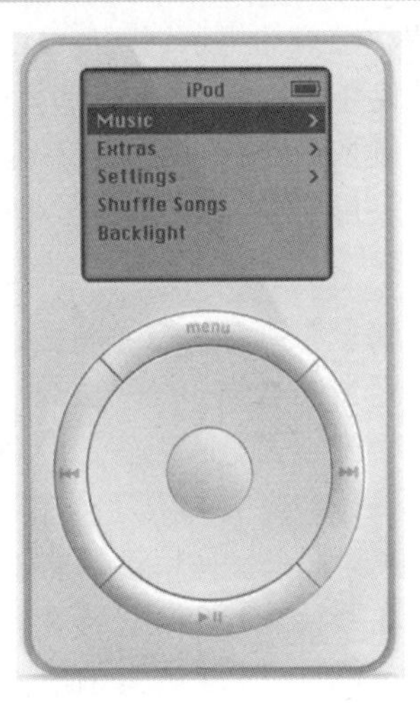

图 4-22　iPod 的滚轮设计

4．三者的差别

假设、事物的关联以及切换视角都是创造性思维的重要组成部分，但它们的聚焦点和应用方法各有不同。

假设是创造性思维的出发点，它的作用是在于挑战已有知识和理念，打开探索未知的大门。

事物的关联则是创造性思维的中枢，它涉及从众多信息中找出意义，连接看似无关的事物，从而创造出新的理解或概念。

切换视角是创造性思维的延伸，它强调从不同的角度或立场来看待事物，以期找出隐藏的可能性和解决方案。

这三者在创新过程中各司其职，共同推动创新的发展。假设为我们提供了新的探索方向，事物的关联帮助我们理解和构建新的概念，切换视角则让我们能从不同角度理解和解决问题。

在思考过程中，逻辑推理、批判性思维是我们的平衡感。创造性使我们的思维活跃，批判性思维则使我们的思维有序。两者结合，使我们能够有效地处理信息、解决问题、做出决策。这就是“思维的自行车”的魅力。

4.3　使用 ChatGPT 来辅助创意生成

有了 ChatGPT 这样的 AI 智能助手，并结合创造性思维的工具方法后，可以让 AI 不再是冷冰冰的输入输出，而是可以为我们带来启发与更多的可能性。在本小节，会介绍如何使用 ChatGPT 辅助创意工作者生成创意。虽然 ChatGPT 无法替代成熟有经验的创意人，但是可以把它当作我们的私人助理，帮助验证一些想法的可能性。以下列举了 7 类应用，从图像创意类到文字创意类，探索不同创意领域内 ChatGPT 可以产生的实际帮助。

4.3.1 将文字描述变成一种颜色

使用 ChatGPT 和其他 AI 工具进行图像创作，就像是用自然语言进行代码编写。用户需要提供准确的提示词（Prompt）来描述脑海中的图像，这需要具备丰富的想象力和精确的语言表达能力。在 Midjourney（一个 AI 驱动的网站，可根据描述在线生成图片），用户用于图像生成的命令（command）为“/imagine”，意为“想象”，这个命令深刻地揭示了我们作为用户在使用这类强大的 AI 工具时，最需要的就是想象力。

1. 色调

每一张画都拥有独特的色调，色调描绘了整体画面的色彩倾向，通常可简单分为暖色调和冷色调。当物体处于白炽灯光下，或是在初升的太阳或落日的照射下，会产生暖色调，这种色调带给人温暖而舒适的感觉。而在阴冷的天气或海边的阴天景色中，则呈现出冷色调，给人冷静和凉爽的感觉。许多电影和电视剧通过调色技术展示独特的色调，使视觉效果更具艺术感。此外，使用不同的胶卷或相机摄影也能呈现出不同的色调效果。借助 AI，我们可以模拟这些特殊的色调进行艺术创作，使作品也具备迷人的风格。银翼杀手 2049（Blade Runner 2049）是一部典型的赛伯朋克风格的电影，美术极其优秀。我们可以使用 ChatGPT 帮助分析这部电影的色调。

以下是围绕银翼杀手 2049 这部电影与 ChatGPT 展开的讨论。

提问：

银翼杀手 2049 电影的色调是什么？

回答：

银翼杀手 2049（Blade Runner 2049）是一部具有独特氛围的科幻电影，其色调被普遍描述为“暗黑（Noir）”和“烟雾状（Smoky）”。这种色调主要通过摄影、灯光和艺术指导来呈现。

电影中的场景经常被浸泡在暗淡、昏暗的灯光中，使用了大量的阴影和对比来创造出阴郁神秘的氛围。色调偏向冷色调，如蓝色、绿色和灰色，给人一种冷漠和未来主义的感觉。

此外，电影还运用了雨水和烟雾的元素，营造出一种阴湿、朦胧的氛围。这种色调增加了电影的沉重感和永恒的暗示，与电影中探讨的主题和哲学观点相契合。

总的来说，银翼杀手的色调以冷色调、暗淡的灯光和阴影为主，营造出一种独特的冷漠、神秘和未来主义的氛围。这种色调在电影中突出了故事情节和科幻元素，并为观众创造了独特的观影体验。

提问：

可以用几个简单的英文单词描述吗？

回答：

Dark, atmospheric, dystopian。

总结一下，ChatGPT 给了我们几个关键词汇。

noir、smoky、dark、atmospheric、dystopian（暗黑、烟雾感、深色、氛围感、反乌托邦），可以使用这几个词汇作为提示词 Prompt，用于在 Midjourney 中生成图片作品。

我们使用埃及艳后作为图片的主题人物，利用上述关键词作为提示词。这时生成的图像有一种未来机械感和古代相结合的感觉，如图 4-23 所示。

图 4-23 埃及艳后

> 生成图像所使用的指令：Cleopatra, the Queen of Egypt, sits on a golden throne in the ancient Egyptian temple, in the style of Blade Runner 2049, Noir, Smoky, Dark, Atmospheric, Dydtopia --s250 --style raw

可以再试试用其他的色调生成作品。Tyler Mitchell 是美国的一位黑人摄影师，他擅长用胶片摄影，他的作品有着独特的色调和青春的氛围。日本摄影师的胶片摄影作品也有着独特的色调。试试用胶片摄影风格和埃及艳后相结合会是什么效果。同样先让 ChatGPT 帮忙分析出关键词。

提问：

Tyler Mitchell 的摄影风格？他用什么胶片摄影？

回答：

Tyler Mitchell 是一位年轻而备受赞誉的美国摄影师，他以其独特的视觉风格和对黑人形象的赋权而著名。他在时尚摄影和纪实摄影领域取得了重要的突破，并成为第一位为《时代》杂志封面拍摄的非白人摄影师。

Tyler Mitchell 的摄影风格可以被描述为鲜艳、充满生命力和青春感的视觉呈现。他以明亮的色彩、强烈的对比和鲜明的光影效果为特点，营造出生动而富有活力的影像。

在胶片选择方面，Tyler Mitchell 主要使用富士胶片（Fujifilm）。他倾向于使用富士胶片的彩色负片系列，如富士彩色胶片 Provia 和 Velvia。这些胶片在色彩还原、饱和度和细节表现方面具有出色的品质，能够捕捉到场景的丰富细节和鲜明色彩。

提问：

用几个简单的英文单词总结？

回答：

Vibrant colors, youthful energy, empowerment, diversity, cultural representation, Fujifilm

ChatGPT 描述了 Tyler Mitchell 的摄影风格，并用了几个词汇总结，我们使用这些关键词，并再添加些词汇作为 Prompt 放进 Midjourney 中生成图像。图 4-24 和前一组图片有着明显不同的色彩和氛围。

图 4-24　Tyler Mitchell 风格图片

> 生成图像所使用的指令：Cleopatra, the Queen of Egyptstands in the ancient Egyptian temple, in the style of Japanese youth moive, Fujifilm, with youthful energy --s250 --style raw

2. 使用特定词汇描述色彩

在前文提到的 Tatiana Tsiguleva 在她推特上公开的 Prompt 中，经常使用的描述图像颜色的词汇有"Pastel Accent Colors"（柔和的突出色），该词汇用来描述一种淡淡的、柔和的色调，画面中被强调的颜色也是柔和的。在 Tatiana Tsiguleva 生成的图像中，可以看到有种淡粉色、柔和的氛围，如图 4-25 所示。

图 4-25　Tatiana Tsiguleva 使用了“Pastel Accent Colors”描述图片的色调

描述颜色的词汇需要我们平时多积累，可以多看些艺术摄影相关的文章，了解更多专业词汇。

通过与 ChatGPT 的对话，我们了解了不同电影和摄影作品的色调，并学会了用语言描述它们。电影银翼杀手 2049 呈现冷色调、暗淡的灯光和阴影，营造冷漠、神秘和未来主义的氛围。Tyler Mitchell 的摄影作品展现鲜艳、充满生命力和青春感的视觉风格，捕捉丰富细节和鲜明色彩。

我们可以利用这些知识指导 AI 生成特定色调的图像，并使用特定词汇描述颜色来引导色彩表达。积累描述词汇和观察艺术作品将帮助我们准确表达想象中的图像创作。

4.3.2　将文字的创意描述变成图片

ChatGPT 是一个基于大语言模型的 AI 工具，无法直接看到或处理图像。但可以输入一些关键词，然后用 ChatGPT 帮助我们生成一个更加完整、描述详细的段落。

1. 生成特定风格的图片

例如，我们需要一张如图 4-26 所示风格的图片。

图 4-26　遛狗的女孩

可以先分析一下这张图片的风格：3D 插图风格，整体年轻活泼。但用流畅的自然语言将这张图片描述出来不是一件容易的事情。我们把简略的文字、一些关键词输入 ChatGPT，然后用 ChatGPT 帮助我们生成一个更加完整、描述详细的段落。

提问：

一幅图是一个年轻女性在遛狗，狗是柴犬，帮我描述这幅图。

回答：

这幅图描绘了一位年轻的女性在遛她的柴犬。她看起来充满活力，正充分享受着户外的新鲜空气。她穿着舒适的运动装，手中牵着狗链，眼中闪烁着对生活的热情。

她的宠物，一只柴犬，看起来健康而活跃。它的毛色光鲜亮丽，深沉的眼睛显露出好奇和聪明。它的步伐稳健，看上去正在享受这次散步，偶尔也对周围的环境投去好奇的目光。

周围的环境看起来很宁静，可能是一个公园或者住宅区的步行道。阳光照射下来，给这一切洒上了一层温暖的光芒。这幅图传达出的是一种简单的幸福，一个平凡的日常瞬间，充满了舒适和宁静。

ChatGPT 生成的文字很流畅，和这幅图片有基本的相似处，我们可以根据这些文字添删改查，精简文字的数量，组织成更符合图片内容的描述：

一位年轻的女性在遛她的柴犬。她充满活力，她穿着舒适的运动装，手中牵着狗链，她的宠物柴犬，健康而活跃，步伐轻快，背景是橘黄色。

将这段提示词输入 Midjourney，使用 Midjourney 生成一个类似风格的图片。但在 Midjourney 中指令必须是英文，可以使用 ChatGPT 将这段描述翻译成流畅的英文。

提问：

“一位年轻的女性在遛她的柴犬。她充满活力，她穿着舒适的运动装，手中牵着狗链，她的宠物柴犬，健康而活跃，步伐轻快，背景是明亮的橘黄色”将文字翻译成英文

回答：

“A young woman is walking her Shibalnu. She is full of energy, dressed in comfortable sportswear, and holding the dog leash in her hand. Her pet, a Shibalnu, is healthy and active with a brisk stride. The background is a bright orange.”

至此，对于要生成的图片的描述有了，还需要几个描述图片风格的词汇，Midjourney 才可以帮我们生成相似风格的图片。进行到这一步骤，就需要一些基本的美学知识了，要求可以判断出图片的风格，并知道使用专业词汇。

那这幅图片的风格是：Cinema 4D 插画，光从右边打过来，饱和度高。这几个词汇也需要翻译成英文，继续使用 ChatGPT 将词汇翻译成英文。

提问：

“Cinema 4D 插画，光从右边打过来，饱和度高”将文字翻译成英文

回答：

Cinema 4D illustration, with light coming from the right, highly saturated.

接下来就需要使用 Midjourney 了，使用方法是先将 Midjourney 添加进你的 Discord 服务器，网络上可以找到很多相关教程，就不赘述了。将生成的提示词 Prompt 组合输入进 Midjourney，如图 4-27 所示。

生成的结果和我们想要的图片风格可能会有差异，继续替换描述词汇，这次我们使用这几个词：3D illustration in the style of iridescent, daz3D, simple, colorful（霓虹色风格的 3D 插画，daz3D，简单，颜色丰富），如图 4-28 所示，生成的大图如图 4-29 所示，在新生成的图里，3D 效果变得明显，同时霓虹色风格也应用到了可爱的狗狗身上，这样的图更符合创意的初衷。

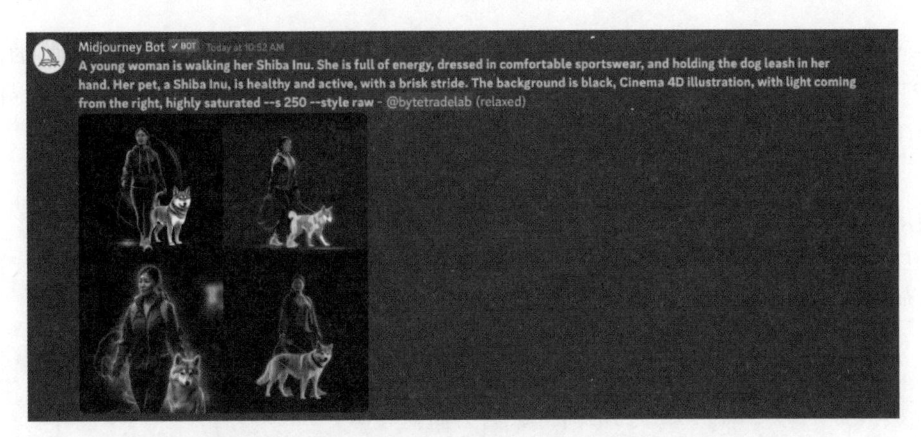

图 4-27　初始的图片

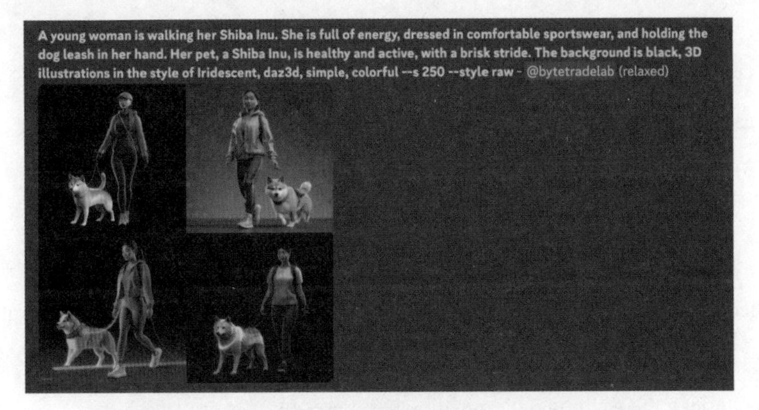

图 4-28　调整后的图片

图 4-29　更好的结果

不同的描述词汇会生成不同组合的图像，需要多多尝试才能生成我们理想风格的图片。ChatGPT 在这里的功能是：帮助我们扩写，生成描述图片的文字段落，方便我们进行修改，以及翻译，将中文描述和关键词翻译成流畅的英文。

2. 自由创作

使用 AI 工具定向生成某个风格的图片不是容易的事情，但自由创作就有趣很多。可以用 ChatGPT 扩写文字并翻译成英文。

比如我们想要画一幅埃及艳后的图，通过 ChatGPT+Midjourney 绘制的方法如下。

提问：

描绘一个图片，埃及艳后在古埃及的大殿里，50 字左右。

回答：

埃及艳后坐在金色宝座上，华丽的紫色长袍披散，头戴黄金蛇冠。大殿高耸，壁画绘满神秘的埃及图腾。阳光透过天窗洒下，照耀着她的身姿。

提问：

翻译成英文。

回答：

Cleopatra, the Queen of Egypt, sits on a golden throne in the ancient Egyptian temple. She wears a magnificent purple robe, with a golden snake crown adorning her head. The grandhall is adorned with towering pillars and intricate murals depicting mysterious Egyptiansymbols. Sunlight streams through the skylights, illuminating her presence.

把这段描述输入 Midjourney，如图 4-30 所示，生成的大图如图 4-31 所示，效果很惊艳。

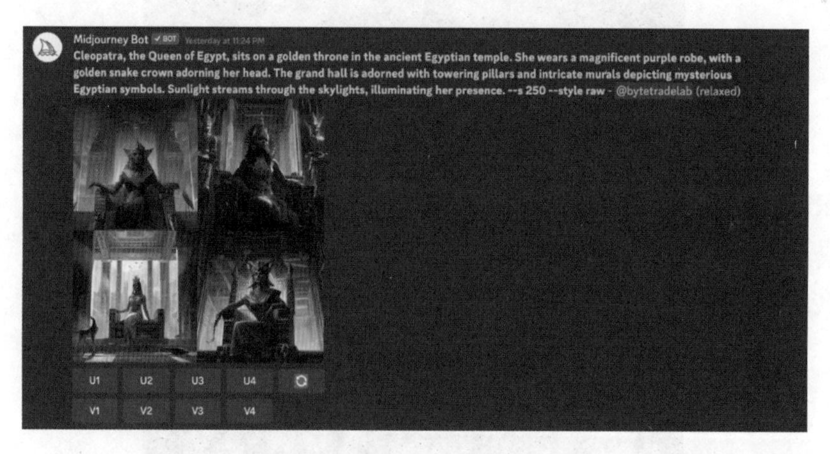

图 4-30 埃及艳后

使用 ChatGPT 可以帮助我们生成更加详细和描述性的段落，无论是描述特定风格的图片还是进行自由创作。通过输入关键词和简要的描述，ChatGPT 可以生成流畅的文本，帮助我们扩展和修改内容，并且还能将中文翻译成英文。尽管生成图片的风格可能会有一定的差异，但这个过程仍然充满乐趣和创造力。

图 4-31　埃及艳后-大图

4.3.3　将文字描述变成表情符号故事

> 在这个以数字信息交互为主导的手机时代中，如果仅通过文字进行沟通，容易产生误解。因此，我们需要以某种形式添加情绪色彩，这就是 emoji 诞生的必然性，它满足了时代的需求。
>
> ——栗田穰崇

表情符号（emoji）最初于 20 世纪 90 年代在日本诞生，由担任 NTT DOCOMO 项目负责人的栗田穰崇首次设计。

表情符号用一种符号视觉化的方式表达了感情和情绪，成为一种全球通用的语言。将表情符号加入大段落的文字和文章中也不会有任何不协调的感觉，甚至变成了新时代有代表性的互联网文字风格，总的来说，表情符号以视觉化的形式，已经成为文字的一种表达方式。ChatGPT 是一个文本模型，在现阶段不具备处理图像的能力，但表情符号作为文字视觉化符号的一种，可以让我们体验一下 ChatGPT 对视觉符号理解的能力。

1．简单的例子

以下是从成语变为标签符号的例子，可以看出，ChatGPT 是可以在理解成语含义的基础上为我们选择表情符号的。

提问：

我来输入成语，你来把它变成表情符号。

回答：

当然，请告诉我你想要将哪个成语转换为表情符号。

提问：

别出心裁。

回答：

好的，将成语“别出心裁”转换为表情符号：
🎯💡

提问：

为我解释生成的每一个符号对应的意思。

回答：

当将成语“别出心裁”转换为表情符号时，每个符号的意思如下：

🎯-这个表情代表目标或瞄准的意思。它显示一个靶心，通常用来表示准确、专注或达到目标的情况。

💡-这个符号代表灵感或想法的意思。它是一个黄色的灯泡，常常用来表示有创造性的想法、新颖的观点或突破性的思维。

因此，整体上来说，将成语“别出心裁”转换为表情符号可以理解为一种表示准确瞄准目标，并且有创造性、独特思维的表达方式。它暗示了采用独特的方法或观点来解决问题或做出创新的决策。

提问：

不可思议。

回答：

好的，将成语“不可思议”转换为表情符号：

提问：

为我解释生成的每一个符号对应的意思。

回答：

🤔-这个表情代表思考或怀疑的表情。它显示一个面部表情，眉毛略微皱起，嘴巴微微张开，表示思考或迷惑。

❌-这个符号代表否定或不可的意思。它是一个红色的叉叉符号，通常用来表示错误、不允许或不可行的情况。

🤨-这个表情代表怀疑或质疑的表情。它显示一个面部表情，眉毛稍微皱起，眼睛微微眯起，表示怀疑、疑惑或不信任的情绪。

因此，整体上来说，将成语“不可思议”转换为表情符号可以理解为一种表示思考、质疑和难以置信的情感表达。

从上述对话中可以看出，ChatGPT对于符号有很好的解释和应用能力。表情符号作为抽象符号所包括的含义是很复杂多样的，ChatGPT可以根据具体的例子，选择不同的符号阐述其中的含义。

2．复杂一些的例子

再试试更加复杂的表达。以下是从诗歌到表情符号的转化。

提问：

将古诗“梅子黄时日日晴，小溪泛尽却山行”转换为表情符号。

回答：

可以使用以下符号来表示：

🍑🌞🌿🚶⛰

解 - 释每个符号的意思：

🍑-这个符号代表梅子成熟的意思。它是一个橙色的果实，通常用来表示水果、美食或可爱的事物。

🌞-这个符号代表太阳或阳光的意思。它是一个黄色的太阳图标，表示晴朗的天气或明亮的光芒。

🌿-这个符号代表绿叶或小溪的意思。它是一个绿色的植物图标，可以表示自然、清新或小溪。

🚶-这个符号代表行走或旅行的意思。它显示一个行走的人的图标，表示行程、徒步或旅行。

⛰-这个符号代表山脉的意思。它是一个雄伟的山脉图标，可以表示山行、自然景观或壮丽的风景。

综合起来，以上的表情符号表示了梅子成熟的时候，天气晴朗，小溪干涸但仍继续山行的意境。它传达了春天的美丽、阳光的明亮，以及在山水间行走的愉悦与感慨。

以下是电影剧情的表情符号转化。

提问：

将电影「黑客帝国」的剧情转换为表情符号。

回答：

可以使用以下符号来表示：

🌌💊🕴🔌🐇

解释每个符号的意思：

🌌这个符号代表电影中的虚拟现实世界——“The Matrix”（矩阵）。这个世界被描绘为一个虚拟的计算机模拟，类似于一个黑暗的未来世界。

💊这个符号代表主角Neo被引导去寻找真相的过程。Neo是一位潜在的黑客，他被Morpheus发现并给予了一个选择，选择红色药丸（🔴）或蓝色药丸（🔵）。红色药丸代表接受真相和现实，而蓝色药丸代表继续留在虚拟现实世界。

🤖这个符号代表主角与机器人的斗争。电影中的主角们是黑客组织的成员，他们在现实世界中与由机器人控制的计算机程序进行战斗。他们试图唤醒其他人并推翻机器人的统治。

🔌这个符号代表主角们的能力进入矩阵并操控虚拟现实的能力。他们可以通过插入一个数据连接插头来进入矩阵，并利用自己的技能进行战斗和操控。

🐇这个符号代表电影中最著名的场景之一，即主角 Neo 遇到了“The Matrix”中的代表性角色——操纵幻象的程序，他以白色兔子的形象出现。这个场景象征着现实和虚拟之间的边界模糊，并引发了主角们对矩阵真相的更深一步的探索。

3. 从表情符号到故事

故事为我们带来启发与乐趣，以下是从表情符号到故事展开的例子。

提问：

我来输入表情符号，你来讲一个故事：😺💂👀👍

回答：

在一个小城里，活泼可爱的小猫咪咪（😺）对城墙上严肃的守卫勇士（💂）产生了好奇。咪咪发现，虽然勇士外表严肃，但眼睛（👀）里充满温柔。咪咪每天都去找勇士玩，让原本严肃的勇士开始露出笑容。小城的人们注意到了这个改变，开始对勇士表示赞赏（👍）。咪咪和勇士的故事让人们明白，每个人都有内在的美，值得我们去发现和欣赏。

这是一个关于发现和改变的正能量的故事。

从表情符号到故事是一个很好的创意思维的练习。通过简单抽象的表情符号，发挥想象力，通过语言描述的方式，来讲好一个故事。如果是多人练习，也可以看出不同人对同一符号的不同解读，这有助于我们提升开放思维和接纳多元化的观点。

在生成表情符号的过程中，虽然失去了一些故事和歌词的意境，但是 ChatGPT 在理解文本意义方面非常准确，并且能够准确地运用表情符号——视觉化符号来进行翻译。这样将文字转化为视觉符号的翻译方式可以变成一个有趣的小游戏。很多综艺节目也采用表情符号设置游戏环节，让不知道答案的参与者猜猜表情符号描述的是哪个成语或短句。你可以和朋友一起来测试一下 ChatGPT 的能力！

4.3.4 为产品说明创建广告文案

ChatGPT 作为一个文字类的语言模型，可以生成一些简单的广告文案，虽然无法像广告营销大师一样精准找到用户痛点，一出手就可以写出 10 万以上阅读量的广告文案，但是可以把 ChatGPT 当成初级助理，帮助我们探索一些广告方向的可行性，并在 ChatGPT 生成文字的基础上修改。这里举的例子是一款植物肉，品牌商开发这款商品的原因是为了带来顺应时代的解决方案：为消费者提供一个更健康、更环保的替代性美味。

说明：在以下的例子中，为了让文案更有创意，会用到 GPT-4 模型。

假设我们需要撰写一份广告文案。

提问：

你可以为产品说明创建广告文案吗？

回答：

请告诉我关于你的产品的一些详细信息，例如产品名称、特点、目标受众和你希望在广告文案中强调的重点。

提问：

产品名称：植物肉产品特点为丰富 DHA 摄入、真实肉感、丝丝鲜香。低脂魔芋原料，专业设备模拟鳕鱼肉类纤维结构，含丰富膳食纤维，口感外脆里嫩。强调重点：植物肉减少动物伤害，减少温室气体排放，一起保护地球环境。相比传统饲养，“植物肉”的生产过程中，水量使用、土地占用和温室气体排放量这三者大大降低，给环境带来了巨大益处。目标人群：Z 世代和职场新人

回答：

【全新体验！植物肉】一种真正的绿色革命。

感受前所未有的口感，丝丝鲜香，外脆里嫩。我们的植物肉，采用低脂魔芋原料，借助专业设备模拟鳕鱼肉类纤维结构，为您带来真实肉感的同时，也含有丰富的膳食纤维。

我们致力于创建一个世界，让你能够享用美味，而无须伤害动物。用植物肉取代传统肉类，减少了动物伤害，也显著降低了温室气体排放，让我们共同为保护地球环境献出一份力量。相比传统饲养，“植物肉”的生产过程中，水量使用、土地占用和温室气体排放量这三者大大降低，给环境带来了巨大益处。

特别增加了 DHA，使您的营养摄入再上一层楼。植物肉不仅只是美味，更是一种健康生活方式的体现。

Z 世代和职场新人们，一起来尝试这场美味与环保的双重盛宴吧。让我们的选择，更美好地影响这个世界。吃得好，同时也为了地球更好。现在就来体验【植物肉】的革命性口感，感受这场美味与责任的完美结合！

……

整体的内容表现还不错。

提问：

广告文案会在微信公众号投放，文章风格需要符合公众号。

回答：

标题：【美味与环保的双重盛宴】植物肉，打开全新的健康生活方式！

亲爱的读者们，

你们是否已经厌倦了普通的肉类食品？你们是否正在寻找一种新的、健康的、同时又能满足口腹之欲的美食？那么，让我们给你们介绍一种革命性的产品——【植物肉】！

一种真实的肉感，丝丝鲜香，外脆里嫩，这就是我们的植物肉。这是一种由低脂魔芋原料制成的食品，借助专业设备，我们模拟出鳕鱼肉类纤维结构，带给你真实的肉感。这种植物肉还富含丰富的膳食纤维和 DHA，让你在享受美食的同时，保证营养均衡。

让我们以实际行动，支持这场美味与环保的绿色革命。吃得好，同时也为了地球更好。现在就加入我们，尝试【植物肉】的革命性口感，感受这场美味与责任的完美结合！

……

现在，打开微信，搜索并关注我们的公众号，让植物肉的绿色美味点亮您的生活，为地球环保贡献一份力量。让我们一起为了健康、环保和可持续发展而努力！

这个答案的广告感太强了，现在的读者更偏爱“软文”，而且文案需要更贴近目标用户，ChatGPT 生成的答案看不出是给 Z 世代和职场新人写的。我们需要再次给出新的指令。

提问：

结合 Z 世代和职场新人的生活，有故事感。

故事开始是一位职场新人与朋友相约，在故事中体现年轻职场新人对植物肉的选择，并展示商品的卖点。故事中要加入一些反转。

回答：

标题：【绿色革命中的邂逅】——我与植物肉的故事

身为一个 Z 世代的职场新人，我，小李，尝试着在繁忙和压力中找寻一种新的生活方式。某天，我在朋友小王的邀请下，来到了一家新开的餐厅。

那天，小王神秘地笑着，为我点了一份看似鳕鱼的菜品。看到我疑惑的眼神，他只是神秘地笑，等待我的反应。那道菜一端上来，我便被其诱人的香气和鲜美的口感深深吸引，这与我以往吃过的鳕鱼几乎无异。

而就在我沉醉在美味中时，小王却突然笑着告诉我：“你知道你刚刚吃的是什么吗？那其实是植物肉！”我被他的话震惊了，难以置信地看着他，不知该如何回应。这就是他所谓的“惊喜”。

“不可能吧，这个口感，这个味道，怎么可能是植物做的？”我惊讶地问。然而，小王却拿出了菜单，指给我看，确实写着“植物肉”。

那份“植物肉”采用了低脂魔芋原料，通过专业设备模拟鳕鱼肉类纤维结构，既有鳕鱼的口感，又富含丰富的膳食纤维和 DHA。我完全无法想象，这样一款美味，居然是植物制造的，同时又无须伤害动物，减少了温室气体排放，这简直是一种绿色革命。

从那天起，我成为植物肉的坚定粉丝，我想让更多的人知道，我们可以选择美味，同时也可以选择环保。我想，这就是 Z 世代和职场新人们的生活方式，我们在寻找美味的同时，也在致力于保护地球，这样的生活方式，充满了希望。

那天，小王的“惊喜”，让我找到了一种新的生活方式，让我知道，我们的选择，可以更美好地影响这个世界。植物肉，不仅仅是一种食物，更是一种生活态度，是我们对这个世界的爱。

我希望你们也能像我一样，选择植物肉，感受这种美味与责任的完美结合。一起为地球，为健康，打开全新的生活方式吧！

用讲故事的方式会是个不错的方法，在故事生成的同时，还可以要求加上反转。

接下来需要一个吸引眼球的标题。

提问：

可以多起几个标题吗，标题中有数字。

回答：

【绿色生活的新方式】1 次邂逅，我成为植物肉的拥护者；

【植物肉，Z 世代的新宠】经历 3 个月，我的生活因它而改变；

【Z 世代的健康之选】5 种原因，我选择了植物肉。

当有产品要宣传时，就可以根据产品的介绍、面向人群、营销的目的（邀请新用户、促销）等，让 ChatGPT 来为创意生成各种类型的文案，如：口号（slogan）、描述、故事等。

4.3.5 生成小红书风格的用户故事

小红书已逐渐成为众多博主、网红和品牌的广告宣传平台，是打造品牌和推广产品的理想之地。不仅如此，许多创业者也利用小红书来推介他们的产品和服务，而独立创作者则在平台上展现他们的作品，吸引观众及潜在消费者的目光。

相较于知乎这类分享专业知识的平台，小红书的文本风格更加亲近生活、富有可爱气息，其广告通常以分享生活方式进行植入，即“软文”。我们可以指导 ChatGPT 按照我们所期望的风格生成广告文案。

假设你是一位小红书的博主，刚收到了广告商寄送的产品——一款无须解冻、只需微波炉加热 4min 的即食意大利面。它的卖点包括：丰富的食材、简单的操作、口感弹滑的面条，以及与常规冷冻产品截然不同的香味。它高度还原了餐厅意大利面的品质和口感。

广告商要求的软文风格是通过用户的痛点进行写作，以引发用户共鸣。他们希望强调产品的卖点，凸显产品能够复现妈妈的味道、家乡的饭菜和餐厅的品质。标题必须引人入胜且富有话题性，应存在矛盾点和冲突。

现在，我们将产品特性和广告商要求的软文风格输入 ChatGPT，让 ChatGPT 帮我们起草一个简单的初稿。

提问：

小红书用户喜欢什么风格的笔记？
在写作表达上有哪些特点？

回答：

小红书是一个社交化电商平台，用户可以在平台上分享各种生活笔记、购物心得、旅行经验等内容。虽然每个用户的喜好和风格都有所不同，但是可以提炼出一些常见的小红书笔记风格和特点。

精致美学：小红书用户对于美的追求较高，他们喜欢在笔记中展现精致的美感。无论是照片的构图、颜色的搭配，还是文字的排版，都会注重细节和美观度。

文字组织和排版：小红书用户在写作表达上通常注重文字的组织和排版。他们会使用段落分隔、标题、引用等方式来组织内容，使得笔记更加清晰易读。

视觉冲击。

实用性和可操作性。

个人观点和情感表达。

在开始具体的内容生成前，先明确下 ChatGPT 认为的小红书写作风格。

提问：

“产品核心卖点：无须解冻，微波炉加热 4min 就可食用；食材好用料足；无须等待，操作简单；肉超多。意面核心卖点：无须加工，防止自己做成黑暗料理；复热后，面条依旧劲道 Q 弹爽滑、不软不硬刚刚好；和印象中的冷冻产品完全不同，香气扑鼻；高度还原餐厅意面的品质，口感浓郁！通过用户的痛点去写，让用户产生共鸣。重点凸出产品的卖点，突出产品能还原妈妈的味道、还原家乡的饭香、还原餐厅的品质。标题一定要有话题性和噱头，有矛盾点和冲突。”

写一篇茄汁香草鸡肉意面的小红书软文。

回答：

茄汁香草鸡肉意面，四分钟搞定，一口下去满足感十足！

说到意面，大家一定会想到冷冻产品，难吃难吃再难吃！但是今天，我要给你介绍一款与众不同的意面——茄汁香草鸡肉意面！

这款意面的卖点太多了！首先，无须解冻，微波炉加热四分钟就能食用，方便快捷！其次，食材精选，用料足，每一口都是鲜美的滋味，所见即所得，没有虚假宣传。更重要的是，操作简单，无须二次加工，老人孩子也能放心食用。但这还不是全部，茄汁香草鸡肉意面独特的口感更是让人爱不释手！

……

通读一遍 ChatGPT 写的广告软文，整体有些生硬，广告感太明显，而且文章的篇幅太长了，在社交媒体上的用户不会耐心读完这么长的文章，需要更精炼一些。

同时，小红书平台的文案有个特点，博主们喜欢使用很多表情符号，体现可爱有趣的感觉，我们让 ChatGPT 帮我们加一些 emoji (表情符号)。

提问：

加一些 emoji，200 字左右。

回答：

茄汁香草鸡肉意面🍝，四分钟搞定，一口下去满足感十足！😋

说到意面，大家一定会想到冷冻产品，难吃难吃再难吃！😩但是今天，我要给你介绍一款与众不同的意面——茄汁香草鸡肉意面！😍

这款意面的卖点太多了！首先，无须解冻，微波炉加热四分钟就能食用，方便快捷！👍其次，食材精选，用料足，每一口都是鲜美的滋味，所见即所得，没有虚假宣传。更重要的是，操作简单，无须二次加工，老人孩子也能放心食用。👨‍👩‍👧‍👦

……

加了 emoji 之后，软文风格看起来更年轻了，但这篇软文的写作思路还是太商业化了，不够贴近大家的生活。可以继续完善。

提问：

主题改成不会做饭的厨房新手，自己下厨做意面，耗时费力还不好吃，速食意面动动手微波炉加热就能吃，省时味道好用料足。

回答：

作为一个不会做饭的厨房新手，每次下厨都会让我感到焦虑。不仅耗时费力，还常常做出来的饭菜不够美味。但最近，我发现了一款让我爱上下厨的神器——爱福叮厨速食意面！😍

这款速食意面真的是太方便了！只需要动动手把它放进微波炉加热一下，四分钟后就能享受美味的茄汁香草鸡肉意面了！🍝这不仅省时，而且味道好，用料足，简直是新手下厨的救星！

而且，茄汁香草鸡肉意面的口感独特，复热后依旧劲道 Q 弹，爽滑不软不硬刚刚好，非常好吃！👌而且，不像我自己做的饭菜，总是太咸或者太淡，这款速食意面的味道刚刚好，非常适合我的口味！

如果你也是一个不会做饭的厨房新手，如果你也不想浪费时间和精力在烹饪上，那么我强烈推荐你试试速食意面！它不仅方便快捷，而且味道好，让你在家里也能轻松享受美食！👩‍🍳

虽然这篇软文不够精彩，文笔比较生硬，但是比前一版好多了，具有生活感。接下来生成标题。

提问：

起一个话题性和噱头的标题。

回答：

“告别厨房焦虑，速食意面让你轻松成为美食家！”

一篇简单的小红书广告文案就完成了。

虽然内容还不够完美，但整体而言，还是可以接受的。ChatGPT 已经可以被当成一位干练的运营小助手了。

4.3.6　用指定的一组关键字生成人物

描写和创建用户画像是品牌建立中常见的一项策略，它涉及对目标消费者的详细描绘。在品牌初创阶段，可以通过市场调查确定一个特定的用户群。若品牌已存在一段时间并希望进行提升，那么可以研究现有的用户群体，在其中选取几个有代表性的用户，并将他们抽象化为几个不同的用户类型，进而创建详尽的用户画像。

不论在哪种情境下，建立用户画像的目的都是为了更精准地理解目标消费者。一个精心设计的用户画像能使目标用户更为生动地呈现在我们面前，使我们能够预想他们的生活方式、性格、爱好、收入、财务状况，甚至能推测他们是否会购买我们的产品。有些团队会将这些用户画像挂在墙上，配上用户的照片，让团队成员每天都能清楚地了解他们在为哪些用户设计产品，从而提高同理心和投入度。我们可以让 ChatGPT 利用关键词帮助生成一个用户画像的初稿。

提问：

请帮我生成一个用户画像。

回答：

当然，我可以帮助您生成一个用户画像。但是我需要更多的信息才能够为您创建一个更准确的画像。以下是一些常见的信息，可以作为起点。

- 姓名：您可以提供用户的姓名或者匿名代号。
- 年龄：用户的年龄段或具体年龄。
- 性别：用户的性别。
- 地理位置：用户所在的城市、国家或地区。
- 职业：用户的职业或行业。
- 兴趣爱好：用户感兴趣的领域、爱好或活动。

- 家庭状况：用户的婚姻状况、子女情况等。
- 教育程度：用户的学历或教育程度。
- 技能或专长：用户具备的特殊技能或专业领域。
- 消费习惯：用户的购买偏好、消费习惯或购物渠道。
- 社交媒体使用情况：用户在哪些社交媒体平台上活跃，频繁使用的社交媒体功能等。

请提供上述信息中您想要包含的内容，或者您可以提供其他相关信息，我将尽力生成一个用户画像来满足您的需求。

根据自己搜集到的资料，将目标用户的资料输入进去。

提问：

生成一个姓名顾欣怡，住在上海，年轻女性，大学生，家庭收入中高，喜欢社交媒体活动。在消费上喜欢小众品牌，有驾驶经验，喜欢开车与朋友一起旅行，同时关注新科技，希望自己的车上也能内置各种新科技。日常会使用主流的社交平台 App，果粉。

回答：

根据您提供的信息，我生成了一个简单的用户画像：
姓名：顾欣怡。
年龄：19 岁。
性别：女性。
地理位置：上海。
职业：大四学生。
家庭年收入：50 万元人民币。
兴趣爱好：社交、购物、观看直播。
社交媒体使用情况：在社交媒体上非常活跃，无法上社交媒体时会感到不舒服。
购物偏好：喜欢小众品牌，特殊日子会奖励自己购买贵重物品。
驾驶经验：有 1 年驾驶经验，喜欢开车带朋友去周末的郊区。
科技喜好：喜欢新科技，希望自己的车上配备更多新科技，如自动驾驶技术。
常用 App：微信、知乎、豆瓣、Bilibili、抖音、今日头条。
手机型号：iPhone 11 Pro。
目标：希望在 20 岁这个年纪在人群中显得独特。

ChatGPT 将我们输入的用户资料进行了分类和总结，但这样的用户画像没有侧重点。这是针对电动车潜在用户的用户调研，目标是挖掘出电动车的用户画像并了解用户对电动车搭载科技的期待。我们让 ChatGPT 以这个角度重新整理我们输入的资料。

提问：

以购买电动车的角度，生成一个详细的用户画像。

回答：

好的，以下是一个以购买电动车为角度生成的详细用户画像，并结合了之前提供的信息。

顾欣怡是一位 19 岁的女性大学生，居住在上海。作为一个年轻而积极社交的人，她非常关注时尚潮流和社交媒体。购物对她来说是一种奖励和表达自我的方式，她喜欢追求小众品牌和在特殊的日子给自己买贵重物品。顾欣怡有 1 年的驾驶经验，享受开车带朋友去周末的郊区，喜欢冒险和自由的感觉。

考虑到她对新科技的喜好，顾欣怡对电动车可能会感兴趣。她希望电动车配备更多的新科技功能，比如自动驾驶技术和智能互联功能，以满足她对科技的好奇心。由于她的年收入相对较高，她有能力购买高品质的电动车。

此外，顾欣怡使用的是 iPhone 11 Pro，这也说明她对手机的品质和科技感兴趣。

这是一个以购买电动车为角度生成的用户画像，以便更好地理解顾欣怡的需求和偏好。如有需要，我可以进一步提供关于电动车品牌、型号和功能的建议。

ChatGPT 产生的结果已经可以和一个初级研究员得出的结论相媲美，我们可以根据这样的结论继续深化，并配上照片，做些简单的排版，生成一个更专业、视觉上更美观的用户画像。如图 4-32 所示。

图 4-32　视觉化的用户画像

4.3.7　设定故事场景来玩模拟游戏

游戏是孩子的天性，大人也可以参与其中。小朋友爱听故事，听得意犹未尽的时候会“问为什么”？

- 为什么龙会飞？
- 为什么千寻会迷路？
- 为什么嫦娥回不到地球？

这些问题其实是对故事里面没有描述到细节的补充，在这一问一答中，故事的世界观变得更加完整，听故事的人也在脑海中完成了对故事中架空世界的想象。有的时候这样的思维创意游戏在引导下会变得更加有趣，可以训练 ChatGPT 引导我们进行这样的思维训练。

以下是与 ChatGPT 一起创造神奇动物的游戏。

提问：

我想让你陪我一起创造神奇动物。

回答：

当然！我很愿意和你一起创造神奇动物。请告诉我你的想法和设想，我们可以一起讨论并尝试创造出独一无二的生物。

提问：

中国神话中出现的神兽，可以为人们带来吉祥。

回答：

那么，我们可以从中国神话中的神兽中寻找灵感，创造出一个带来吉祥的神奇动物。以下是一些中国神话中常见的神兽，也是吉祥的象征。

1）麒麟：麒麟是中国神话中的吉祥之兽，它代表着吉祥、幸福和长寿。它可以有马身、鹿角、牛尾和鱼鳞等特征。我们可以尝试创造一个新颖的麒麟，它可能有不同的颜色和纹理，以展现出与众不同的特点。

2）龙：龙是中国文化中最重要的神兽之一，代表着权力、好运和吉祥。我们可以创造一个神秘而迷人的龙形动物，可能结合了其他动物的特征，如凤凰的羽翼或鱼的鳞片。

3）凤凰：……

4）白虎：……

这些只是一些例子，你可以根据你的想法和设想，结合这些元素或添加其他特征来创造出独特的神奇动物。

提问：

它会飞。

回答：

当我们尝试创造一个能够飞行的神奇动物时，我们可以结合神话中的元素和现实世界的生物来设计它。

想象一个拥有神奇翅膀的神兽，具有独特的形态和特征。以下是一些可能的想法。

1）飞天麒麟：将麒麟的特征与能够飞行的能力结合起来。这个神奇动物可以有麒麟的马身、鹿角和鱼鳞，同时拥有宽大的翅膀，使它能够在空中自由飞翔，给人们带来吉祥和幸福。

2）翼龙凤：……

3）飞虎：……

以上只是一些启发性的想法，你可以根据自己的创意进一步发展和改进。创造神奇动物是一项富有想象力的过程，希望这些想法能够激发你的创造力，创造出令人惊叹的飞行神兽！

提问：

它叫阿扎卡比。

回答：

阿扎卡比是一个很有趣的名字！让我们将这个名字赋予我们创造的飞行神奇动物。

阿扎卡比可以是一个高贵而神秘的飞行生物，具有独有的特征和能力。以下是一种可能的阿扎卡比的描述：

阿扎卡比拥有绚丽多彩的羽毛和华丽的鳞片，展现出它的神奇魅力。它的身体形态可能结合了龙和凤凰的元素，拥有龙的躯体和凤凰的翅膀。阿扎卡比的翅膀宽大而轻盈，覆盖着炫目的羽毛，可以让它在天空中优雅地飞翔。

阿扎卡比的羽翼可以呈现出丰富多彩的颜色，随着阳光的照射而闪耀出华丽的光芒。它可以在蔚蓝的天空中自由翱翔，展现出令人惊叹的飞行技巧。

阿扎卡比被赋予了神奇的能力，它的出现代表着好运、吉祥和幸福。人们相信，当阿扎卡比飞过时，它会带来和平、繁荣和希望。

提问：

阿扎卡比有友善的大眼睛，像长颈鹿似的眼睫毛。

回答：

阿扎卡比拥有友善而温柔的大眼睛，让它显得更加迷人和可爱。这些大眼睛可以类似于长颈鹿的眼睫毛，给它增添了一份优雅和神秘感。

阿扎卡比的眼睛呈现柔和的色彩，可能是明亮的琥珀色或深邃的翠绿色。它们有着温暖而晶莹的光芒，传递着善意和友善。

……

提问：

阿扎卡比身体的羽毛在阳光下呈现宝石般的绿色光泽。

回答：

阿扎卡比的羽毛散发着宝石般的绿色光泽，给它的外貌增添了一份神秘而华丽的魅力。当阳光照射在阿扎卡比的身上时，它的羽毛闪烁着令人惊叹的绿色光芒，仿佛是珍贵的翡翠或神秘的绿宝石。

这种绿色光泽可能是明亮而清澈的，它的色调可以是青绿色、碧绿色或者带有金属质感的翠绿色。光线在羽毛上折射和反射，形成了绚丽多彩的效果，仿佛阿扎卡比身上镶嵌着无数宝石般的绿色宝石。

……

在和 ChatGPT 对话的过程中，神奇动物阿扎卡比的形象越发生动明显起来。根据对话内容，我们甚至可以给阿扎卡比总结一个设定。

提问：

请给阿扎卡比总结一个类似档案一样的神奇动物的设定。

回答：

当然，下面是一个类似档案的设定，描述阿扎卡比的特征和属性。

=========================

阿扎卡比档案

- 名称：阿扎卡比。
- 科属：神奇动物。
- 分类：飞行类。

- 吉祥属性：幸福、繁荣、和平。
- 外貌特征：身体覆盖宝石般的绿色光泽羽毛，大而温柔的琥珀色眼睛，长颈鹿似的眼睫毛。
- 形态特征：龙的躯体、凤凰的华丽翅膀。
- 飞行能力：优雅的飞行技巧，能够在蔚蓝的天空中自由翱翔。
- 意义象征：好运、吉祥、幸福、和平、繁荣、希望。
- 性格特点：友善、温和、善意。

这是一套出色的小说或游戏角色设定方案。ChatGPT 能够快速生成我们常常需要花费大量时间和精力寻找的设定内容。基于这些初步的素材，我们只需稍作修改和重组，便可以立即投入使用，极大地提高了效率。

第 5 章

英语学习

作为一位英语老师，在笔者第一次接触到 ChatGPT 的时候，就惊讶于其强大的语言能力。在这里，“语言能力”不仅指 ChatGPT 能够进行自然对话，还包括其能够分辨出一对同义词在同一使用语境下的微妙不同。

这样的能力，哪怕作为英语老师也需要付出数年持续不断的努力才能获得。这一点发现使得笔者坚信：类似 ChatGPT 的大语言模型 AI，可以成为我们每一个人的英语辅导老师！

本章会从英语学习的基础理论出发，讨论 ChatGPT 应用在英语学习场景下的可行性，以及为什么 ChatGPT 可以作为一个优秀英语辅导老师发挥作用。然后进一步探讨 ChatGPT 如何满足不同学习目标人群的需求。在对英语学习理论进行全面介绍之后，本章会详细介绍不同英语学习场景下的应用案例以供各位读者参考。

本章内容

5.1 英语学习者需要什么

在正式开始应用 ChatGPT 辅导英语学习之前，本节希望引导各位读者思考：作为一名英语学习者，自己处于哪一个语言学习阶段，以及应当如何利用 AI 来帮助自己更好地达成学习目标。相信各位读者在读完本节内容之后，对于 ChatGPT 作为语言学习工具的价值会有进一步的理解。

5.1.1 英语学习的不同阶段

对大多数中国人来说，学习英语的过程可以被分为五个主要阶段。

（1）沉默阶段（pre-production stage）

如同我们牙牙学语的时期，在沉默阶段，学习者的角色主要是观察者和倾听者，尽量吸收新的词汇，尽管还不能有效地用英语进行交流，但已经开始理解一些基本的词汇和短语。

（2）早期阶段（early production stage）

在早期阶段，学习者开始尝试用英语表达简单的想法，虽然这些表达可能仅限于单词或简单的短语，但对英语语法的初步理解开始在这个阶段形成。

（3）语言发展阶段（speech emergence stage）

在语言发展阶段，学习者的语言表达能力逐渐增强，已经可以用英语进行简短的对话。尽管学习者可能仍然会犯一些语法错误，但已经能够表达出基本的意思。这个时候，就可以引入 ChatGPT 来帮助我们一起练习了。结合“可理解输入假设”，可以要求 ChatGPT 根据我们的水平进行模拟对话，并辅以中文解释，帮助学习者通过实践高效提升语言水平。

（4）中级流利阶段（intermediate fluency stage）

在中级流利阶段，学习者的英语表达能力得到明显提升，可以用英语进行较复杂的对话，词汇量、语法和发音都有所改善，从而能较为流利地进行日常交流。此外，学习者在这一阶段还会逐渐提高阅读和写作能力。这个时候，可以与 ChatGPT 进行全英文的沟通，也可以在 ChatGPT 的帮助下进行写作练习。ChatGPT 可以就英语文法和表达的准确性提出宝贵的反馈和改进建议。

（5）高级流利阶段（advanced fluency stage）

在高级流利阶段，无论是正式还是非正式的场合，学习者对于英语的使用已经非常熟练，可以进行各种形式的沟通。此时，学习者对于词汇、语法和发音的掌握已经接近母语者水平，可以进一步研究语言的细微差别和修辞技巧，以便在各种场合都能自信地使用英语。

这个阶段，学习者可以和 ChatGPT 一起深入探讨自己感兴趣的话题，或者在其的陪伴下阅读经典的英文文学。甚至可以更进一步学习并模仿大师的文笔，通过 ChatGPT 的反馈，以期百尺竿头、更进一步。

5.1.2 英语学习：听、说、读、写

英语学习的四个基本能力为：听、说、读、写，它们共同构建了人们学习、理解、使用英语的框架，这也是我们最熟悉的英语能力框架。

1. 听力

在英语学习中，培养听力能力是极其重要的一环。所谓听力，是一种全方位、多层次的语言能力。它包含了接收语音信息、理解表意内容、记忆和应用这些信息等多个维度。听力能力包括听力输入和理解能力、听力记忆和应用能力两方面。

（1）英语听力能力的组成

听力输入和理解能力。这部分能力的核心在于接收和理解英语语言。“输入能力”是指学习者是否能准确接收并转化语音信号。这需要学习者具备丰富的词汇量以及对英语语法和语音知识的深入理解。只有如此，学习者才能“听懂”发言人所表达的英语内容。对大多数英语学习者而言，这些是听力的基础。但要进一步提升，除了理解语言的字面含义，更需要捕捉主题，解析细节，推断隐藏含义，以及理解发言者的态度。这就是笔者所说的“听力理解能力”。听力输入和理解能力的提升，需要我们通过大量的听力训练和词汇、语法、语音的学习来实现。

听力记忆和应用能力。记忆能力要求人们能够记住所听到的单词、短语、句子甚至整篇文章。记忆的最终目标是为了应用。听力应用能力意味着人们能够将所听到的英语信息应用到实际生活和学习中，例如，我们可以将在演讲、讲座或电影中听到的英语词汇和表达用到自己的生活中。听力记忆和应用能力的提升，同样需要有意识地多做练习。

总的来说，听力能力是一种复杂但至关重要的语言技能，需要通过各种方式来不断提升它，这样才能在英语的世界里游刃有余，享受英语带来的乐趣。

（2）听力能力的练习方法

练习听力可以从“语言学习”和“语言习得”两方面出发。

- 语言学习：学习者需要提高听力词汇量，包括学习常用的单词、短语和常见的语法结构。在提升听力的初阶段，这些词汇和语法结构为学习者的学习奠定了坚实的基础。学习者可以通过阅读、复习和记忆，不断扩充自己的词汇量。同时，学习者还需要练习听力理解技巧，例如听懂发言者的主旨，掌握细节，推断潜在的意思，以及理解发言者的态度等，需要反复刻意练习，才能更好地抓住发言者的意思，更准确地理解他人的表达。
- 语言习得：这是一个将学到的语言应用到实践中的阶段。学习者可以通过多听英语广播、新闻、音乐、电影、电视剧等方式来提高听力，这些媒体提供了丰富多样的语言环境和更有趣的学习体验。同时，学习者还需要使用英语与人进行交流，通过真实的对话，更好地理解和适应不同的口音和语速。

2. 口语

（1）口语能力的组成

英语口语能力不仅包括正确并准确的发音，而且还涉及理解和应用词汇、语法，甚至包括对社会文化背景知识的了解。

- 口语发音。正确的发音是口语能力的基础。这包括能够准确发出英语中的各种音素和音调，如元音、辅音、连读和弱读。掌握好发音需要通过模仿和大量的练习来实现，同时，了解英语的语音规律和音标知识也是非常重要的。
- 语音连贯。口语能力也涉及语音的连贯性，也就是说，学习者能够流畅地表达英语，让语音连贯、语调自然、语速适中。这需要通过大量的练习和模仿来实现，同时也需要注意语音拼接和语调变化等方面的问题。

- 语言知识。词汇量和语法知识是口语能力的另一个门槛。学习者需要掌握足够的单词和短语，也需要了解和掌握英语的语法规则，同时还需要对上述知识足够熟悉，这样才能在口语中准确且流畅地表达想法。
- 沟通能力。口语表达沟通的能力也是非常重要的一部分。这包括学习者能否用英语准确、清晰、逻辑性强地表达自己的想法和意见。这一部分的能力除了多说多练，还需要掌握沟通表达的技巧和策略，同时也需要了解不同语言文化背景下，沟通表达方式的不同。

（2）如何提高英语口语能力

提高口语能力确实不是一朝一夕的事情。和听力一样，学习者还是站在“语言学习”和“语言习得”的两方面去看如何提高英语口语能力。

- 语言学习。在语言学习方面，学习者需要掌握常用的口语表达和常见的语法结构。值得注意的是，英语与基于象形文字的汉语有很大的不同。英语作为一种基于发音以及拼写规则发展而来的语言，模仿英语母语者的发音和语调是一种非常有效的学习方式。你会发现，同一个单词在不同的语调下，其表达的含义也会出现变化。所以除了自己通过朗读例句练习之外，英语学习者还需要通过学习并模仿英语电影、电视剧中的对话，来进一步理解并使用英语语音语调的规则。
- 语言习得。其次，在语言习得方面，实际的英语使用经验是非常重要的。这不仅可以提高你的口语表达的流利度和准确度，也有助于增强你的口语交流自信心。

3. 阅读

（1）阅读能力的组成

阅读不仅是英语学习的重要组成部分，也是任何语言学习的核心环节。与听力和口语能力相比，英文阅读并不仅仅是认识英文单词和句子，它涉及更多深层次的元素。

- 文化背景。除了对基础的词汇和语言知识的掌握，阅读能力涉及对文化背景知识的理解。每种语言都深深地植根于其所在的文化中，英语也不例外。了解英语国家的文化背景和习惯用语，将有助于我们更好地把握文章中的隐含意义，理解其文化差异所带来的深层次含义。
- 阅读理解。阅读的理解能力是阅读能力的核心部分。这不仅包括对文章主旨和细节的理解，还包括能够推断出作者的意图和观点。这就像在阅读的过程中，我们需要不断地与作者进行“隔空对话”，挖掘文章深处的含义。
- 阅读策略。阅读速度与策略，虽然被提及的不多，但同样也是阅读能力的重要组成部分。不同的阅读目的和内容，需要我们运用不同的阅读策略，如预测、扫描、略读和深度阅读等，以实现更高效的阅读。这点和我们学习自己的母语，并没有太大的区别。

（2）阅读能力的提升

同样，对于阅读能力的提升，除了学习相关的语言知识，还需要大量的语言实践。

- 语言学习。从语言学习的角度，强化常用单词、短语和常见语法结构的学习是基础。但是我们需要的，不仅仅是记忆这些单词、短语以及语法，更需要理解它们在真实语境中的运用。

- 语言习得。阅读实践是提升阅读速度和理解能力的关键。我们可以从阅读英语报纸、杂志、小说等材料，从生活化、实用的语料开始，然后逐步挑战高难度的阅读材料，如英语原版书籍。原版书籍的语言纯正，丰富的词汇量和复杂的句型都可以锻炼我们的阅读能力。

在积累语言基础的同时，还需要找出文章的主旨，推断作者隐含的信息，判断作者的观点和态度，这些技巧都是阅读能力的重要组成部分。同时，英语学习者还可以利用写作能力，总结和提炼自己阅读的英语原文。在用自己的语言表达的过程中，学习者不但可以检验自己是否真的理解了作者的含义，还能将原文中的英语用法吸收复用。真正做到通过阅读来内化语言能力。

4. 写作

（1）写作能力的组成

写作能力是学习者必备的一项技能，它涵盖了表达、语法、拼写和词汇等多个方面。写作能力的提升同时也需要有足够语料积累，比如通过听力或者阅读进行输入，才能输出足够优质的写作内容。

- 语言基础。词汇和语法知识构成了写作能力的基础。学习者需要掌握足够的单词和短语，才能够充分地表达自己的观点和想法。同样，理解和掌握英语语法规则也是十分重要的，这将帮助学习者在写作过程中避免出现语法错误。结合词汇和语法知识，才能使我们的文字表达达到更高的要求。即清晰且准确地表达自我，且不会让读者产生歧义或误解。
- 写作结构。学习者需要了解如何正确地组织文章结构。不同类型的文章，如论述文、说明文、叙述文等，它们都有各自独特的结构。理解并掌握这些文章结构，将帮助学习者更好地组织自己的思路，使文章结构严谨、有条理。
- 逻辑思维。组织内容的能力和逻辑思维也是写作能力的重要组成部分。学习者需要能够清晰、准确地表达自己的观点和想法，让读者能够理解作者的用意。同时，学习者也需要掌握各种修辞技巧，如比喻、拟人、排比等，来让文章更加生动有趣。此外，学习者还需要利用逻辑思维来组织文章，使内容条理清晰。
- 文化背景。理解并掌握英语国家的文化背景和习惯用语，也是提高写作能力的关键一环。这将帮助学习者更好地表达自己的意思，并避免因文化差异造成的误解。

毫无疑问，想要提高英语写作能力，的确需要学习者付出很大努力。

（2）写作能力的提升

- 语言学习。在常用单词、短语和常见语法结构的角度下，除了从常规教材和课程中去学习这些基础知识，还可以使用英文书籍、杂志和网络资源作为学习素材，从而更广泛地了解英语语言的多样性和丰富性。特别是英文教材，可以帮助学习者了解一位母语者是如何学好英语写作这一门技艺的。同时，对于写作技巧的学习也不能忽视，例如组织结构、段落结构、语言技巧等。这些技巧将帮助学习者在写作过程中更好地组织自己的想法和观点。
- 语言习得。从语言习得的角度看，英语阅读量与写作水平的提高有着直接的关系。学习者可以通过阅读各类英语原版书籍，来了解不同类型和风格的英文作品。此外，这样做还能帮助我们积累更多的词汇和地道的表达方式，从而更好地丰富我们的写作内容和形式。

最后，只有不断地实践，学习者的写作技巧才能逐渐提高。可以选择一些话题进行练习，如个人经历、社会热点问题等。或者找一些雅思托福的写作题目来进行针对性练习。同时，可以请教经验丰富的英语老师或寻求同学、朋友的反馈，以便更好地提升写作水平。

当然，请教 AI 也是一个非常棒的解决方案！本章的后续内容，将手把手地指导读者如何用好 ChatGPT 这位非常棒的 AI 英语老师。

5.1.3 英语考试：四六级、托业、雅思/托福

在我们的学习生涯中，英语考试一直常伴左右，十分重要。本节将简要介绍一些常见的英语考试场景，同时也会探讨在不同考试类型中，如何使用人工智能技术来辅助我们更好地备考。

1. 英语四六级

（1）什么是四六级英语考试

四六级英语考试（China's english test，CET）是我国的国家级英语水平考试，分为 CET-4（第四级英语考试）和 CET-6（第六级英语考试）两个级别，旨在检测学生英语听、说、读、写的能力。四六级英语考试是中国大学英语教学改革中的一项核心内容，也是衡量学生英语水平的主要途径之一。

四六级英语考试的题型包括听力、阅读、写作和翻译，总共考试时间为两个半小时。CET-4 与 CET-6 的考试难度逐级递增：

- CET-4，即第四级英语考试，主要针对在校大学本科生，测试其英语听、说、读、写的基本能力。CET-4 是大学本科生必须参加的英语考试之一。相较于 CET-6，CET-4 的难度较低，主要测试学生的基本英语能力。
- CET-6，即第六级英语考试，主要针对具备一定英语基础的在校大学本科生，测试其英语听、说、读、写的高级能力。CET-6 的难度较高，主要测试学生更高级的英语能力。CET-6 考试也是研究生入学和一些工作单位招聘考试时的默认要求。

四六级英语考试在我国英语教育领域一直备受关注。有些人认为四六级英语考试是衡量学生英语水平的有效方式之一，可以帮助学生提高自己的英语能力，同时也是大学英语教学改革的重要成果之一。

然而，还有一些人对四六级英语考试持批判态度，认为四六级英语考试过于注重应试能力，不利于学生真正掌握英语语言能力。但不论如何，对于我国的大学生来说，四六级英语考试是他们在学习和就业道路上无法避开的重要门槛。

（2）ChatGPT 如何辅助四六级备考

基于四六级英语考试的题型、分数分布以及考试形式，AI 可以在学习者日常练习“阅读理解”和“中英互译”的过程中，扮演私人助教的角色。

例如，ChatGPT 可以协助学习者深入分析阅读理解的文章，讲解并拓展相关的英语语法知识。在进行“中英互译”练习时，ChatGPT 可以通过对比学习者的答案和其生成的答案，

提供有价值的参考，如下例所示。

> 问题：
>
> 你现在是一名英语老师。 我需要你给我讲解一下，什么是“现在分词”和“过去分词”。同时对比一下“定语从句”的用法，让我知道什么情况下更应该使用哪种语法：
>
> 回答：
>
> 当然，我很乐意为您解释现在分词和过去分词的概念，并与定语从句进行对比。
>
> 1）现在分词（present participle）：现在分词是动词的一种形式，通常以-ing 结尾。它可以用作动词的进行时态（如：He is reading a book.）或作为形容词来修饰名词（如：a running horse）。
>
> 2）过去分词（past participle）：过去分词也是动词的一种形式，通常用于构成完成时态和被动语态。在大多数情况下，过去分词以-ed 或-en 结尾（例如：played, eaten）。它可以作为形容词来修饰名词（如：a broken window）或用作动词的非谓语形式（如：She has eaten breakfast.）。
>
> 现在让我们来比较一下现在分词、过去分词和定语从句的用法。
>
> 3）现在分词用法：……
>
> 4）过去分词用法：……
>
> 5）定语从句用法：……
>
> 在选择使用现在分词、过去分词或定语从句时，需要考虑以下几点：
>
> 1）如果需要描述正在进行或具有持续性质的动作或状态，可以使用现在分词。
>
> 2）如果需要强调被动语态或动作已经完成，可以使用过去分词。
>
> 3）如果需要提供更多详细的信息来限制名词的特定属性，可以使用定语从句。

这只是无数种用法中的其中一个案例。如果读者想要进一步了解更多的实用方法，可以参考 5.2 节的实战应用部分。

2．托业考试

（1）什么是托业考试

托业考试（test of english for international communication）由美国教育测试服务中心（ETS）开发和管理，主要用于评估非英语母语人士在国际商务和工作场合的英语能力。在过去几十年全球化的趋势下，英语在国际商务和工作领域中的重要性不言而喻，托业考试成为越来越多人提高英语能力和职业发展的必经之路。

托业考试包括听力与阅读、口语与写作两大模块，测试的内容主要涉及商务和工作场合中常见的英语语言应用。相比于其他英语考试，托业考试更加注重商务和工作场合中的英语交流能力。

托业考试是全球超过 160 个国家的 14000 多家机构评估员工英语能力的首选标准。它广泛应用于中小企业、跨国公司、高等院校和政府机构等众多领域。因此，通过托业考试可以为考生在国际商务和工作领域中的发展提供有力的支撑。

托业考试在各种实际环境中的具体应用如下。

- 企业机构中的应用：招聘、提升或调配员工，制定分数标准或基准；技术培训，评估员工参加英语授课的培训的能力；海外任职，评估员工在英语国家的工作交流能力；语言培训，确定员工的英语培训需求及学习目标。

- 高等教育机构的应用：不少高校开始要求毕业生参加托业考试，以帮助其融入国际商务环境和职场，适应从院校到工作环境的过渡，确保毕业生具备足够的英语能力成为合格的职业者。
- 英语培训项目和语言学校：这些项目和学校将托业考试作为定级工具和有效测评手段。用作学生定级，将学生分配进适当的班级或培训等级；学习进展证明，通过多次托业考试成绩来跟踪学生的语言精通程度；培训效果评估，通过比较培训前后的考试成绩来体现培训项目的效果。

（2）ChatGPT 可以如何帮助我们备考托业

相较市面上的教辅材料，ChatGPT 可以在托业的开放性考试（既允许学生自由发挥，没有标准答案的考试）中更好地帮助学生。比如，在“口语与写作”的模块中，ChatGPT 可以作为范例答案的提供者，也可以作为评估老师的角色，来帮助考生备考。

以下是模拟口语考试的例子。

问题：

我需要你模拟一名考生参加托业口语考试，请使用英语依序回答下面三个口语问题：

1）How often do you watch television?

2）What kind of program do you usually watch?

3）Describe your favorite television program.

回答：

Sure, I can help you simulate a candidate participating in the TOEIC Speaking test. Here are the responses to the three questions:

1）How often do you watch television?

Well, I would say that I watch television quite frequently. On average, I watch television for about two to three hours every day. It has become a part of my daily routine, especially during the evenings when I want to relax and unwind.

2）What kind of program do you usually watch?

……

3）Describe your favorite television program.

……

上述案例只是简单地演示了一下如何利用 ChatGPT 来帮助我们快速获得地道的参考答案。但如果学习者想要提高自己的口语水平，只有这样肯定是不够的。更多的关于如何进行模拟对话的练习，可以参考 5.2.1 节中的“应用案例”，以及 5.2.8 节中的“与 ChatGPT 语音对话”。

3．雅思/托福考试

（1）什么是雅思考试

英国文化协会、剑桥大学考试委员会和 IDP 教育集团联合开发的国际英语语言测试系统，简称雅思（IELTS），已经成为全球范围内最受欢迎的英语语言考试之一。雅思考试的核心目标是以公正、准确的方式，全面评估考生的英语语言能力。

（2）雅思考试架构

雅思考试全程约为 2h45min，分为四个主要部分：听力、口语、阅读、写作，对应于人们在工作生活中英语的听、说、读、写能力。

- 听力部分：雅思听力考试中，考生需要听取各种英语口音和语速的对话或演讲，并回答相关问题，考察理解英语口语和获取信息的能力。
- 阅读部分：雅思阅读需要考生读取并理解长篇文章，并回答相关问题，考察理解书面英语和获取信息的能力。
- 写作部分：雅思写作要求考生就特定主题撰写论述文或图表描述，考察表达观点和编写正式文本的能力。
- 口语部分：雅思口语则由一对一的面试形式进行，考察考生在日常对话中的英语运用能力。

雅思考试成绩以 0～9 分的形式呈现，其中整数分数表示语言水平的等级，小数表示具体的得分情况，使得考生、学校和雇主都能直观地理解考生的英语能力水平。一般而言，欧美大学对于申请其本科和研究生的英语要求在 6～6.5 分左右。这意味着当应试者达到这个分数线之后，就可以正常在英语国家展开你的学习生活了。

（3）针对人群

雅思考试针对的人群非常广泛。如果是希望在英语国家留学的学生，需要在申请时证明自己的英语水平，雅思是绝大多数英语国家学校认可的语言能力证明。对于希望在英语国家工作或移民的人士，雅思可以作为他们的英语能力证明，满足移民部门和雇主的要求。以及，一些希望证明自己英语能力的人士，例如教师、翻译等，也常常选择雅思作为语言能力证明。

4．托福考试

（1）什么是托福考试

托福（TOEFL）全称为“Test of English as a Foreign Language”，是由美国的教育测试服务公司（ETS）开发和管理的国际性英语考试。它广泛地被全世界的大学和学院接受，是申请英语授课国家大学的必备考试之一。此外，托福考试对于想要申请美国的大学或者获得美国签证的人士来说，是必备的考试。

（2）托福考试架构

托福考试旨在测试考生在英语听、说、读、写方面的能力，这与雅思考试相同，都是对英语语言的四项基本技能进行全方位的测试。然而，托福考试的具体形式与雅思存在一定的差异。托福考试分为听力、阅读、口语和写作四个部分，考试时间为 4h，比雅思的 2h45min 要长一些。这是因为托福考试在部分内容上的测试深度和广度可能更大。

- 听力部分：托福的听力部分主要考察考生的英语听力理解能力。这部分包括听对话和听讲座，然后回答相关问题。它可以测试考生在学术环境中对英语口语信息的理解和处理能力。
- 阅读部分：托福的阅读部分主要考察考生的英语阅读理解能力。这部分由 2 篇长篇阅读文章以及与之相关的问题组成，文章内容一般涉及学术主题。考生需要理解主旨、支持细节，分析作者的观点和态度，以及对复杂学术概念的理解等。
- 口语部分：托福的口语部分考察考生的英语口头表达能力。这部分包含 4 个任务，包括读-听-说任务和独立说话任务。考生需要阅读和听取一些信息，然后在短时间内做出口头回应，或者就某一主题表达自己的观点。

- 写作部分：托福的写作部分考察考生的英语写作能力。这部分有两个任务，包括综合写作和学术讨论写作。在综合写作任务中，考生需要阅读一篇短文，听取一段讲座，然后撰写一篇概述这两者内容的文章。在学术讨论写作任务中，考生需要就某一主题撰写一篇论述文。

托福考试的分数以 0～120 分的形式呈现，这与雅思考试的 0～9 分制度不同。托福的评分更细化，每个部分的满分是 30 分，四个部分加起来总分为 120 分。虽然两种考试的评分方式不同，但其目标都是公正、准确地评估考生的英语能力。

（3）针对人群

托福考试针对的人群与雅思考试相似。主要区别如下。

- 要求托福考试成绩的院校主要集中在美国。
- 雅思有“学术版”和“通用版”两种类型，以适应不同目的的考试需要；而托福则主要针对学术目的的考试。

总的来说，托福和雅思虽然都是全球公认的英语能力考试，但在考试形式、评分方式和考试目标上存在一定的差异。

相比于英语四六级考试，以及托业考试，雅思和托福的难度往往更大，练习起来所需要花费的时间和精力都不可小觑。本章 5.2 节会单独介绍雅思和托福相关的 AI 备考方法。

5.1.4 不同人群的学习目标：学生、家长、白领

这一章节中，我们会从人群的角度去看，作为不同类型的英语学习者，我们所面对的痛点是什么？以及如何通过 AI 来帮助我们解决问题。

1. 学生

（1）学生的特点和痛点

学生作为英语学习的主要人群，往往会问：“为什么要学英语？”，作为一门从小学到大学的必修科目，学习英语的要求自中国改革开放以来就没有变过。其最主要的原因有以下两点。

- 英语是学术语言。英语是国际学术界和科技界的主要语言。只有熟练掌握英语，才可以更好地接触和理解国际前沿的学术和科技成果。如果你的志向是希望在学术界扎根，那么英语就是必备的敲门砖。
- 英语是全球通用语言。同时，学习英语可以方便与世界各地的人进行沟通。这里的沟通不光光是闲聊，作为全球经济的一分子，我们必须和其他国家的组织进行经贸上的往来。而英语就是进行交流的必备工具。

所以，对于学生而言，不论是为了自己未来的学术生涯，还是取得就业优势。英语是必须掌握的。

对于一种外语的掌握，从来都离不开耐心和持续的努力，也不会一帆风顺。不同年龄阶段的英语学习者，也会有不同的痛点。

- 小学生阶段：小学生刚开始接触英语，一开始往往会感到陌生和不适应，需要花费更多的时间和精力来适应。此外，小学生的注意力和记忆力还未完全发展，需要通过趣味性和互动性强的教学方法配合教材来吸引他们的注意力和兴趣。

- 初中生阶段：初中生学习英语的难点在于语法和词汇的掌握。他们需要花费大量的时间和精力来拓展词汇量掌握语法规则。此外，初中生还需要在有限的学习时间内平衡英语学习与其他科目的学业压力。
- 高中生阶段：高中生英语学习的难点在于提升阅读与写作能力。高中生需要阅读大量英文文章或书籍来提高自己的阅读能力和理解能力，同时也需要通过大量练习来锻炼自己的英语写作水平。此外，高中生往往也面临升学和考试的压力，需要在学习英语的同时做好升学考试的准备。
- 大学生阶段：大学阶段相比于高中阶段，学习英语的方式则逐渐转变为自学为主。大学生们所面临的英语考试的难度和多样性都有所提升。不论是大学四六级考试，还是雅思考试、托福考试，其难度都比高中阶段各类英语考试的难度要高不少。更不用说一些以英语为考试语言的国际专业资格证书了。在这个阶段，大学生的语言学习难点在于如何通过自学的方式来应对这些挑战。

（2）ChatGPT 可以如何帮助学生人群

面对不同年龄段学生的痛点，ChatGPT 都可以在不同方面提供辅助。

- 提供丰富且有趣的学习语料。比如说，对于小学生而言，生成式人工智能可以为家长提供丰富有趣的语言材料，吸引孩子的学习兴趣。ChatGPT 可以通过参考孩子们喜欢的流行动漫或科幻电影来生成，制作出独特而富有吸引力的学习资源。相比传统教育出版物，ChatGPT 不仅能提供个性化的学习材料，甚至还能与孩子共创英语故事。在 ChatGPT 出现之前，这样的学习方式是我们没有想象过的。这让学习英语不再是一件枯燥无味的事了。除了有趣的语言材料之外，ChatGPT 还可以把一些枯燥的语法知识，通过生动的比喻讲解给孩子听。如果孩子听不懂，完全可以让 ChatGPT 换一种方式解释，直到孩子满意为止。
- 辅助词汇记忆和帮助理解语法概念。一旦孩子们进入初中、高中阶段，他们会面临更大的学业压力，同时需要记忆的单词数量也会大大增加。这时，ChatGPT 可以派上用场，帮助学生将需要学习的单词编织成易于记忆的故事，这样，学生就能在上下文语境的故事中理解并记忆单词的词义和用法。
- 辅助自学英语材料。进入大学阶段后，如果学生需要自学英语材料，也可以利用 ChatGPT 作为专业的英语学习助手。比如遇到理解困难的时候，可以请 ChatGPT 对英文文本进行解释。如果有需要，学生也可以进一步询问 ChatGPT 相关的背景知识。甚至可以要求 ChatGPT 帮助学生一起制定并优化自学计划。

（3）实践案例

ChatGPT 可以作为一位耐心的老师，能够通过不同方式反复解释学生不熟悉的语法概念，并为学生提供适合他们水平的范例。它甚至能够使用富有创意的比喻，来帮助孩子们记忆。

下面就是一个实践案例：提供个性化学习材料。

问题：

你现在是一名风趣幽默的英语老师，我现在需要你向一名 12 岁的孩子解释“现在完成时”和“过去式”的区别，并且使用有趣且易懂的比喻来帮助孩子理解：

回答：

好的，让我们以一种有趣且易懂的方式来谈论这个话题。你知道时间旅行吗？如果我们假设英语语法是一种时间旅行的方式，那么“现在完成时”和“过去式”就是我们的两种时间旅行机器。

首先，让我们打开“过去式”这台时间旅行机。当我们使用过去式时，就像我们正在穿越时间，回到过去的某个具体时间点。我们可以看到过去发生的事情，就像看电影一样。比如，我可以说，“昨天我吃了一个苹果。” 我们正在谈论的是一个具体的过去时间点，那就是昨天。这个句子里的动作——吃苹果——已经完成，而且我们知道它发生在什么时候，就是昨天。

现在，让我们试试另一台时间旅行机，“现在完成时”。当我们使用现在完成时，我们并没有直接回到过去，而是站在现在的时间点上，向过去看去，就像用望远镜看过去一样。我们更关心的是过去的事件对现在的影响，或者过去的事件和现在有什么联系。例如，我可以说，“我吃过苹果。” 我并没有告诉你我什么时候吃的苹果，只是告诉你我有吃苹果的经历，这个经历对我现在的状态产生了影响，也就是我现在知道苹果的味道。

所以，简单来说，如果你在描述过去发生的具体事件和具体时间，就像穿梭到过去一样，你就使用“过去式”。而如果你更关心过去的事件对现在的影响，就像站在现在向过去看一样，你就使用“现在完成时”。

希望这个有趣的时间旅行比喻能帮助你理解“现在完成时”和“过去式”的区别哦！

以下是另外一个案例：辅助词汇记忆。

问题：

请用下面的单词，编写一个不超过 100 词的英语故事，并且符合以下要求：

1. 将使用的单词重点划出。
2. 单词形式符合语法要求。
3. 在编写的故事后面，附上所有单词的词性，中文解释，以及在故事中的用法。

这是你需要使用的单词：

```
initiative, increase, determine, community, endanger,
diverse, reluctant, consult, retrain, therapist,
complaint, illness, insight, hazard, accompany
```

回答：

Sure, here’s a short story using the provided words:

John, a *therapist* in the *community*, took the *initiative* to *retrain* individuals who were *reluctant* to seek help. His goal was to *increase* awareness about mental *illness*. However, he had to *consult* with experts, as he knew this would *endanger* his schedule. Despite the *hazard*, he was determined to provide *diverse* methods of help. He would *accompany* his patients on their journey, helping them gain *insight* into their problems, and carefully address each *complaint*.

- **initiative** (noun) - 主动性，倡议: used here to mean the first step or action taken to achieve a goal.
- **increase** (verb) - 增加: used here to mean the process of making something larger in amount, number, or degree.
- **determine** (verb) - 决定: used here to mean the process of making a decision.
- **community** (noun) - 社区: used here to refer to a group of people living in the same place

or having a particular characteristic in common.

……

更多的实践应用读者可以参考 5.2 节中的内容。

2．家长

（1）家长的特点和痛点

对于中国的家长来说，如果不是出于职业发展的需要，那么学习英语的主要目的就是为了辅导自家孩子的课业。他们往往需要提高自己的英语水平，才能够更好地辅导孩子完成难度日益增加的英语作业。

然而，相对孩子而言，家长作为成年人，学习一门陌生的语言往往会有更多的阻碍。比如，他们可用于学习语言的时间明显减少了，同时日常工作的繁忙和压力，也会让成年人感到疲劳和缺乏学习的动力。如果没有合适的指导，成年人可能会采用不适合自己的学习方法，或者找不到适合自己的学习资源和平台，最终导致学习效率低下。这些都是家长学习英语的痛点或阻碍。

如果家长学习英语的主要目的是为了教导他们的孩子，他们不仅会面临语言学习的阻碍，由于成年人和孩子的学习方法及认知水平不同，他们还需要投入更多时间和精力去了解如何教育孩子、如何使孩子更好地理解和掌握英语知识。教育力的培养，也同样需要时间、理论和经验。最后，绝大多数的家长们往往只能依靠外部教学资源的辅助来帮助孩子提高英语成绩。

（2）ChatGPT 如何帮助家长

ChatGPT 可以成为家长们的好帮手。ChatGPT 不单单可以帮助家长快速了解一个英语知识点，还可以帮助家长计划如何更好地教授孩子掌握英语知识，甚至还可以帮助家长批改孩子的英语作业，并提出针对性的学习计划。

（3）实践案例

案例 1：快速了解知识点。

问题：

“of”这个介词的知识点有哪些？

回答：

“of”的知识点主要包括以下几个方面：

1）表示从属关系：用于表示某物或某人属于或从属于另一个实体。例如：

- the President of the United States（美国总统）
- the pages of a book（书的页码）
- the branches of a tree（树的枝条）

2）表示物质、成分或部分：用于表示一个物体由哪些部分或成分构成。例如：

- a cup of coffee（一杯咖啡）
- a slice of bread（一片面包）
- a piece of furniture（一件家具）

3）表示原因或动机：用于表示做某事的原因或出于某种目的。例如：

- to die of hunger（饿死）

- to be proud of one's achievements（为自己的成就而自豪）
- to be afraid of heights（恐高）

4）……

这些只是关于“of”介词的一些基本知识点，它在英语中的运用非常广泛，可以通过多做练习和阅读文章来提高使用这个词的熟练程度。

案例 2：辅助制定教学计划。

问题：

现在你是一名英语教育专家。 我需要教我的孩子“从句”的语法知识。请你帮我制定一个教学计划，可以让我利用引导式教学方法，帮助我的孩子更好地掌握这个语法知识。

回答：

当教授“从句”这样的语法知识时，引导式教学方法是非常有效的。这种方法鼓励学生积极参与学习过程，自主探索规则，并提供实际的语言运用场景。以下是一个教学计划，可以帮助您教授孩子从句的语法知识。

阶段一：引入概念和目标

1）介绍“从句”的定义：从句是一个包含主语和谓语的完整句子，它在复合句中充当一个整体的部分。

2）明确学习目标：让孩子了解从句的种类，如名词性从句、形容词性从句和副词性从句，并学会在实际交流中正确使用从句。

阶段二：示范和讨论

1）提供示例：给孩子一些简单的句子，如“What time is it?”，然后引导他们思考如何将其转换为包含名词性从句的复合句，如“I don't know what time it is.”。

2）讨论分析：与孩子一起分析这些例句的结构，强调主句和从句之间的关系。

阶段三：探索不同类型的从句

……

阶段四：语境运用

……

阶段五：复习和巩固

……

通过这样的教学计划，孩子可以逐步理解和掌握“从句”的概念和用法，并在实际语境中灵活运用，从而提高英语语法的水平。请记得在教学过程中给予孩子充分的鼓励和正面反馈，激发他们的学习兴趣和自信心。

现在，家长只要具备基础的英语知识，就可以在 ChatGPT 的帮助下，有效地辅导自己孩子的课业了！

3．白领

（1）白领们的特点和痛点

英语对于我国白领人群的重要性不言而喻。

- 国际工作语言：首先，在国际化的工作环境下，公司往往会要求员工使用英语沟通，比如许多合作项目和商务活动都需要英语作为沟通桥梁。熟练掌握英语可以让人在与国际团队协作时更加得心应手。
- 保持竞争力：英语作为全球商业、科技和文化交流的主要语言，学习英语不仅能提高沟通能力、扩展国际社交圈，还能拓宽个人视野，保持全球竞争力。通过掌握英语，可以更便捷地获取英文信息资源，更好地分享和交流创意和观点，从而在个人工作和业务发展中占领先机。

和学生不同，白领人群学习英语有着明确的目标与动力。

- 提升职业能力。他们学习英语可以提升职业能力。比如提高商务谈判、项目演示，邮件沟通等方面的应用技能，满足职场需求并提升自己的竞争力。
- 白领人群学习英语时注重内容与实际工作的结合，强调实际应用和效果。但是由于工作内容会有极大的多样性，所以传统的英语教科书往往无法真正满足白领人士的实际需求。
- 需要灵活性。白领人群对于学习方式有着较强的灵活性需求。由于每天忙碌的工作，以至于白领们往往无法拥有整块的时间拿来学习英语。因此，他们需要根据自己的兴趣和工作需求灵活地安排学习时间。

“录播课”或“英语私教”往往是白领人群的选择，主要由于这些课程可以提供足够的灵活度，但这些选择也有各自的局限。比如“录播课”往往很难让学习者及时获得反馈，难以提高学习效率。虽然“英语私教”可以同时解决灵活性和及时反馈的问题，但价格往往较高，并不是所有的人都有能力长期负担。

（2）ChatGPT 可以如何帮助白领人群

ChatGPT 的出现为白领人群学习英语提供了新的可能。

对于原本通过“录播课”学习英语，又希望获得个性化反馈以提高学习效率的人，或者希望降低“英语私教”带来的高成本的人，ChatGPT 都可以作为一个合格的私人英语助教。对于英语学习 80%的需求，ChatGPT 都可以很好地满足，相比于动辄 300～500 元/h 的私教，成本几乎为零。

通过使用 ChatGPT，读者完全可以从传统的学习方式中跳脱出来：为什么不能兼顾工作与英语学习呢？这完全是有可能的。例如，当白领们整理学习相关领域的专业知识时，ChatGPT 能够提供必要的支持。与此同时，还可以协助他们归纳出相应的英文词汇和专业术语。这不仅有助于丰富他们的专业知识，同时也拓宽了他们的专业英语词汇量，以应用在日后的邮件交流或 PPT 演讲中。

（3）实践案例

1）学习专业知识+学习专业词汇。

如果读者想要了解自媒体行业，并且学习相关的专业词汇。下面就是一个很好的使用案例。

问题：

我想要了解「自媒体行业」。 请你根据行业报告、新闻调查，以及研究论文，总结 50 个关键词。

然后将这 50 个关键词根据关联性的强弱进行分类，一共 5～8 类，同时每一个关键词都要有对应的英文表达。

回答：

根据您的要求，我将为您总结自媒体行业的 50 个关键词，并将它们按照关联性的强弱进行分类。以下是这些关键词及其对应的英文表达。

- 分类 1：平台和技术
- 自媒体（self-media)
- 平台（platform)
- 微信公众号（WeChat official account)
- 微博（Weibo)
- 抖音（Douyin)
- 小红书（Xiaohongshu)
- B 站（Bilibili)
- 视频直播（Live streaming)
- 短视频（short video)
- 社交媒体（social media)
- 内容分发（content distribution)
- 用户生成内容（user-generated content)
- 直播电商（live commerce)
- 数据分析（data analytics)
- 智能推荐（smart recommendation)

分类 2：内容类型

……

分类 3：内容生产和营销

……

分类 4：法规和监管

……

分类 5：趋势和未来发展

……

2）润色演讲稿件+提升英文口语表达。

白领学习者们也可以将自己准备的英文演讲稿或大纲交给 ChatGPT 进行评审。

这个过程中，ChatGPT 会提供对语言运用和内容结构的建议，帮助用户改善和提升他们的表达内容以及英语词汇的使用方式。比如，AI 可以对语言表达提出改进建议，减少学习者在演讲过程中出现“中式英语”的概率，降低听众产生误解的可能。通过这种方式，用户不仅可以提升他们的工作质量，确保演讲稿件的专业性和完整性，同时也可以提高他们的英语口语水平。这种提升英语应用技巧的方法在实际工作中无疑是实用且效果显著的。

以下是一些可行的提示词，供各位读者参考。

提示词 1：对于文字本身的建议。

问题：

你现在是一名专业的英语编辑。

我会给你一篇我的演讲稿，我需要你在以下方面给我提出改进建议：

英语语法

- 用词的准确性
- 表达的清晰度
- 语言的简洁性和易懂性
- 使用正确的行业术语
- 避免使用中式英语

> 下面是我的演讲稿 =[你的英文演讲稿]
> 你的建议是：

提示词 2：对于演讲内容的建议。

> 问题：
>
> 你现在是一名专业的公共演讲教练。
> 我会给你一篇我的演讲稿，我需要你在以下方面给我提出改进建议：
> - 内容的专业性和连贯性
> - 吸引听众的注意力
> - 避免引起误解
> - 内容的逻辑结构
> - 例子和论述
> - 突出关键内容
>
> 下面是我的演讲稿 =[你的英文演讲稿]
> 你的建议是：

5.1.5　ChatGPT：优秀的英语辅导老师

ChatGPT 完全有能力胜任英语辅导老师的角色。本章节将从信、达、雅三个方面来阐述，为什么 ChatGPT 可以成为一名全面且耐心的英语辅导老师。

1. 信：永不出错的语法机器

“信”在这里代表着“准确性”。ChatGPT 因其在英语语言准确性上的出色表现被众多英语学习者视为一名优秀的英语辅导老师。

ChatGPT 之所以能在英语语法和用词准确性上表现如此出色，主要归功于以下多种因素：包括大语言模型在大量文本数据上所进行的训练、OpenAI 使用的深度学习架构、以及依据大量人类反馈所进行的强化学习。

正因为有了大规模的文本数据训练，采用了全局视野的深度学习模型架构，以及利用了基于人类反馈的强化学习进行不断优化，ChatGPT 才能在英语语法和词汇使用上展现出卓越的能力。虽然 ChatGPT 在语言的创意和情感表达上有其局限性，但是在“如何正确使用英语语法”这一任务上的表现可以说超越了不少人类英语老师。

2. 达：特定话题的深入讨论

一名好的英语老师，不仅可以在语言技巧上为学习者提供建议。还可以通过对于特定话题的深入讨论（不论是写作还是口语的形式）带领学生练习英语语言能力，并拓展英语文化背景知识。

尽管 ChatGPT 无法创造全新的观点和思想，但它掌握了大量人类知识。与 ChatGPT 交流就是在与一个掌握了巨量互联网文本信息的超级个体聊天。不论什么话题，它都可以和你进行足够深入且细致的讨论。对于需要提高词汇量，拓展知识面，并且练习英语实践能力的学习者而言，ChatGPT 无疑是一名不可或缺的英语学习伙伴。

3. 雅：紧跟潮流的地道表达

一个“好老师”应当具备持续学习和与时俱进的能力。对于英语老师来说，这一点尤为重要，因为英语是一个不断演变的语言，每年都会有新的词汇和短语出现。只有紧跟潮流，英语老师才能为学生提供最贴近现实的建议和帮助。

作为当下最先进的人工智能模型，ChatGPT 也具备这种持续学习的特质。如果用户使用了一个 2023 年新出现的词汇，ChatGPT 可以通过聊天的上下文和已有的语言知识推断其含义。随着与用户的进一步互动，ChatGPT 也可以获得反馈和更多的上下文内容，从而验证并优化其理解，逐渐学习和掌握最新的英语表达。

同时，用户在使用 ChatGPT 的过程中，往往也会直接复制一些最新的文本资料上去，例如文章或书籍的片段，来让 ChatGPT 学习新的内容，以帮助他们处理生活中的任务。在这个过程中，ChatGPT 也可以学习到特定领域的新知识或者新的表达方式。

因此，不论是你想要了解最新的英文表达，或者讨论相关的话题，ChatGPT 都可以作为一名合格的英语辅导老师来为你答疑解惑。

5.2　让 ChatGPT 成为你的英语学习助手

在 5.1 中，介绍了英语学习者需要学什么。也介绍了 ChatGPT 这类大语言模型可以在哪些方面为学习者提供帮助。本节将进入实战阶段，从不同的应用维度详细展示 ChatGPT 如何在实际场景中帮助学习者学习英语。

5.2.1　从模拟对话开始

1．应用要点

如果想要将英语从书本上的知识转化为实际使用的语言工具，“模拟对话”就成了一个必不可少的环节。然而，传统“英语角”的练习模式，往往是一些英语学习者无法避过的痛点。

- 目标模糊：如果缺乏明确的目标和练习方向，我们在模拟对话中往往会止步于最粗浅的日常闲聊，难以提升语言水平和词汇量。对于有清晰学习目标的学习者，则需要与练习对象约定特定的对话主题，如经济或电影话题，来挖掘对话练习的深度。但这同样对对话对象的英语水平提出了挑战。
- 难度不一：在“英语角”中，我们无法控制同伴的英语水平，最终往往无法达到有效的练习。对话过简则学不到新的词汇和语法，过难则可能导致模拟练习无法继续。但要找到一位英语水平相当的练习伙伴，往往需要一些运气。
- 反馈缺失：现代认知科学认为，“高质量且即时的反馈”是高效学习的关键。然而，在“英语角”中，我们往往难以获得准确且专业的语言评价和改进建议，更别提能帮助学习者制定具体的后续学习计划了。

在后续的应用案例中，将会演示如何通过与 ChatGPT 进行模拟练习，逐步解决以上学习难题。

2．应用案例

（1）设定对话话题和对话方式

在开始设计 ChatGPT 的提示词之前，先简单说明提示词的设计结构。结构明晰的提示词是提升提示词效果的关键，同时也方便各位读者在自己的实践中进行操作。

这里使用的提示词可以分为以下几个模块。

- 角色：用来设置 ChatGPT 所扮演的角色，不同的角色会对 ChatGPT 的表现产生影响。
- 任务：这个部分是用来设置 ChatGPT 所需要执行的任务。在具体任务中，用户可以设定详细的步骤，以满足具体的实践需求。
- 变量：这里引入编程的概念，把讨论的话题和英语难度级别都视为提示词的变量。一旦提示词模版固定，在重复使用过程中只需改变这些变量即可。

以下是一套提示词的案例。

> 问题：
>
> 角色：
> 我需要你扮演一位英语母语使用者。
> 任务：
> 我们会基于变量中所提供的口语话题，进行英语对话。
> 在我们的对话中，你来扮演一个提问者的角色，我会基于你的提问进行回答，请你根据我回答的内容，进一步围绕着同一个口语话题进行提问。
> 请把我们英语对话的难度控制在变量中的难度级别。
> 在你提出第一个问题之后，请等待我的回答。
> 变量：
> 1）口语话题 = [Describe a noisy place you have been to]
> 2）难度级别 = [CEFR B1]
> Let's begin：

在日常生活中，熟人之间的对话往往是"话题驱动型"。也就是说人们往往会根据自己的兴趣爱好或日常生活，主动引入和展开某个话题。而人们在"英语角"往往会陷入目标模糊的原因，就是相互之间并不知道彼此的兴趣爱好，使得交流停留在表面。

所以设计对话方式时，可以尝试"问题驱动型"的模拟对话。这样的设计有以下好处。

- 确保对话练习的有效性：如果对话内容都由 AI 来进行输出，那么就没办法保证对话练习足够有效，因为我们的最终目的是希望用户可以进行更多的语言练习。
- 确保对话练习的流畅度：ChatGPT 可以根据用户的回答，循序渐进地提出问题，逐渐引导练习者。提高模拟对话的流畅度，最终提高互动对话练习的体验。

在设置好练习模式之后，我们只需要设定练习话题和语言难度即可。

这里简单介绍一下欧洲语言共同参考框架（common European framework of reference for languages，CEFR）。这套标准在国际上有着非常广泛的使用范围，也被用作各类国际英语考试的参考标准，比如雅思考试，以及初中托福（TOEFL Junior）考试。正是因为其广泛性以及权威性，这套标准也被 ChatGPT 所认知。在实际操作中，只有使用 ChatGPT 认知的规则，才能让其生成的内容更好地满足我们的要求。

CEFR 的 B1 级别的英语水平相当于中国的大学英语四级的水平。

关于 CEFR 这套标准的详细信息，可以参考 5.3.1 节"如何指定难度级别"。

（2）模拟对话

以下是与 ChatGPT 进行的模拟对话练习的例子。可以看到，ChatGPT 是如何利用我们提供的上下文，逐步引导用户进行流畅对话的。正是 ChatGPT 根据上下文提出问题的能力，确保了用户在练习过程中能持续进行对话，而不用停下来思考下一句应该聊什么话题。

回答：

Let’s start with the topic you suggested, “Describe a noisy place you have been to.” Can you tell me about a place you’ve been to that was particularly noisy?

问题：

It is Shanghai Railway station. I went there last weekend. There were so many people crowd in the station. The environment is particular noisy and chaotic.

回答：

I see. Can you tell me more about what kind of noise you heard at the Shanghai Railway Station? Was it mostly people talking, or were there other types of noise as well?

问题：

Yes, it was mostly people talking and even shouting at each other. There were other noise as well, like station board casting etc.

回答：

I understand. How did you feel about the noise level in the station? Did it bother you or were you able to tune it out?

用户：

It was a bit bothersome, but I was able to tune it out. How do you think the station could reduce the noise level?

...

（3）获取及时反馈

正如本节开篇所述，为了提高模拟练习的质量，英语学习者们需要“高质量且即时的反馈”。在这种情况下，可以利用 ChatGPT 作为“第三方监理”来回顾并评估之前的模拟对话，并给出针对性的英语提升建议，以提升用户练习英语的效率。

下面就是一个非常好的反馈案例。

问题（继续前面的对话）：

请对我们前面的模拟英语对话进行评估，并告诉我哪些方面可以改进和提高：

回答：

你的口语表达能力很不错，而且你能够清晰地表达你在上海火车站所经历的嘈杂环境的感受和印象。另外，你也能够理解我的提问并做出恰当的回答。

如果你想要进一步提高你的口语表达能力，你可以尝试以下几点：

1）在回答时尽可能地多运用形容词和副词，以便更生动地表达你的感受和印象。

2）尝试在回答中使用一些复杂的语法结构，比如复合句或者从句，以展示你的语言水平和能力。

3）在回答中尽量使用更多的口语表达方式，比如俚语或者习惯用语，这样可以让你的口语更加地道和自然。

希望这些建议能够帮助你进一步提高你的口语表达能力！

当然，我们也可以要求 ChatGPT 展示相关的英文范例，以便更好地理解它的建议，并进行模仿。

问题：

根据你的每个反馈点，请为我提供一个英语模拟对话示例。

回答：

Sure, here's an example dialogue based on the feedback I provided earlier:

Topic: Describe a memorable vacation you've taken.

- Question: Can you tell me about a vacation you've taken that was particularly memorable?

Response: Absolutely! I went on a trip to Bali a few years ago, and it was an incredible experience. The beaches were stunning, the weather was perfect, and the food was delicious. I remember feeling so relaxed and carefree during that trip.

- Question: That sounds amazing! Can you describe the beaches in more detail?

Response: ……

- Question: How did you spend your time in Bali?

Response: ……

- Question: That sounds like a really interesting way to spend your time. How long were you in Bali for?

Response: ……

3．小结

在上述案例中，可以看到 ChatGPT 可扮演两个角色：与用户进行自然的模拟对话；作为第三方评估用户在对话中的表现并给出专业的建议和案例。这样的练习方式，既可以让英语学习者在实践中“习得”语言能力，又可以通过积极且及时的反馈，提高用户的学习效率。可以说是一箭双雕了。

当然，如果用户想要练习其他场景，比如酒店入住，也可以通过设计类似的提示词来实现。同时，还可以进一步细化任务流程，让模拟对话的过程更加细致，比如，用户可以要求 ChatGPT 在对话开始之前，根据自己的水平为你提前准备一些可能会用到的单词。

在设置好提示词之后，用户也可以通过语音完成模拟对话。至于如何实现，可以参考后续 5.2.8 节的“与 ChatGPT 语音对话”。

5.2.2 学习词汇与语法

1．应用要点

在传统的学习框架下，我们往往都是通过线性的方式来学习词汇和语法。比如从一本单词书的第一个单词开始背单词，或是从一本语法书的第一页开始学语法。但是这样的学习方式存在一个问题：这些单词和语法，往往和我们在实际应用中遇到的场景并不匹配。

哪怕拥有绝强的毅力，把这些枯燥的知识啃完，学习者还需要面对一个残酷的现实：在没有应用场景下学习的知识，往往很快就会在大脑中烟消云散。根据第二语言习得的理论，往往需要让英语学习者沉浸在实践中去“习得”语言知识，才能提高学习效率。

那么如何更好地实践“语言习得”这一理论呢？这里，我将其归纳为两个关键词：“反馈”和“交互”。

- 反馈：学习者需要快速获得反馈，比如这个单词用得对不对，或者那个时态用得是否恰当。“反馈”决定了学习质量。
- 交互：良好的交互设计，也是高效学习的关键。简而言之，一个人埋头苦读的效率是极低的，学习者需要一套好的交互和激励方式来延长学习时间。交互决定了学习数量。

在大语言模型成熟之前，市场上有大量英语学习的应用想要在个性化交互和高质量反馈上做出突破，比如多邻国。但在面对更加复杂的问题时，往往整体效果有限。

然而当 ChatGPT 出现之后，高质量的反馈和个性化的交互似乎不再和高成本画上等号。英语学习者可以通过 ChatGPT 快速获得及时且准确的反馈，同时也可以在自然交互的过程中学习英语知识。既打破了教科书的枯燥，也不受传统英语学习应用的课程配置所限制。

2．应用案例

（1）设定好练习者和 ChatGPT 的角色

如同我们在第 5.2.1 节中所分享的提示词设计规则，在开始之前需要先设定 ChatGPT 所扮演的角色，来提高其给出的反馈质量。在这里需要的设定角色就是英语老师。

下面是设定 ChatGPT 角色的提示词范例。

> 问题：
>
> 我正在学英语，我的母语是中文。
> 我需要你扮演一位英语老师，来提高我的英语能力。

当然，如果有需要，用户可以对 ChatGPT 扮演的角色做出更加细致的设定。比如，可以设定其成为一名“幽默风趣”的老师，这个时候，ChatGPT 往往会给出一些有趣的例子，更加适合年龄小一些的学习者。

（2）给予清晰的“任务描述”以及“交互方式”

明确角色后，需要设定练习的任务。可以要求 ChatGPT 对我们的英语练习给予批改意见，并对所使用的词汇以及语法进行严格的检查。

下面是设定“任务描述”以及“交互方式”的案例。

> 问题：
>
> 请严格地检查并纠正我的语法以及用词错误。
> 第一步，我会先将我写的英语段落给你。如果你发现任何错误，请回复给我正确的版本。
> 第二步，我需要你列出我的所有错误，并简要解释每个错误之处。

在设定好任务之后，可以详细设计交互的方式。比如在这个案例中为了阅读起来更加方便，可以要求 ChatGPT 先给用户批改后的正确版本，然后再把所犯的所有语法词汇错误，以清单的形式解释给用户。

（3）把我们的“作业”交给 ChatGPT

接下来可以把自己的实践练习交给 ChatGPT 批改了。同时可以利用一些符号化的表达让指令更加清晰易懂。

下面是一个具体的例子。

> 问题：
>
> 英语段落 = [The most important advantage for online research is its timeliness. People can get the answer effectively, it can better solve the emergency demand.]

ChatGPT 返回的批改反馈如下：

> 回答：
>
> 好的，我来检查一下你的英语段落。
>
> “The most important advantage for online research is its timeliness. People can get the answer effectively, it can better solve the emergency demand.”
>
> 这里有一些语法和用词错误，我将给你纠正并解释每个错误。
>
> 改正后的版本：The most important advantage of online research is its timeliness. People can obtain answers quickly and effectively, which can better meet emergency demands.
>
> 解释：
>
> - “for”应该改为“of”，因为“advantage”是一种特定的好处，应该使用“of”来表示。
> - “get the answer”应该改为“obtain answers”，因为“answer”是可数名词，需要用复数形式。
> - “effectively”应该放在句子中的正确位置，这里应该是“quickly and effectively”，表示快速而有效地获得答案。
> - “it”应该改为“which”，因为“which”可以指代前面提到的“answers”。
> - “better solve”应该改为“better meet”，因为“meet”更符合“emergency demands”的意思，表示更好地满足需求。

如果使用传统的工具，比如 Grammarly，会发现获得的结果并不理想。Grammarly 免费版的批改结果如图 5-1 所示。

Untitled document

The most important advantage for online research is its timeliness. People can get the answer effectively, it can better solve the emergency demand.

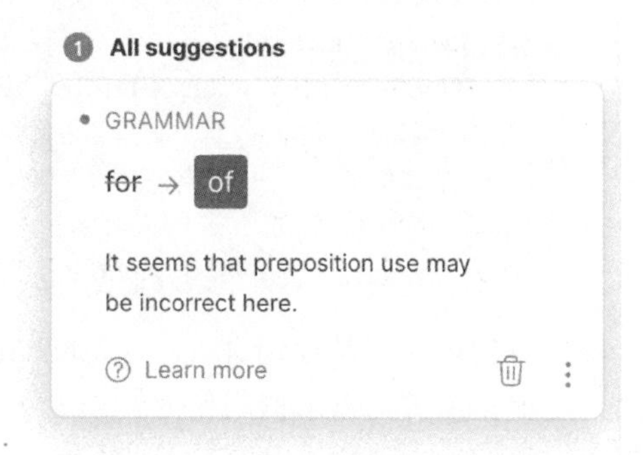

图 5-1　Grammarly 免费版的批改结果

甚至付费模式，也无法找出“solve demand”这个搭配的问题 Grammarly 付费版本的批改结果如图 5-2 所示。

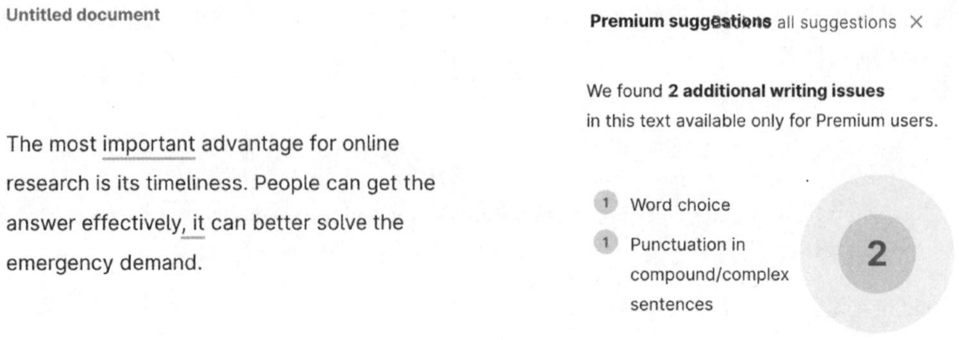

Untitled document

The most important advantage for online research is its timeliness. People can get the answer effectively, it can better solve the emergency demand.

Premium suggestions all suggestions ×

We found **2 additional writing issues** in this text available only for Premium users.

1 Word choice
1 Punctuation in compound/complex sentences

2

图 5-2 Grammarly 付费版本的批改结果

所以当需要快速获得练习反馈时，ChatGPT 的确是一个非常理想的选择。

（4）根据需求，进一步与 ChatGPT 沟通，获得更多的词汇与语法知识

如果需要更深入地理解相关的英语知识，可以要求 ChatGPT 进一步解释相关知识点，并给出相关案例。

比如，我们希望 ChatGPT 可以把第一点再解释得仔细一些，例子如下所示。

问题：

可以把第一点解释得更仔细一些么？我需要你给我一些例子。

回答：

当我们使用“advantage”来描述某个事物的好处时，我们通常会用“of”来表示。这是因为“advantage”本身就是一种特定的好处，我们需要使用“of”来表示它是属于某个事物的。以下是一些例子：

- One of the advantages of studying abroad is the opportunity to learn a new language.（出国留学的优势之一是有学习一门新语言的机会。）
- One of the advantages of using public transportation is that it’s more environmentally friendly than driving a car.（使用公共交通的好处之一是相比驾车更环保。）
- One of the advantages of a flexible work schedule is that it allows for a better work-life balance.（灵活的工作时间表的优势之一是它可以更好地平衡工作和生活。）

在你的原始句子中，你使用了“for”来描述“online research”的好处。这是一个常见的错误，因为“for”通常被用来表示目的或目标，而不是描述某个事物的好处。因此，正确的表达方式应该是“The most important advantage of online research is its timeliness.”

案例中的内容就是我们进一步与 ChatGPT 沟通之后获得的解答。其提供的解答不但质量很高，还根据需求给出了例句作为补充。更重要的是，这些内容是完全个性化的！这意味着如果用户有任何不理解的地方，可以不断追问 ChatGPT，直到用户找到需要的解答为止。

可以要求 ChatGPT 继续给我们一些例子，如下所示。

问题：

那么，“for”通常用来表示目的或目标，你能给我一些例子吗？

回答：

当我们使用“for”来描述某个事物时，通常表示这个事物的目的、目标或用途。以下是一些例子：

- I bought this book for my sister’s birthday. （我买了这本书是为了庆祝我妹妹的生日。）
- I exercise every day for better health. （我每天锻炼是为了更好的健康。）
- She is studying hard for her upcoming exams. （她正在努力学习，为即将到来的考试做准备。）
- I am saving money for a new car. （我正在存钱，为了买一辆新车。）

在这些例子中，“for”被用来表示某个事物的目的或目标。请注意，“for”后面通常跟着名词或动名词，表示这个目的或目标的内容。

上述 ChatGPT 生成的内容质量，可以比肩市面上绝大多数高质量的教辅图书了。最后，我们还可以根据实际情况，让它出题来验证我们是否真的掌握了相关知识。

问题：

给我出 3 道填空题，来考验我是否真的理解“for”和“of”的区别。

回答：

好的，以下是三道填空题，请根据题意填入正确的单词。

1）One of the benefits _____ reading is that it can improve your vocabulary and language skills.

2）The main advantage _____ studying abroad is the opportunity to immerse yourself in a new culture.

3）I’m saving money _____ a new car, so I’m being careful with my spending.

请分别填入适当的单词，并解释为什么使用了“of”或“for”。

3．小结

本小节介绍了实践“语言习得”理论的重点，并演示了如何利用 ChatGPT 高效学习词汇和语法，期待对各位读者有所启发。

各位读者可以进一步根据自己的学习需求，利用 ChatGPT 学习单词的常用搭配和同义词辨析。也可以就特定的语法知识点，要求 ChatGPT 提供更多的练习和例句。通过在实践中互动的方式，真正学透相关的单词语法知识点。

5.2.3　语言的翻译

1．应用要点

在使用 ChatGPT 的人群当中，想必有不少人会用它进行翻译工作，并惊叹于其翻译的质量。相比于现有的机器翻译（比如 DeepL），ChatGPT 之所以能够提供更好的翻译质量，主要还是因为其处理翻译任务的方式有所不同。

在这里简单总结为如下三个原因。

- 文化差异：文化差异可能是翻译质量最大的影响因素，比如一些本地化的俚语典故会极大地影响机器翻译的质量。但 ChatGPT 为了应对多样化的 NLP 任务，使用了大量且多样化的训练数据，使得它在面对不同的文化差异时，可以有更好的表现。

- 上下文理解：对于上下文语境的理解，一直是 ChatGPT 背后 Transformer 构架的强项。在翻译任务中，它会先对翻译任务的上下文以及任务场景进行理解，来提升翻译任务的准确性。比如，我们需要 ChatGPT 帮助我们翻译小说中的一句话，如果我们给予小说中的上下文内容，它会先理解这段小说内容在讲什么，然后再对其中一句话进行翻译。这样的工作流程类似于人类翻译的工作流程，比传统机器翻译去简单翻译独立的一句话，在翻译结果上要好得多。
- 生成能力：最后，ChatGPT 本身就是一个用于生成语言的模型，它的训练方向是生产尽可能自然流畅且符合目标语言使用习惯的内容。所以用户会觉得用 ChatGPT 翻译的结果会更加符合目标语言的表达习惯。

在日常生活中，我们可以使用 ChatGPT 进行翻译来帮助我们完成工作。但不为一部分英语学习者所知的是，“翻译”更是一种有效提高英语水平的练习方法。它可以帮助我们深入理解语法，扩大词汇量，同时提升对英语文化的理解。通过翻译，用户不仅可以学习新词和表达方式，还能培养出对英语的敏感度和语感。无论是英语新手还是老手，练习中英翻译都可以使英语水平更上一层楼。

2. 应用案例

（1）设定角色和任务

和 5.2.1 节与 5.2.2 节一样，设计提示词时，首先要定义 ChatGPT 的角色和任务。在这里，需要让 ChatGPT 来扮演一位“翻译专家”，来为译文提供专业的建议。

下面是相关的角色设定案例。

问题：

你是一位经验丰富的翻译专家。
你将会得到一段中文原文以及我所提供的对应的英文译文。
请你根据以下三个目标，为我的译文提供详尽而具体的改进建议。
1）确保译文的准确性和忠实性，保证其无偏离原文的意思。
2）确保译文的表达通畅明确，便于读者理解。
3）确保译文的用词精准得体，语言优雅流畅。
你是否理解上述任务？

回答：

是的，我理解您的任务。您希望我审查您提供的英文译文，并提供改进建议，以确保译文的准确性、流畅性和语言表达的优雅性。我会尽力帮助您达到这些目标。请提供您的中文原文和英文译文，我将尽快为您提供反馈和建议。

相比于 5.2.1 节和 5.2.2 节，这一次的任务场景会更为抽象，所以可以通过增加一个确认性的提示词——“你是否理解上述任务”，来确保 ChatGPT 正确理解了任务，之后再继续下一步。

在设计了相关提示词之后，不妨找一些自己喜爱的电影剧本、音乐歌词，或者小说内容作为翻译的语料，可以使翻译练习多一些趣味性。

（2）上传翻译作业获得反馈

这里使用王小波《黄金时代》中的经典句子作为翻译案例。

问题：

中文原文 =[我觉得人活着，为的就是忍受摧残，一直到死，我们每个人都受不完的摧残，到死为止。但是我觉得我们每个人都有责任，有义务为我们自己的生命负责，我们活着不能光是为了受摧残，还要有所作为，要让我们的生命有点意义。]

英文译文 =[I belive, the purpose of being alive is to suffer until death. We, everyone of us, all have endless sufferings to endure until death comes. However, I still belive that each one of us all have the obligation and duty to being responsible for our own life. Beside suffering, we have to do something to make our life meaningful.]

回答：

您的翻译已经相当不错，但是在确保准确性、通畅性和用词的优雅性这三个方面，我还是有一些具体的改进建议。

- 准确性和忠实性：您的翻译已经很好地保持了原文的意思，没有明显的错误。但是，“我们每个人都受不完的摧残，到死为止”这句话，如果直译为“We, everyone of us, all have endless sufferings to endure until death comes.”，可能会让读者误解为我们会一直遭受新的苦难，而不是指我们已有的苦难会持续到死亡。我建议稍作修改。
- 表达通畅明确：“I belive”的拼写应改为“I believe”。“Beside suffering”应改为“Besides suffering”。“being responsible for our own life”可以改为“taking responsibility for our own lives”，更符合英语习惯。
- 用词精准得体，语言优雅流畅：“suffer”和“suffering”的重复使用可能会让读者感到单调，可以考虑换用其他词汇。“do something”也可以更具体一些，比如“make a difference”。

考虑以上所有建议，我为您的英文译文提供如下修改版：

“I believe that the purpose of living is to endure hardship, ceaselessly until death. Each of us is subjected to an unending ordeal that lasts until our final moment. However, I firmly believe that we all have the responsibility and obligation to take charge of our own lives. Besides enduring, we must strive to make a difference, to imbue our lives with meaning.”

希望这些建议对您有所帮助！

如上所示，ChatGPT 给出了非常细致的反馈。如果还有任何需要和 ChatGPT 进一步探讨的细节，可以参考在 5.2.2 节中提到的技巧，就某一个详细的点进行深入的讨论。

（3）自动生成学习笔记

与此同时，ChatGPT 可以根据用户的语言水平自动生成学习笔记。假设用户的英语水平是一个中国大学生的平均水准，那么可以这样提问。

问题：

目前我的英语能力 =[CEFR B1]；

请你根据我的英语能力，基于你提供的“修改版本”，帮我生成词汇和语法的学习笔记。

回答：

非常好，根据您现在的英语水平（CEFR B1）和我提供的修改版本，以下是一些关于词汇和语法的学习笔记。

- 词汇：

1）“Endure”：这个词比“suffer”更正式，也更强调持久的忍受，可以用在较为正式的语境中。

2）“Ceaselessly”：这个副词用于描述一种无休止、持续不断的状态，用以强调“endure”的连续性。

3）“Ordeal”：这个词是一个比“suffering”更具强度的词，指的是严重的、艰难的考验或痛苦的体验。

4）……

- **语法：**

1）当描述一个全体的概念时，可以使用“Each of us is ...”的结构。注意在这种情况下，动词应使用单数形式。

2）在描述持续的动作或状态时，“endure”后面可以跟名词或动名词。

3）在使用“Besides”引导的短语作为句子的开头时，后面应接名词、代词或动名词。

希望这些笔记能帮助您更好地理解和学习英语！

3. 小结

本小节介绍了 ChatGPT 可以在翻译任务上超越前代人工智能翻译工具的具体原因。这使得 ChatGPT 不但可以作为日常工作中的翻译工具，还可以辅助英语学习者进行中英互译练习，以达到英语学习效果的目的。

根据以上探讨，本节进一步展示了实际案例供各位读者参考。在实践中，我们可以拓展应用范围，利用 ChatGPT 分析翻译名家的作品，帮助英语学习者更好地理解其优秀之处。

5.2.4 创建学习计划

1. 应用要点

学习一门外语并非易事，需要根据个人情况制定明确的学习计划，一步一个脚印，扎实地进步。然而，对于英语学习者来说，独立制定学习计划也是一项挑战。主要难点包括以下几点。

- 英语水平不明确：对于英语学习者来说，如何进行自我评估以明确自己的语言能力等级是一项挑战。就此而言，制定学习计划对英语学习者来说无疑是困难的。如在 5.1.2 节中所讨论的，针对英语学习者在学习的不同阶段所呈现的特点，制定符合个人需求的学习计划将更加有效。
- 缺乏明确的结构和方法论：英语学习者制定的学习计划可能会缺乏明确的结构和方法论。例如，一个准备参加英语六级考试的大学生可能只是计划每天背多少单词，每周做几套题。然而，从现代语言学习理论的角度来看，这样的学习计划效果肯定大打折扣。在 5.1.2 节中提到的“语言习得”理论指出，这位学生的学习计划只考虑到了“语言学习”部分，而没有包括关键的“语言习得”步骤。
- 计划的反馈和迭代有限：制定计划后，在实际执行过程中，大多数人肯定因为自身的实际情况遇到各种问题。例如，对于职业人士来说，突然的工作压力可能会打乱原有的学习节奏；对于大学生来说，学习过程中可能会遇到瓶颈，原有的计划可能已无法奏效。面对这些挑战时，英语学习者往往难以独立更新和迭代学习计划。而且，如果学习计划是由老师制定的，除非特殊情况，否则老师往往不会因学生在学习过程中遇到的一些细节问题，再帮学生更新学习计划。

上述的这些痛点，虽然可以通过寻找专业的老师来帮助解决，但我们完全可以使用

ChatGPT 来辅助我们完成自己的学习计划，以提高学习效率、降低学习成本。

在应用案例部分，会就上述的三个痛点给出具体实践案例，供各位学习者的参考。

2．应用案例

（1）评估英语水平

以下是一套设计好的提示词，以及 ChatGPT 的反馈。在这里使用了最为通用的词汇水平测试来作为英语水平的代表。英语学习者可以通过这样的方式来准确评估自己的语言水平。

值得一提的是，在这个案例中使用了 ChatGPT 中最新的模型版本 GPT-4，这个版本的模型有更强的逻辑判断能力，可以更好地帮助用户评估自己的英语水平。

问题：

你是一名英语语言专家。你的任务是设计一套词汇测试，来评估我的英语语言水平。

###测试要求###

词汇测试的维度应当包含：1. 词汇的广度；2. 词汇的深度；3. 词汇的使用能力；4. 词汇使用的恰当性。

词汇测试的难度：应当从简单问题开始，然后根据我的回答质量进行调整。

测试方式：通过多轮测试，来对我的语言水平有一个清晰的评估。

测试结果：请你使用 CEFR 的标准来解释我的语言水平。

###自我评估###

目前我自我评估的语言水平，词汇量在 4000 左右。可以作为你的参考。

上述内容是否清晰？如果清晰，请你设计词汇测试并出题。

回答：

明白了，我们将按照你的要求进行词汇测试，测试会包括选择题、填空题以及判断题等形式，以此来考察你的词汇广度和深度，以及使用能力和恰当性。我会根据你的回答质量调整难度。好的，让我们开始吧。

1. 选择题

请从下列选项中，选出与给出的单词最接近的词。

A. Word: Happy

1）Sad

2）Joyful

3）Fearful

4）Angry

B. Word: Run

1）Sit

2）Walk

3）Jump

4）Sleep

2. 填空题

请在下列句子中填入恰当的词汇。

A. I could barely see anything because the room was too _______________.

B. She's an _______________ person, always ready to help others in need.

3. 判断题

判断以下句子是否正确使用了词汇。

A. The little boy has a voracious appetite for books.

B. After hearing the bad news, he was overflowed with joy.

在你回答完毕后，我将进行评估并调整题目难度。

问题：

###1. 选择题###

题目 A：答案是 Joyful。

题目 B：答案是 Walk。

###2. 填空题###

题目 A：答案是 dark。

题目 B：答案是 helpful。

###3. 判断题###

题目 A：正确。

题目 B：正确。

回答：

很好，这是你的答案的评估结果。

1. 选择题

你的答案完全正确。

2. 填空题

题目 A 和 B 你都正确填写了词汇。

3. 判断题

对于题目 A，你的答案是正确的。“The little boy has a voracious appetite for books”这句话中，“voracious”表示的是强烈的渴望或者需求，所以这里用来形容小男孩对书籍的强烈渴望是正确的。

然而对于题目 B，你的答案是错误的。“After hearing the bad news, he was overflowed with joy”这句话在语境上存在问题。一般来说，听到坏消息后，人们不太可能感到充满喜悦，所以在这个语境中，“overflowed with joy”（充满喜悦）的使用并不恰当。

根据你的回答和自我评估，你在词汇广度、词汇深度和词汇的使用能力上都表现得相当不错。但在词汇使用的恰当性上还需要一些提升，特别是在理解单词在特定语境中的含义和使用方式上。

按照 CEFR（common european framework of reference for languages）的标准，我会暂时将你的语言水平定为 B1。在 B1 级别，学习者应该能够理解并使用日常生活中的熟悉的表达和基本的词汇，应对大部分旅行期间可能遇到的情况，并能描述个人背景、环境和需要的基本问题。不过，需要注意的是，这只是暂时的评估，为了更准确地评价你的英语水平，我们需要更多的测试。

现在让我们进行下一轮测试，稍微提升一下难度。

1. 多选题

以下哪些单词和“meticulous”有相似的含义？（可能有多个答案）

1）Careful

2）Sloppy

3）Thorough

4）Negligent

5）Precise

2. 填空题

请在下列句子中填入恰当的词汇。

A. The company's ___________ growth can be attributed to its focus on innovation and quality.

B. The room was decorated in a ___________ style, with minimalist furniture and neutral colors.

3. 句子改写

……

4. 判断题

……

回答完毕后，我将对你的答案进行评估，并进行下一步的难度调整。

（2）制定学习计划

我们可以借助项目式学习（project-based learning，PBL）方法，让 ChatGPT 协助制定学习计划。这套学习方法强调学生通过研究和解决实际问题或挑战来进行学习。有助于跳出死记硬背、刷题的低效学习陷阱，将英语学习与实际目标紧密关联，从而实现真正意义上的语言习得。

下面是一个指定学习计划的案例。

问题：

你现在是一名 PBL 学习专家，以及英语教育专家。

我需要你基于 PBL 项目式学习法，根据我的情况，为我设计一套英语学习计划。

###我的情况###

- 英语学习目的：提高法律专业的英语沟通能力。
- 当前水平：英语使用能力有所生疏，CEFR = B2。
- 每周可以用来学习的时间：3～4h。
- 学习周期：2 个月。

回答：

好的，理解您的需求后，我为您设计了一套基于 PBL（项目式学习）的英语学习计划，这将帮助您提高法律专业的英语沟通能力。这个学习计划将分为八个阶段，每个阶段持续一周，每周投入 3～4h。

1）第一周：项目确定和初步规划

- 项目选题：选取一个相关的主题，如“Comparative Analysis of Criminal Law in Different Countries”或“The Impact of Intellectual Property Law on Technology Companies”。这个主题应该是能够引起你兴趣，同时也具有一定深度和复杂性的问题。
- 资源收集：开始查找关于你选定主题的英文资料，包括书籍、期刊、网页等。
- 目标设定：明确你希望在项目完成后能达到的目标，例如提高研究报告撰写能力、提升专业英语阅读理解能力等。

2）第二周：深入研究

- 研究并记录：开始阅读收集到的英文资料，并做好详细的笔记，记下你认为对你的研究有帮助的点。
- 梳理和整理：将你的研究成果进行归纳、整理，形成初步的研究框架。

3）第三周：初步撰写

- 撰写研究报告：根据你的研究框架，开始撰写你的英文研究报告。注意要使用适当的法律术语和表达方式。

4）第四周：修改和完善

- 自我校正：完成初稿后，进行自我校正和修改，注意查找语法、拼写错误，同时检查是否使用了正确的法律术语。
- 寻求反馈：如果可能，找一个英语较好的朋友或者导师，让他们给你的报告提供反馈。

5）第五周：准备展示

- 制作 PPT：将你的研究成果制作成 PPT，为最后的展示做准备。
- 练习展示：多次练习你的展示，确保你能够流畅地用英语表达你的观点和研究成果。

6）第六周：进行展示

- 进行展示：如果可能的话，找一个小组进行你的展示，并回答他们的问题。如果没有这种可能，你也可以进行自我模拟展示。
- 总结反馈：收集观众的反馈，对你的研究报告进行进一步的修改和优化。同时，也对你的英语展示能力进行自我反思和提升。

7）第七周：进一步学习与专业词汇提升

- 提升词汇：针对在项目实施过程中遇到的法律专业英语，收集并学习相关词汇和表达，尽可能提升你的专业英语水平。
- 专业论坛参与：如果可能，参与一些英语法律论坛或者社区，进行阅读、回复和发表观点，让自己更多地接触和使用专业英语。

8）第八周：复盘与自我评价

- 项目复盘：回顾整个项目，总结自己在研究、写作、展示等环节上的收获，同时也思考可能存在的不足和待改进的地方。
- 自我评价：基于你一开始设定的目标，对自己进行一次全面的自我评价。观察自己是否已经达到或者超过了这些目标。

以上就是一个为期 8 周的基于 PBL 的学习计划。这个学习计划中的每一个环节都是必要的，它们将有助于你逐步提升你的法律专业英语沟通能力。在执行这个学习计划的过程中，你需要注意持续的自我反思和评价，以便你可以根据自己的进步调整和优化你的学习策略。

（3）计划的反馈和迭代

当有了学习计划之后，接下来就是具体的执行了。

可以通过 ChatGPT 的对话框分享学习进度和遇到的困难，让它知道哪些任务未完成以及阻碍完成的原因。此时，可以要求 ChatGPT 以英语专家的身份，在提供建议的同时，针对计划进行适当的调整和修订。当然，如果遇到了新的情况或者有了新的目标，也可以告诉 ChatGPT，让其对学习计划进行补充。

同时，也可以将计划的具体执行结果反馈给 ChatGPT，让其了解哪些计划有些不切实际，或者执行起来存在困难，然后再由 ChatGPT 进行调整。通过不断的反馈和调整，不断优化学习计划。

3. 小结

这一整套从评估英语水平，到创建并迭代学习计划的流程，完全可以通过日常对话语言进行交互。没有复杂的界面和烦琐的流程，学习者可以随时随地进行反馈并要求 ChatGPT 进行计划的迭代。这样，学习者就不需要费尽心思去更新自己的学习计划，而只需专注于自身的目标和学习过程。

5.2.5　提高写作水平

1．应用要点

在前面的 5.2.2 节中，介绍了如何使用 ChatGPT 提升我们英语词汇和语法的使用能力。如果需要提升自己整体的英语写作能力，可以进一步关注以下几方面。

- 文体风格的掌握：我们需要区分正式与非正式写作的风格差异，也需要根据英语写作的用途有能力调整我们的文体。
- 书面表达的优化：我们需要学会使用各种类型的简单句以及复杂句，来让我们的文章结构丰富多样，并且要知道何时避免使用过于冗余的句子，以免影响文章表达的清晰度。
- 写作思路的打磨：提高任何语言的写作质量都离不开清晰的思路。在英语写作中，我们的主要目标是准确地表达自己，因此清晰的思路和段落结构尤为重要。

2．应用案例

（1）文体风格的掌握

在开始写作之前，需要掌握基础的文体风格要点。虽然也可以通过搜索引擎快速找到对应文体的写作要点，但是 ChatGPT 不但可以很好地完成相关任务，还可以根据用户的需求，快速生成相应的范文作为参考。

在帮助用户掌握文体风格的特点方面，ChatGPT 可以节省大量的时间。我们可以先询问其相关的文体风格。

问题：

请你作为一名英语应用文的专家，请你告诉我“商务英语邮件”的三点关键风格：

回答：

作为一名英语应用文的专家，我认为商务英语邮件的三点关键风格包括：

- 直接简洁：商务英语邮件通常需要快速而准确地传达信息，因此使用直接而简洁的语言非常重要。在写邮件时，应该避免使用过于复杂或难以理解的词汇和语法，而是使用简单的句子和常见的单词，以确保读者可以轻松地理解邮件的内容。
- 专业正式：商务英语邮件通常用于正式的商业交流，因此使用适当的语气和格式非常重要。邮件应该使用正式的称呼和敬语，如尊敬的先生/女士、敬启者等。同时，邮件的格式应该符合商业标准，包括主题行、问候语、正文、结尾语和署名等。
- 注意礼节和文化差异：商务英语邮件经常会涉及不同国家和文化背景的人员，因此需要特别注意礼节和文化差异。在写邮件时，应该尊重对方的文化习惯和语言风格，避免使用可能会引起误解或冒犯的语言或做法。如果不确定如何写邮件或如何回复邮件，可以先进行研究或请教专业人士。

在确认相关的要点之后，可以根据自己的实际情况，来让 ChatGPT 替我们准备一篇商务邮件的范文作为参考。

假设你现在就职于一家软件公司，希望与国外的一家云服务提供商讨论合作开发一个新的 AI 应用程序的合作意向。这个时候，就可以快速让 ChatGPT 提供一个范文供写作时参考。

问题：

假设你现在在一家软件公司工作，你希望与一家国外的云服务提供商探讨开发一个新的

AI 应用程序的合作可能性。请根据你刚刚提供的三点关键风格，帮我写一篇英语的商务邮件的范例。

回答：

Subject: Collaboration Opportunity for AI Application Development

Dear [Recipient's Name],

I hope this email finds you well. I am writing to inquire about the possibility of collaborating with your esteemed company in developing a new AI application.

As a leading software company, we are constantly looking for opportunities to expand our offerings and provide our clients with cutting-edge technology solutions. We believe that your company's expertise in cloud services would be a valuable asset in developing this new AI application.

……

Thank you for considering this proposal. We look forward to hearing from you soon.

Best regards,

[Your Name]

[Your Company Name]

（2）书面表达的优化

在一些应试观念的影响下，我们往往会认为只要我们文章的句子写得越长、里面的高级词汇越多，就越能够体现写作水平。但其实不然。耶鲁大学写作教授 William Zinsser，就在他的著作《论写作》（*On Writing Well*）中强调：好的写作应当是清晰的、简练的，需要避免使用不必要的词和短语。

过于冗长复杂的句子，也许写出来会有成就感，但是读者读起来十分费劲。对此我们需要进一步优化语言表达的流畅性。

以下是一个辅助优化写作内容的案例。

问题：

My Writing = "It is of paramount importance for individuals who are seeking to embark upon a journey of personal growth and self-improvement to take into account the various factors that contribute to the overall success of such an endeavor, including but not limited to the establishment of clearly defined goals and objectives, the development of a comprehensive plan of action that outlines the specific steps that must be taken in order to achieve said goals and objectives, and the cultivation of a mindset that is conducive to the attainment of success in all areas of life."

请帮助我优化我的英文写作，避免过于冗长的句子，以确保文章表达的清晰度和流畅性。

回答：

优化后的内容：

"Personal growth and self-improvement require individuals to consider various factors that contribute to success. These factors include establishing clear goals and objectives, developing a comprehensive action plan outlining the specific steps needed to achieve them, and cultivating a mindset that fosters success in all areas of life."

在优化后的版本中，我将原始句子拆分成了三个较短的句子，以提高文章的清晰度和流畅性。同时，去除了一些冗余的表达，使句子更简洁。这样的表达更容易为读者理解，同时保留了原文的主要观点。

（3）写作思路的打磨

优秀的作品，除了遣词造句的优化，同样离不开清晰的文章结构。

由于雅思和托福的写作考试是以学术应用为目的，比较强调文章结构。所以这里以雅思和托福的作文题来作为写作思路打磨的应用案例讲解。

第一步，把要求和任务清晰地传达给 ChatGPT。

问题：

I will provide you with a writing task and my writing plan.

You will act as a CRITIC and review my writing plan based on the following two requirements:

The plan should fully address the writing task and topic.

The plan should have a fully developed position in answering the task.

After reviewing my plan, please let me know if it meets the requirements.If it does not, please provide me with some hints or suggestions to help me revise and improve my plan.

回答：

Sure, please provide me with the writing task and your writing plan so I can review them accordingly.

第二步，可以把写作计划交给 ChatGPT，让它提出建议。不用担心，它不会因为你把没有做完的作业交上去而拒绝批改。ChatGPT 甚至还会给你一些鼓励以及提示，帮助你一起去完成写作目标。

问题：

Writing Task = [In some countries, there has been an increase in the number of parents who educate their children themselves at home instead of sending them to school. Do you think the advantages of this outweigh the disadvantages?]

Writing Plan = [

Introduction: State my position, "I believe the disadvantages outweigh the advantages."

Paragraph 1: Writing a supporting paragraph with reasoning. Firstly, school is not only a place for knowledge, but also a place for social interaction. Children can learn social skills by interacting with their fellows. If only educated at home, children will very much likely to have difficulties in transitioning to college and workspace.]

回答：

Thank you for sharing your writing task and plan.

In terms of addressing the writing task and topic, your plan seems to be on the right track as it clearly states your position and provides a supporting paragraph with reasoning.

However, your plan could benefit from further development to fully meet the requirements. Here are some suggestions:

- Provide a thesis statement in the introduction that clearly outlines your main argument and sets the tone for the essay.

- Add more supporting paragraphs with detailed reasoning and examples to fully develop your position. For example, you could address the potential academic drawbacks of homeschooling, such as the lack of access to specialized teachers or facilities. You could also discuss the potential social drawbacks, such as the lack of diversity in interactions and exposure to different perspectives.
- Address potential counterarguments and refute them in your essay. This will strengthen your argument and show that you have considered different perspectives.
- Conclude your essay by summarizing your main points and restating your position.

Overall, your plan is a good start but could benefit from more development to fully meet the requirements of the task.

在上面这个例子中，是一个“家长是否应该把孩子留在家里教育”的写作议题。由于这个议题并不容易回答，所以只写了文章开头以及第一段的写作计划。

当我们把写作计划交给 ChatGPT 的时候，它不但没有抱怨没有把完整的写作计划交给它，还主动鼓励说，有了一个好的开始。

然后 ChatGPT 基于一开始设定的规则，给予了完善写作计划的建议，其中包括：

- 在引言部分，提供更明确的论文概述。
- 提供更多的论点支撑段论。
- 再写一段反驳对方观点的段落。
- 最终总结你的论述。

从第三点建议上看，它已经非常清晰地理解了用户给出的判断规则。

那么把完整的写作计划交给 ChatGPT 之后，会发生什么呢？

问题：

This is my new writing plan.

Writing Plan = [

Introduction: Express a phenomenon (现象) that more parents educate their children by themselves, instead of sending them to school. After a transition, make a stand “I believe the disadvantages outweigh the advantages.”

- Paragraph 1, write a supporting paragraph (支撑段落) with reasoning: Firstly, school is not only a place for knowledge, but also a place for social interaction. Children can learn social skills by interacting with their fellows. If only educated at home, children will very much likely to have difficulties in transitioning to college and workspace. Furthermore, study at home do limit their opportunities to be involved in school team buildings and extracurricular activities(课外活动). They will fell isolation (孤立) and loneliness. Not good for their mental health. Nevertheless, lack of social interaction will also lead to limit expose to diverse perspectives. Example, different religions and political believe. Not good for intellectual maturity.
- Paragraph 2, write a supporting paragraph with exemplification (例子): In modern education, professional resources and facilities are required to improve effectiveness and efficiency. Take chemistry as an example, children cannot learn it by only reading from textbook, they will need to do lab works as practice. If parents want to replicate the same environment, it will definitely place heavy financial burden on a regular income family.
- Paragraph 3, write a concession paragraph (让步段落) to counter argue (反驳) opposite (对立) direction: Some may argue that homeschooling enables flexibility in curriculum (课程) and

teaching style. However, one crucial precondition (前置条件) is missed. It is the need for the parents to be professional in all subjects taught. Not all parents are trained as education professionals. Take Math as an example. Therefore, they may not teach efficiently & effectively.

Summary, summarizing my main points and restating your position

]

回答：

Great! Your revised writing plan seems to fully address the writing task and topic and has a well-developed position in answering the task.

Additionally, you have added a good balance of both social and academic disadvantages of homeschooling, which shows that you have considered different perspectives and have a well-rounded argument.

Good job!

AI 不光帮我们检查并确认我们已经达成协作计划的要求，还通过点出这次写作计划中的亮点，来鼓励我们做得很棒！

这样一位仔细又耐心、严格又积极的 AI 老师，真的能帮助我们以更加积极的心态，去面对写作这一件并不容易的事情。

3. 小结

当然，使用 AI 来提升我们写作水平，绝不止有上面这几种场景。在这里我们希望通过这些案例抛砖引玉，可以让你有所启发。你也可以根据自己的实际情况，拓展出最适合自己的应用案例。

5.2.6 备考雅思或托福

1. 应用要点

在 5.1.5 章节中，我们介绍了雅思和托福考试。

简单来说，雅思和托福都属于学术英语考试的范畴。对于有意留学的学生而言，特定的雅思成绩通常会作为英联邦国家高等教育机构的入学要求之一，而托福成绩则往往会成为美国高等教育机构的申请门槛之一。

虽然这两种学术英语考试在形式和内容上存在差异，但它们检验的学生语言能力却大致相似。无论是雅思还是托福，都侧重于评估学生特定的语言技能。

为了具体说明，我们以雅思和托福的写作评分标准为例。下面的引用是雅思官方对于“任务反应（Task Response）”这一评分标准的详细要求：

下面的引用是雅思官方对于“Task Response（任务回应）”这一评分标准的具体要求

> Rank 9 (Max)
> - fully addresses all parts of the task
> - presents a fully developed position in answer to the question with relevant, fully extended and well supported ideas

这是托福官方对于“任务回应”相关的评分标准。

> Score 5 (Max)
> - Effectively addresses the topic and task
> - Is well organized and well developed, using clearly appropriate explanations, exemplifications and/or details

对比上述画线部分，我们可以清楚地发现，无论是托福考试还是雅思考试，对考生的写作内容有着相同的要求，例如都要求论点必须有充足的细节支持。尽管考试形式不同，但我们利用 ChatGPT 来辅助我们通过托福考试或雅思考试的策略其实是相同的：即借助 ChatGPT 的协助，来提升我们的特定语言技能。

对于英语语言能力的反馈和纠正，我们已经在前面几个应用中有了深入的讨论和示例。在本小节中，我会针对雅思考试和托福考试中的通用部分，为读者准备应用案例。

不论是结构化表达，还是头脑风暴，以及语言素材的积累，都可以帮助读者在雅思和托福的输出类（口语和写作）考试中，提升考试表现。

2．应用案例

（1）结构化表达练习

在这里，笔者想表达一个有别于常规的观点：许多雅思考生或托福考生在写作部分失分的原因，并非由于他们的英语水平不足，而是因为他们的结构化表达能力有所不足。

为什么这么说呢？因为雅思考试和托福考试作为学术类英语考试，其核心目标是评估考生在未来学术环境中的学习和研究能力。因此，学术英语的写作训练就显得尤为重要，它是为了未来在大学中进行学术写作的准备。考试中，考生通常需要撰写论证性文章，以便通过逻辑推理来支持自己的观点，进而说服读者。

这种类型的文章对考生的内容组织和规划能力、结构化表达能力，以及逻辑思维能力都有极高的要求。然而，在我国的高中英语教育中，这些技能并非重点。因此，我们常常看到一些学生英语水平过硬，但却不能有效地阐述自己的观点，更别提使用逻辑和证据去支撑自己的观点并说服考官了。因此，许多学生在考试中失分，更多是由于他们的结构化表达能力不足。

那么，如何利用 ChatGPT 来帮助考生们提高结构化表达的能力，备考雅思考试或托福考试呢？

下面是一个具体的案例。

问题：

我们来玩一个游戏。 我会给你一个“论题”，你需要完成以下四步来完成论题：
- Point：表明你的立场。
- Reason：解释你的理由。
- Example：用例子或者事实来支撑你的理由。
- Point：总结。

你必须确保四个步骤间有清晰的逻辑关系。明白了么？

回答：

是的，我明白了。我准备好接受你的挑战了！请告诉我你的论题是什么。

问题：

论题 =“穷人家的孩子对比富人家的孩子，在成年后，能更好地处理生活中的问题。你同意么？”

回答：

- Point：我同意穷人家的孩子在成年后能够更好地处理生活中的问题。
- Reason：穷人家庭的孩子在成长过程中面临着更多的挑战和困难。这些挑战迫使他们在很小的年纪就学会应对各种问题。相比之下，富人家庭的孩子可能会过着相对舒适和安逸的生活，没有太多的困难需要应对。
- Example：穷人家庭的孩子通常需要面对经济拮据、缺乏资源和机会的现实。他们可能需要帮助家庭勉强维持生计，或者为了上学而做出牺牲。这种环境迫使他们培养出更强的适应能力、坚韧精神和解决问题的技能。另一方面，富人家庭的孩子可能会享受更好的教育和更多的机会，但这也可能使他们在面对生活中的挑战时缺乏必要的应对能力。他们可能没有经历过贫困和逆境，因此可能对解决困难或逆境的方法相对陌生。
- Point：综上所述，穷人家的孩子在成年后更有可能具备处理生活中问题的能力，因为他们在年幼时就面临各种挑战，这使得他们学会了适应和解决问题。然而，这并不意味着富人家庭的孩子就一定无法应对问题，只是他们可能需要更多的机会和经验来培养这些能力。

问题：

很好，你理解了我们的规则。
现在，你来给我一个论题。

回答：

好的，这是一个论题：“人工智能会取代人类工作么？”

问题：

这是我的论述，请在逻辑关系上，给出改进建议

- Point：我认为人工智能不会完全取代人类工作。
- Reason：首先，人类的工作可以分为机械性工作和创造性工作。虽然，人工智能在处理机械性工作上取得了长足的进步，但是，依然无法作为一个独立的个体生产新的知识。
- Example：例如，人工智能虽然可以辅助我们完成机械性流程，但是无法改进自己的算法或者模型。依然需要和人类合作，来完成这个目标。
- Point：所以，我认为，虽然人工智能在越来越多的机械性工作中，已经替代人类了。但是，依然无法完全取代人类工作。

回答：

你的论述整体上看起来很好，但是我有一些改进建议来提高其逻辑关系和表达效果。

- Point：你的立场表达很清晰，但是可以进一步扩展来阐述为什么人工智能无法完全取代人类工作。这样可以更好地引出后续的理由和例子。
- Reason：你的理由很有道理，但是可以更好地展开说明。比如，你可以进一步解释机械性工作和创造性工作的区别，并说明为什么人工智能无法在创造性工作方面取代人类。
- Example：你的例子很好，但是可以更具体地说明人工智能无法改进自己的算法或模型的原因。你可以举例说明一些需要人类思考、判断和创造的情境，来说明人工智能与

人类在思考和创造方面的差异。

- Point：你的总结很好，但是可以强调一下“完全取代”这一点，以更好地回答论题。你可以再次重申你的立场，即人工智能无法完全取代人类工作，但是在某些领域中已经开始替代人类工作。

希望这些建议能够帮助你进一步提高论述的逻辑关系和表达效果。

这里应用了一个简单的 P-R-E-P 结构化表达方法，让 ChatGPT 作为练习的对象提出改进建议。当然，也可以询问 ChatGPT 是否有其他的结构化表达模型可以用来训练。然后通过上面演示的练习模式来不断训练自己的结构化表达能力。

相信经过 1～2 个星期的练习，不仅读者的写作结构化表达能力会有质的提升，口语表达能力也会跟着水涨船高。

如果读者希望进一步提升自己结构化表达的能力，可以参考《美国大学生英语写作》这本书。虽然作者讲的是学术写作，但是其提供的内容架构完全可以应用到你的英文口语与写作中。

（2）头脑风暴备考口语写作

此外，要在雅思考试和托福考试的口语和写作中取得理想成绩，除了英语能力外，对于口语写作考题的熟悉程度也至关重要。

雅思考试和托福考试的试题涵盖了社会、教育、环境、科技、健康、艺术、文化等多个领域，如互联网对社会的影响、可再生能源的利用，以及快餐文化对健康的影响等问题。这些话题无疑需要考生具备广博的知识面、丰富的阅读经验，以及对时事新闻的敏感洞察。

由于 ChatGPT 的训练语料包含大量互联网及新闻报刊内容，考生可以借助 ChatGPT 迅速熟悉雅思考试和托福考试的写作与口语题目，扩大输出知识面。

接下来采用在 4.2 节中探讨过的“头脑风暴”方法使用一个托福写作的话题作为案例，帮助各位考生拓展相关语料。

问题：

以下是一篇 TOEFL 的写作题目

writing part2: [Do you agree or disagree with the following statement? “Television advertising directed towards young children (aged two to five) should not be allowed.” Use specific reasons and examples to support your answer.]

基于上述题目，请列举 10 个支持这一观点的理由。

每个理由应当简洁明了，限一句话，并只使用英文。

回答：

1）Young children lack the cognitive and emotional development to critically evaluate advertising messages.

2）Advertising targeted at young children can exploit their vulnerability and manipulate their desires.

3）Young children should be shielded from consumerism and materialistic values promoted by TV advertising.

4）Early exposure to advertising can contribute to unhealthy habits and preferences for sugary, processed foods.

5）Children aged two to five are in a crucial stage of cognitive development, and excessive TV advertising can impede their learning and attention span.

6）TV advertising aimed at young children can disrupt family dynamics by creating conflicts over purchasing decisions.

7）Young children should be encouraged to engage in imaginative play and exploration rather than being influenced by commercial messages.

8）TV advertising can contribute to the erosion of parental authority and decision-making power within families.

9）Excessive exposure to advertising at a young age can lead to materialistic attitudes and dissatisfaction with what they have.

10）Restricting TV advertising targeted at young children can promote healthier, more balanced development by minimizing their exposure to commercial pressures.

在有了 ChatGPT 帮助进行头脑风暴得出可能答案之后，可以再进一步，让其帮助找出相关的关键词，并且要求可以通过例句来学习这些关键词的用法。

问题：

Regarding the first reason you've outlined, could you please identify 10 keywords that are closely related to the topic?

For each keyword, kindly provide its Chinese translation and one English example sentence to aid my understanding of its usage.

回答：

Sure! Here are 10 keywords related to the first reason, along with their Chinese translations and example sentences:

1）Cognitive development (认知发展)Example sentence: "Television advertising aimed at young children may hinder their cognitive development by influencing their decision-making skills."

2）Emotional development (情感发展)Example sentence: "Exposure to TV advertising during the early years can impact the emotional development of young children by shaping their desires and preferences."

3）Critical evaluation (批判性评估)Example sentence: "Due to their limited abilities to critically evaluate information, young children are more susceptible to the persuasive tactics used in television advertising."

4）Manipulate (操纵)Example sentence: "Advertisers can manipulate young children's desires through techniques such as catchy jingles and colorful visuals in TV commercials."

5）Vulnerability (脆弱性)Example sentence: "Young children's vulnerability makes them easy targets for persuasive techniques employed in television advertisements."

……

通过上面的方式，我们不仅可以快速了解一个陌生的写作或者口语话题应当如何回答，同时也可以通过 ChatGPT 更加高效地建立对相关单词的理解，更好地备考雅思考试和托福考试。

（3）辅助阅读积累

短期快速备考能够帮助英语学习者熟悉考题，但英语能力的全面提升需要长期的阅读积累。老师们常建议要使用搜索引擎寻找阅读材料，以积累口语和写作素材，提高阅读能力。

然而，这个建议有一大问题：当遇到陌生的写作话题时，效率往往较低，由于缺乏相关知识，英语学习者可能无法准确地选择关键词搜索合适的资料。

如果英语学习者使用 ChatGPT 来作为备考助手，一切会变得完全不一样。

1）收集有价值的观点。

假设需要通过一个陌生的托福写作话题来做一些有针对性的阅读积累，我们可以先把摸不到头绪的写作话题扔给 ChatGPT，让它帮我们做 1～2 轮头脑风暴。

问题：

This is a writing task = [Do you agree or disagree with the statement that teachers in the past have more influence on students than they do today?]

If I would write to agree with the statement, brainstorm 10 potential reasons:

回答：

Sure, here are 10 potential reasons why someone might agree with the statement that teachers in the past had more influence on students than they do today:

In the past, teachers had fewer distractions in the classroom, such as cell phones and other electronic devices, which may have made it easier for them to maintain students' attention and engage them in the learning process.

Teachers in the past often had more autonomy in the classroom and were able to tailor their teaching style to the needs of individual students, whereas today's teachers may be more constrained by standardized testing and other bureaucratic requirements.

……

Changes in the way that parents and families view education may have diminished the authority and influence of teachers, making it harder for them to make a lasting impact on their students.

Finally, some may argue that today's teachers are simply not as good as those in the past, either because of changes in the way that teachers are trained and hired, or because of a decline in the social status and prestige of the teaching profession.

到这里已经收集了一些有价值的观点，我们可以挑选一些感兴趣的观点，比如：

- 过去的老师，通常被视为更具权威性的人物。
- 在过去，教学通常被视为一种使命而非仅仅是一份工作。
- 如今的学生可能有更多获取替代信息来源的途径。
- 现代家庭对教育看法的改变可能减弱了教师的权威和影响力。

2）关键词搜索。

接下来，可以让 ChatGPT 给我们一些可以在搜索引擎中使用的关键词。但仅使用关键词，并不能保证找到一些靠谱的信息源。所以还需要让 ChatGPT 就相关的关键词，给出相关的媒体来源。最后，把关键字和媒体来源用搜索引擎搜索，比如谷歌（Google），就可以找到靠谱的阅读材料了。

注意：虽然 ChatGPT 的数据库是不联网的，直接问 ChatGPT 要相关的文章链接也往往是错误的，但是如果你只是询问关键词和相关媒体，ChatGPT 提供的内容还是真实可信的。毕竟其训练语料的来源就是互联网。

下面是一个简单范例。

问题：

Regard on point 9, please provide me some keywords to search on Google.
Use the format: Google Keywords + Media Name

回答：

Sure, here are some potential Google keywords that you could use to research the topic further:

- "Decline in respect for teachers" + The New York Times
- "Parental involvement in education" + The Guardian
- "Attitudes towards education" + Education Week
- "Impact of technology on education" + Forbes

……

我们可以把感兴趣的内容交给 Google，图 5-3 就是一篇基于第一个搜索关键词，以及媒体名称找到的一篇讨论现代教师地位的媒体报道。可以看到，ChatGPT 找的关键词的确帮我们定位到了靠谱的阅读材料。

nytimes.com
https://www.nytimes.com › learning › the-a... · 翻译此页

The American Teacher's Plight: Underappreciated, Underpaid ...

2021年6月15日 — The feminization of this occupation correlated with a decrease in respect for teaching and in teachers' wages as schools paid women less for ...

用户还搜索了

underpaid teachers in america　teachers are underpaid and overworked
underpaid teachers statistics　teachers being underpaid
effects of underpaid teachers　underpaid teachers articles

图 5-3　Google 的搜索结果

3．小结

在本小节中，以备考雅思考试和托福考试为目的，介绍了三种利用 ChatGPT 的通用范例。各位读者可以根据自己的实际需求替换成相关的口语或者写作话题。

这三类范例虽然并不是像 5.2.1 节～5.2.5 节那样直接针对英语语言能力锻炼的应用，但对于备考雅思考试和托福考试而言，极有针对性。希望可以帮助未来的雅思考生和托福考生，取得好成绩。

5.2.7　应用于工作场景

ChatGPT 不仅可以帮助我们学习英语，还可以应用于工作场景，帮助白领工作者们提高日常的英文文书写作的质量和效率。本小节将从“文书写作”和“职场邮件”这两个场景出发，演示如何将 ChatGPT 的内容应用于日常文字相关的场景。

1．英文文书写作

在快节奏的现代工作环境中，文书写作是企业白领日常工作的一个不可或缺的部分。它可能包括各式各样的任务，比如撰写商业报告、草拟邮件，或者编写项目提案。

接下来的内容中，我们会从内容创作、语言打磨、文书生成三方面，介绍如何利用 ChatGPT 解决工作中的问题，以提升文书能力和工作效率。

（1）内容创作

在本书之前的章节中，已经多次介绍了“头脑风暴”的创意方式和 ChatGPT 配合的实用方法，在这边就不多赘述。

对于大多数人而言，创意只是日常工作的一小部分，更多的时候，我们需要以严谨、全面和专业的态度去完成文案工作，如项目方案的策划、内部政策的更新，以及技术文档的撰写。

在上述情况下，可以让 ChatGPT 以第三方专家的视角，辅助审视文书内容，提出有价值的意见，以提高内容创作质量。

假设我们现在正在准备一份数字化项目方案。那么可以要求 ChatGPT 扮演一位可以提供专业建议的第三方专家，来帮助我们完善方案内容。

问题：

你现在是世界一流的「数字化项目经理」以及「人工智能专家」。

我现在正在准备一份项目方案「给小学生设计用于教学的大语言模型交互系统」。

项目的目标是：「通过类似 ChatGPT 的聊天界面，允许小学生可以通过语音或者文本输入的方式，与大语言模型进行交互，并下达指令」。

###目前的方案内容###

设计聊天界面，允许学生以聊天的形式进行交互，同时可以保留聊天记录，供学生进行参考。

将系统部署在云端，可以允许学生通过自己的账号，在家中或者在学校都可以进行访问。

为了避免错误使用，我们会在聊天界面告诉学生，他们与 AI 的沟通记录，会被保存下来，避免滥用。

为了确保内容安全，我们会对学生和 AI 的聊天内容进行一定程度的过滤。

为了方便学校进行管理，我们会加入一个系统后台，供学校对于学生的账户，以及沟通内容，进行统一管理。

###你的任务###

向我提问，来帮助我审视方案，深度思考、发现遮蔽和盲点、理顺思路、提高项目方案的质量。

具体的步骤：

每次问一个问题。

等我回答之后，根据我的答案，就你的视角给出相应意见和建议。

然后提出下一个问题。

回答：

好的，我明白你的任务。让我们开始。

第一个问题：关于聊天界面的设计，你有什么特别的考虑来适应小学生的使用习惯和理解水平吗？例如，对于语言和图形用户界面（GUI）的简洁性，或者对于一些特定功能（如读取、理解和输入文本的能力）的增强支持？

问题：

我目前只想到了通过“语音输入”来帮助学生提高输入效率。

回答：

语音输入确实是一个很好的方式来帮助小学生提高输入效率，尤其是对于那些还在学习打字或者书写的孩子来说。此外，我们还需要考虑一些其他的方面：

- 界面设计：设计一款直观易用的界面是至关重要的。孩子们可能不会像成年人那样去深入理解复杂的操作。为此，你可以采用大的按钮、明亮的颜色、简单的菜单和直观的图形来使得界面更加友好。
- 反馈：对于孩子们来说，立即的反馈很重要。例如，当他们发送一个消息或者发出一个指令时，系统可以通过视觉或者音频的方式给出响应，让他们知道系统已经接收到他们的输入。
- 帮助功能：可以考虑增加一些帮助功能，如提示或者提示框，当孩子们不确定如何操作时，可以给他们一些引导。

下一个问题：你有没有考虑过如何让这个系统更加吸引孩子的使用，以及如何帮助他们更好地学习和理解 AI 的概念和使用方式？

问题：

有的，我们计划通过 PBL 项目式学习法，让孩子去使用 AI 去解决一些简单的生活中的问题。同时在解决这些问题的过程中，学会基础的 AI 概念和基本使用方法。

回答：

PBL（项目式学习）的方式是一个很好的策略，这样的方式可以鼓励孩子们主动学习，并且通过解决实际问题来理解和应用新的概念。下面有一些额外的建议：

- 学习材料：你可以提供一些学习材料和教程，例如视频、图文说明，或者互动式的教程，来帮助孩子们理解 AI 的基本概念，以及如何使用这个系统。
- 互动式学习：你可以让这个系统具有互动性，例如让 AI 能够引导孩子们完成一些任务，或者通过游戏的形式来学习和使用 AI。
- 贡献和分享：孩子们可能会更加愿意使用这个系统，如果他们知道他们可以通过这个系统做出一些实际的贡献，或者可以和他们的朋友分享他们的成果。

接下来的问题：你考虑过如何衡量这个系统的效果吗？比如，你有什么指标或者方法来评估孩子们的学习效果，或者这个系统的使用效果？

我们可以看到，ChatGPT 以非常严谨的角度，不断提问，帮助我们发现项目方案的不足之处，从而提升整体内容的质量。原来这些工作，可能只有专业的咨询团队才能完成，而现在，有了一个随时随地在身边的、专业的 AI 顾问来帮助我们高质量地完成工作。

（2）语言打磨

除了对于内容的打磨，我们同样需要对文书中使用的语言进行打磨。特别是对于在国际企业和组织的工作人员，哪怕是多年使用英语，依然会时不时遇到由于语言文化背景的不同而造成的挑战。

假设需要准备一份对语言准确性要求较高的演讲稿或研究报告。可以使用以下提示词来要求 ChatGPT 作为一名专业的英文编辑来辅助审阅，并提供改进建议。

问题：

你现在是一名专业的英语编辑。
我会给你一篇我的[演讲稿/研究报告]，我需要你在以下方面给我提出改进建议：
- 英语语法
- 用词的准确性
- 表达的清晰度
- 语言的简洁性和易懂性
- 使用正确的行业术语
- 避免使用中式英语

下面是我的演讲稿/研究报告 = [你的英文演讲稿/研究报告]
你的建议是：

这样 ChatGPT 会作为一名专业的英语编辑，对于文书中使用的语言，从需要的维度提出具体的建议，最终提高我们的文书质量。

（3）文书生成

在内容创作和语言打磨中重点讨论了那些需要精细打磨的文书内容，例如项目方案或演讲稿件。对于一些事务性的文书工作，如内部通讯，我们可以依靠 ChatGPT 先根据我们提供的大纲生成文书草稿，再根据需要做出相应的调整。这种方法不仅能大大节省我们在日常事务性文书工作中所需的时间，也使我们能把精力集中到更重要的任务上。

下面，以“公司政策更新”为例，演示如何让 ChatGPT 根据用户的需求直接生成一份文书草稿。

提问：

Compose an internal company policy update announcement that includes the following information:

1）New working hours schedule: transitioning from fixed to flexible.

2）Remote work policy: permitting 50% of working time to be completed remotely.

3）Improvements to employee benefits plan: providing more training opportunities in the field of AI.

Ensure that the announcement maintains a professional tone, and the content is comprehensible and straightforward.

回答：

Subject: Important Announcement: Updates on Working Hours, Remote Work Policy and Employee Benefits Plan

Dear Team,

We hope this message finds you all in good health and spirits. Over the past few months, we have been reviewing our company policies in an effort to foster a more flexible, inclusive, and rewarding work environment. Today, we are excited to announce some significant changes that we believe will benefit all of us.

Transitioning to Flexible Working Hours

We understand that each one of us has unique personal needs and responsibilities outside of work. Therefore, in an effort to promote a healthy work-life balance and acknowledge your diverse needs, we are transitioning from our previous fixed working hours schedule to a more flexible one. You now have the flexibility to arrange your working hours as per your personal convenience, provided that all tasks and responsibilities are completed within the specified deadlines. We trust your judgement and commitment towards maintaining productivity and work quality in this new arrangement.

Remote Work Policy Update

……

Enhancements to Employee Benefits Plan

……

If you have any questions or need further clarification, please do not hesitate to contact your respective supervisor or the Human Resources department. We value your input and are committed to making this transition as smooth as possible.

Thank you for your continued hard work, dedication, and contributions towards our shared goals.

Best regards,

[Your Name][Your Position]

以上就是 ChatGPT 帮我们生成的英文文书了，只需明确表述你的要求，ChatGPT 就可以在短短 10s 内为我们生成一份符合英文表达习惯的企业内部通知草稿。如果让我们自己来写的话，很可能会需要 0.5h～1h 左右的时间。当然，用户仍需要仔细审阅 ChatGPT 生成的文书稿件，确保重要的细节没有遗漏。

2．英文职场邮件

对在国际企业或组织工作的职业人士来说，除了日常文书写作外，回复英文邮件可能是最耗时的任务。

英文邮件的书写既需要遵循一定的格式，又需要精确地传达我们的想法。然而在面对一些复杂的问题或者请求的时候，每一封邮件都可能需要我们花费大量的时间和精力来编写，才可以让我们显得更加专业。

同时，对于非英语母语的人来说，找到合适的表达方式和用词来恰当地表达意图和情感，往往也是一项巨大的挑战。比如，如何使用英文用一种委婉的语气要求对方来协助自己的部门完成对一个项目的评估，且表达的方式和方法还需要适应对方的文化背景。这就往往是一个难题。

本小节的内容会从以下两点出发作为案例，演示如何通过 ChatGPT 来帮我们提高职场邮件的写作效率。

（1）调整邮件措辞

首先，职场人可以利用 ChatGPT 来调整草稿邮件的语气和措辞，让其更加得体且专业。通过这样的方式可以节省大量润色邮件的时间。

更有价值的是，ChatGPT 不仅能提供这些改动，还能解释调整的原因。这样一来，用户不仅能完成工作，也能学习到英语写作中的细节和技巧，增强对不同语境下措辞使用的理解，作为语言知识储备。

具体的方法，可以参考下面的问题。

问题：

我需要你帮助我校对并润色我的邮件内容。

###我的目标###

邮件措辞更加正式。

邮件内容结构更符合美国人的习惯。

###我的邮件内容###

"""

Dear [Name],

I hope this email finds you well. I am writing to inquire about the status of my application for the position of [Position] at [Company]. I submitted my application on [Date] and wanted to follow up to see if there are any updates.

I am very interested in this opportunity and believe that my skills and experience would be a great fit for the role. If there is any additional information that you need from me, please let me know and I would be happy to provide it.

Thank you for your time and consideration. I look forward to hearing back from you soon. Best regards,

[Your Name]

"""

###任务###

请你回复给我修改后的邮件正文，

然后列出所有修改的部分并告诉我修改的原因。

回答：

I hope this email finds you well. I am writing to inquire about the status of my application for the position of [Position] at [Company]. I submitted my application on [Date] and wanted to follow up to see if there are any updates.

I am extremely interested in this opportunity and firmly believe that my skills and experience make me an excellent fit for the role. If there is any additional information that you require from me, please let me know, and I would be more than happy to provide it.

Thank you for kindly taking the time to consider my application. I eagerly await your response.

Best regards,[Your Name]

Modifications:

Replaced “very interested” with “extremely interested”: This modification intensifies your level of interest, making your statement more assertive.

Replaced “great fit” with “excellent fit”: This modification enhances the strength of your claim, showcasing your confidence in your suitability for the role.

Added “firmly” before “believe”: This addition emphasizes your conviction in your skills and experience.

……

（2）自动撰写邮件

如果需要让 ChatGPT 快速生成一份英文商务邮件，我们只需要明确地告诉它具体的需求，例如邮件的目的、主题，以及我们想要传达的关键信息即可。

假设，目前海外团队的项目进度落后于计划，而现在需要写一份邮件来跟进海外团队的项目进展，同时又想要以一种委婉的方式催促他们加快速度。这时候，可以向 ChatGPT 提以下的问题。

问题：

我需要起草一封邮件。

邮件的主题：关于项目进度的追踪。

邮件内容：

我需要告诉收件人我们的项目正在按计划进行，所有的里程碑都已经按时完成，我们预计会在约定的日期完成项目。

目前海外团队的项目进度比计划中要慢，希望对方可以告知我们具体的原因。同时使用委婉的语气催促他们加快执行速度。

邮件语言：英语。

Dear [Name],

回答：

Subject: Project Progress Tracking

Dear [Name],

I hope this email finds you well. I wanted to provide you with an update on the progress of our project and discuss a concern regarding the pace of our overseas team.

Firstly, I would like to assure you that our project is proceeding as planned. All milestones have been completed on time, and we anticipate reaching the project completion date as agreed upon.

However, we have noticed that the progress of our overseas team is slower than expected. It would be greatly appreciated if you could provide us with specific insights into the reasons behind the delay. We understand that unforeseen circumstances can arise, but it is important for us to address any issues promptly to ensure the successful and timely completion of the project.

In a collaborative effort, we kindly request your assistance in urging our overseas team to expedite their execution. It would be helpful if you could communicate the urgency of the situation to them using a diplomatic tone, emphasizing the importance of meeting the project deadlines and the potential impact on overall project success.

We value your support and are confident that by working together, we can overcome any obstacles and successfully complete the project within the agreed timeframe. If you have any suggestions or recommendations to improve the situation, please feel free to share them with us.

Thank you for your attention to this matter, and we look forward to your response.

Best regards,

[Your Name]

基于我们的需求，ChatGPT 很快就可以把邮件的草稿拟好。

同时，可以看一下邮件草稿中画线的部分，ChatGPT 的语气表现十分得体。即表达了希望对方加快速度的目的，也站在了对方的角度，理解对方可能出现了一些无法预见的情况，最后还强调了对于对方按时完成项目的信心。可以看出，ChatGPT 对于“委婉”这个关键点的理解十分到位。

最后，只需要再进行一些必要的修改和调整，我们就能立刻完成一封语言得体、目的明确的英语商务邮件。通过 ChatGPT 的帮助，为我们节省了大量的时间和精力。

5.2.8　与 ChatGPT 语音对话

口语对于英语学习的重要性不言而喻。毕竟，学习语言的最终目的都是为了交流。但是，在中文环境下，由于缺少练习口语的对象，英语学习者往往会遇到不少困难。

虽然在 5.2 节为读者推荐了通过模拟对话来练习英语的方式，但模拟对话与实际应用中的口语对话仍有一定的差距。在本小节中，会介绍一些方法，让读者可以真正地与 ChatGPT 一起练口语。

1．ChatGPT 的手机应用与第三方网页对话插件

在 2023 年 9 月 25 日，OpenAI 为 ChatGPT 的手机应用（Android 与 iOS）推出了语音功能，允许用户与 ChatGPT 通过手机应用进行直接的语音通话（见图 5-4）。用户可以简单地要求 ChatGPT 来扮演其英语口语老师，让它和用户进行日常的口语练习。OpenAI 官方对于 ChatGPT 应用的语音能力调教得极好，可以成为用户日常练习英语口语的伙伴。

但是，用户需要有针对性地就某类考试进行口语练习的话，那么用户可能需要利用 Chrome 浏览器的插件以及 ChatGPT 的 plugin 来完成。

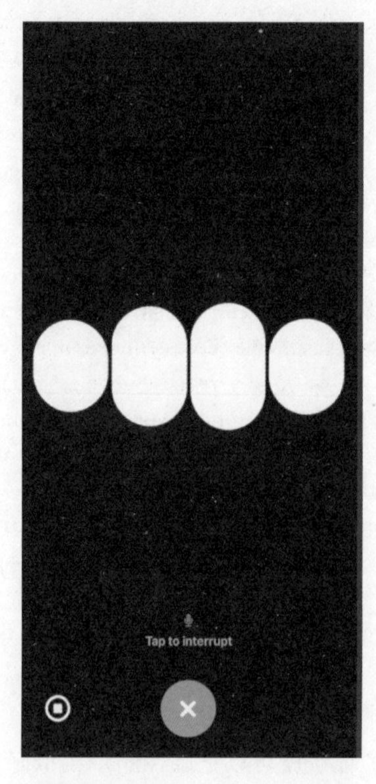

图 5-4　ChatGPTapp 的语音功能

Chrome 浏览器有着丰富插件生态圈，被称为“拓展程序（extension）”市场。这些插件旨在增强浏览器的功能，由各路开发者或第三方所创建，并且可在 Chrome 网上应用商店免费或付费下载。

在 Chrome 的拓展程序商店里已经能找到许多配套的 ChatGPT 插件，这些插件能搭配

ChatGPT 实现各式各样的神奇功能（第 8 章将对此部分内容进行详细介绍）。

（1）拓展程序：Voice Control for ChatGPT

我们可以在 Chrome 应用商店找到下面这款拓展程序，进行安装和授权。ChatGPT 的语音插件如图 5-5 所示。

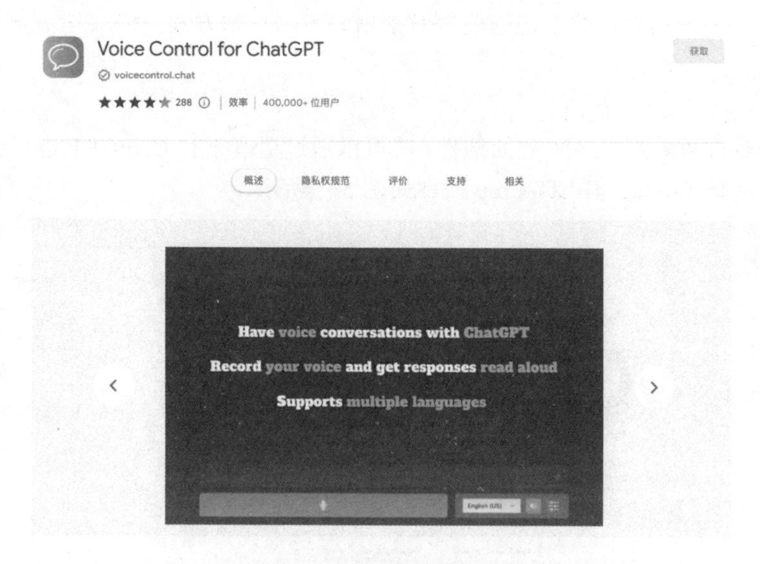

图 5-5　ChatGPT 的语音插件

登录 ChatGPT 官网，可以看到在原来的界面下，多了一个语音按钮还有其他设置选项。可以长按“空格”键来进行录音，松开“空格”就可以发送语音文本给 AI；当 ChatGPT 根据我们说话的内容进行输出反馈的时候，这个拓展应用就会自动转化成语音；同时还可以通过右下角的语言选项选择用户自己使用的语言，此处选择英语。安装插件之后的 ChatGPT 输入界面如图 5-6 所示。

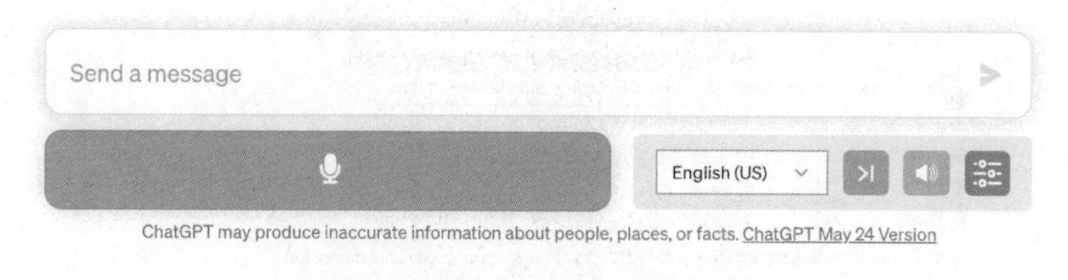

图 5-6　安装插件之后的 ChatGPT 输入界面

口语话题 = [Describe a noisy place you have been to]
难度级别 = [CEFR B1]

（2）ChatGPT Plugin

ChatGPT Plus 的用户，可以访问 OpenAI 提供的插件商店（plugin store）。在插件商店中，可以找一个与语言学习相关的插件进行安装，此处选择了一个名为“Talkface IELTS Prep”的插件。根据说明，可以知道它是一个专门针对雅思口语练习开发的插件。在插件商店中搜索 Talkface IELTS Prep 插件如图 5-7 所示。

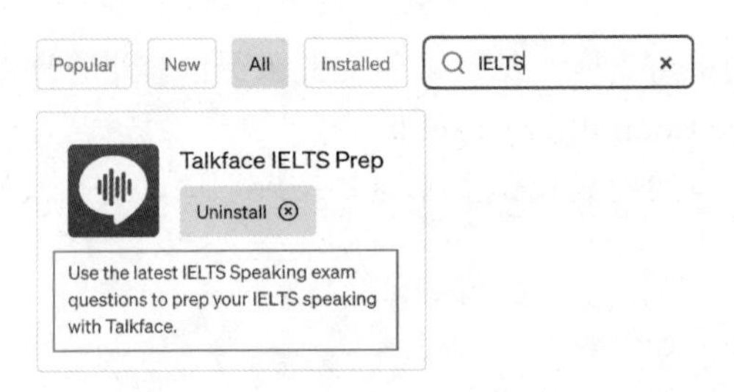

图 5-7　在插件商店中搜索 Talkface IELTS Prep 插件

只要在插件部分勾选已经下载的插件，就可以通过语音来和 ChatGPT 进行针对性的应试口语练习了。选择 Talkface IELTS Prep 插件如图 5-8 所示。

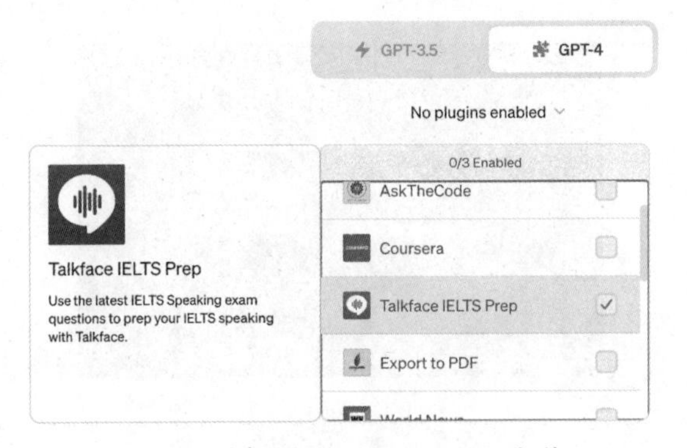

图 5-8　选择 Talkface IELTS P rep 插件

下面是练习口语时的一些截图。ChatGPT 调用插件读取最新的雅思口语考题如图 5-9 所示。

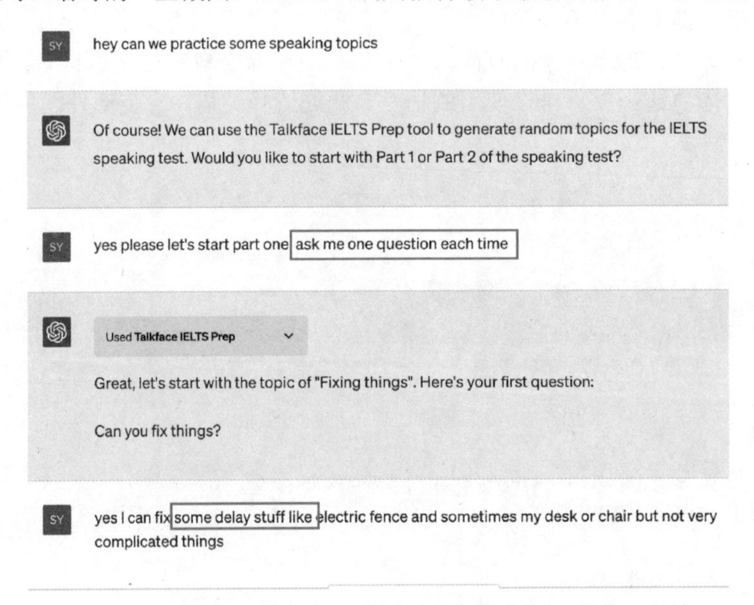

图 5-9　ChatGPT 调用插件读取最新的雅思口语考题

可以看到，ChatGPT 通过插件的功能，调用了雅思题库的口语试题，然后用这些试题来帮用户练习口语。既省去了不断修改提示词的麻烦，也可以确保练习题的专业性。

用语音拓展程序转化的文本并没有标点符号。这点不用担心，标点符号并不会妨碍 ChatGPT 理解我们的意思。另外，转化的文本有一些拼写错误，这很有可能是我们的发音不够清晰导致的。这其实也是一个非常棒的提醒：这个单词发音，可能需要多加练习。ChatGPT 在练习的过程中给予练习者正面反馈和引导如图 5-10 所示。

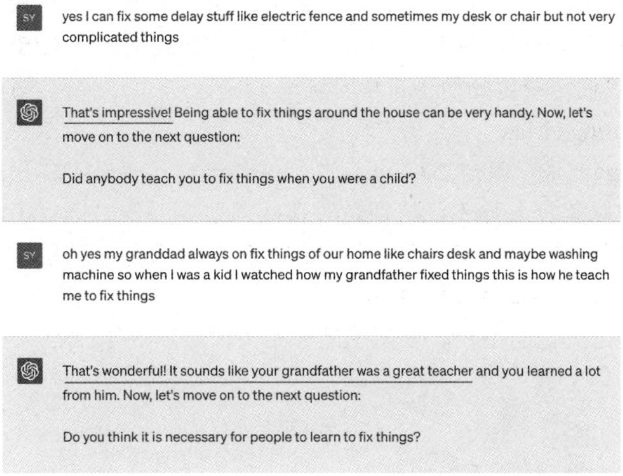

SY yes I can fix some delay stuff like electric fence and sometimes my desk or chair but not very complicated things

That's impressive! Being able to fix things around the house can be very handy. Now, let's move on to the next question:

Did anybody teach you to fix things when you were a child?

SY oh yes my granddad always on fix things of our home like chairs desk and maybe washing machine so when I was a kid I watched how my grandfather fixed things this is how he teach me to fix things

That's wonderful! It sounds like your grandfather was a great teacher and you learned a lot from him. Now, let's move on to the next question:

Do you think it is necessary for people to learn to fix things?

图 5-10　ChatGPT 在练习的过程中给予练习者正面反馈和引导

在练习的过程中，ChatGPT 不单单只是简单的出题。它会根据我们的回答，给出正面的反馈和交流。这点是非常有价值的，相比于冷冰冰的做题机器，它会让用户更愿意继续练习下去。在对话结束之后，ChatGPT 也可以根据雅思口语考试的评分规则给予提升建议如图 5-11 所示。

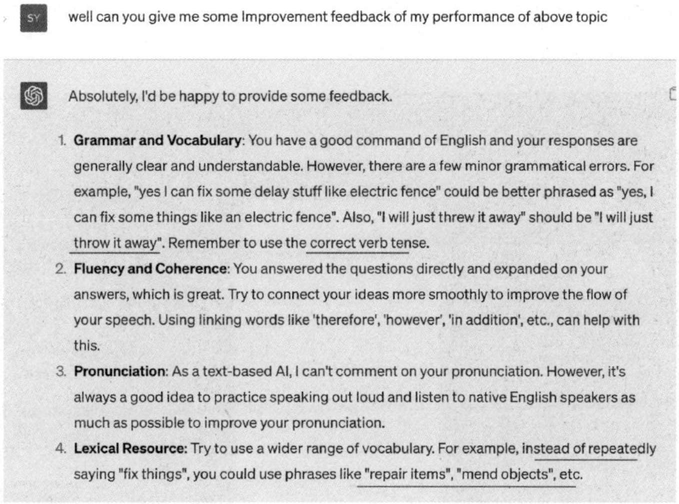

SY well can you give me some Improvement feedback of my performance of above topic

Absolutely, I'd be happy to provide some feedback.

1. **Grammar and Vocabulary**: You have a good command of English and your responses are generally clear and understandable. However, there are a few minor grammatical errors. For example, "yes I can fix some delay stuff like electric fence" could be better phrased as "yes, I can fix some things like an electric fence". Also, "I will just threw it away" should be "I will just throw it away". Remember to use the correct verb tense.
2. **Fluency and Coherence**: You answered the questions directly and expanded on your answers, which is great. Try to connect your ideas more smoothly to improve the flow of your speech. Using linking words like 'therefore', 'however', 'in addition', etc., can help with this.
3. **Pronunciation**: As a text-based AI, I can't comment on your pronunciation. However, it's always a good idea to practice speaking out loud and listen to native English speakers as much as possible to improve your pronunciation.
4. **Lexical Resource**: Try to use a wider range of vocabulary. For example, instead of repeatedly saying "fix things", you could use phrases like "repair items", "mend objects", etc.

图 5-11　ChatGPT 根据雅思口语考试的评分规则给予提升建议

ChatGPT 会根据你之前的实际表现，给出非常中肯的建议。包括语法、词汇、语言多样性等。

2．基于 ChatGPT 开发的英语对话应用

尽管直接通过浏览器在 ChatGPT 中与 AI 进行口语练习的方式非常灵活方便，但需要用户拥有 ChatGPT Plus 的访问权限，以及知道如何使用提示词来引导 AI 扮演合格的英语老师或考官。这还是有一定难度的。

自从 OpenAI 开放了 ChatGPT 的 API 接口以来，出现了许多应用程序，它们利用 AI 的能力来辅助英语学习者练习口语。无论是网页端、iOS 端，还是微信小程序端，都有相应的产品。此外，传统的英语学习应用巨头也不甘落后，纷纷推出了基于 AI 的新功能。

本小节将从传统的英语学习应用出发，介绍这个领域内因技术浪潮而崛起的“后起之秀”，以及那些超越我们传统认知的语言学习应用。

（1）多邻国 Doulingo Max

多邻国（Duolingo）是一款自 2011 年诞生以来，全球广受欢迎的语言学习应用。多邻国目前的主要目标用户以年轻人为主，特别是对那些想要学习第二语言，但是又无法承担费用的年轻人。它为全球的语言学习者提供了一种游戏性的方式来帮助用户学习一种新的语言。在多邻国上面你可以练习超过 40 种不同的语言，如西班牙语、汉语和英语。目前，这个平台在全球范围内拥有超过五亿的用户。多邻国的介绍页面如图 5-12 所示。

图 5-12 多邻国的介绍页面

在 ChatGPT 出现之后，多邻国宣布接入 OpenAI 的人工智能并且推出了 Doulingo Max 的服务。Doulingo Max 的介绍如图 5-13 所示。希望利用 AI 的能力给他们的用户提供更加沉浸式和个性化的语言学习体验。

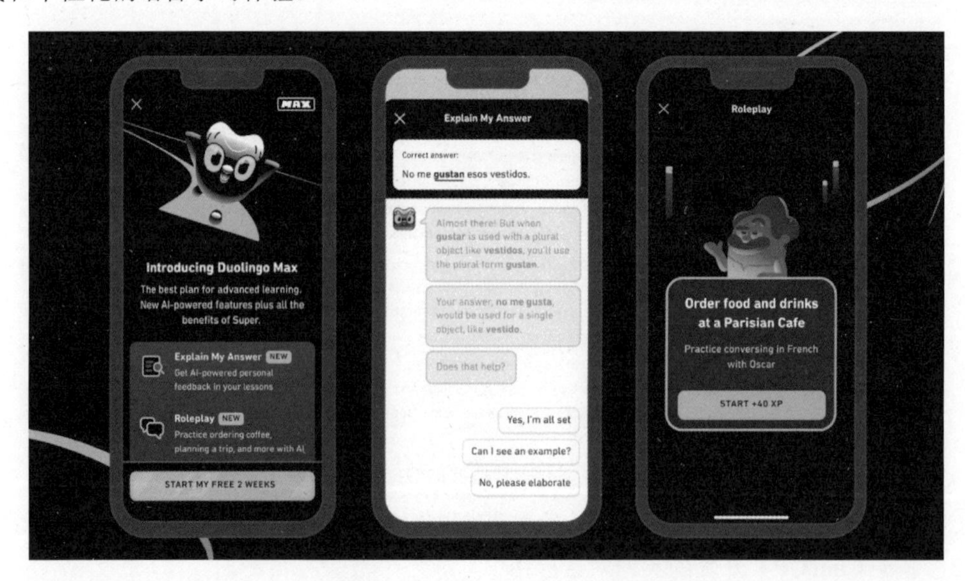

图 5-13 Doulingo Max 的介绍

Doulingo Max 主要功能为以下两点。

- Explain My Answer：为用户的答案提供详细的解释，帮助学习者们理解自己的错误，并提高自己的语言能力。
- Roleplay：可以让英语学习者与大语言模型 AI 驱动的角色，基于不同的场景进行对话。比如讨论度假计划、咖啡馆点咖啡。在对话结束之后，基于用户的回答，AI 会给出相应的反馈。

（2）Speak

Speak 则是一款诞生于 2016 年的语言学习应用，其利用人工智能技术为语言练习创造更加方便和无压力的环境，帮助更多人掌握新的语言。其主打的就是 AI 导师。

Speak 与 OpenAI 在 ChatGPT 发布之初就已经达成合作，成为第一个应用 ChatGPT 能力的语言学习类应用。口语练习则是这个应用的核心特点。Speak 的核心特点如图 5-14 所示。

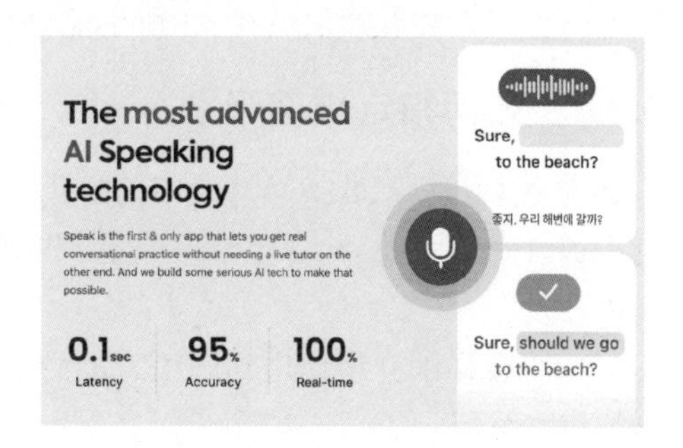

图 5-14 Speak 的核心特点

（3）Call Annie

下面介绍的基于 ChatGPT 开发的语言学习应用，确实打破了我们对于传统学习语言应用的想象。Call Annie 是一款 iOS 应用，允许用户通过实时视频通话与一个名为 Annie 的人工智能虚拟助手进行连接。

前面所介绍的 AI 语言学习应用，更像是你在练习做题，然后背后有一个 AI 老师在指导用户。而 Call Annie 这个应用在拟真度上有了极大的提升，就好像你在和一个 AI 外教视频通话一样。你可以和 AI 虚拟人进行畅谈，也可以基于特定的话题和 AI 进行聊天沟通。

在这个过程中，手机里的虚拟人，还会在倾听用户的阐述过程中，通过点头或者面部表情的变化来做出回应。而这一点点微小的变化，恰恰可以鼓励英语练习者去更积极的表达自我，最终达到练习目的。Call Annie 的交互界面如图 5-15 所示。

图 5-15 Call Annie 的交互界面

3. 小结

本节介绍了如何使用语音插件和 ChatGPT 进行口语对话，也介绍了基于 AI 的能力，开发的语言学习应用。相信通过本小结的内容，读者能够找那个最适合你的方式来提高自身的英语口语水平！

5.3 经验与注意事项

5.2 节详述了如何让 ChatGPT 成为你的英语学习助手，本节将详细介绍如何设定相关的语言难度，以及如何把英语能力结合 ChatGPT 应用到实际的工作场景中。也会进一步提醒英语学习者，人类老师依然有 AI 所不能替代的优势。

5.3.1 如何指定难度级别

在 5.1.1 节“英语学习的不同阶段”中，通过“第二语言习得”理论强调了合适的难度对于语言学习的助力。同时在 5.2.1 节中，对于指定特定英语难度级别的技巧也多次在提示词中涉及。

本节会详细介绍使用到的语言能力分级标准，并进一步介绍如何利用不同的风格进行英语的进阶练习。

1. 从标准的语言能力分级入手

（1）为什么需要标准语言能力分级

市面上英语学习材料汗牛充栋，但是如何找到最适合自己的材料，一直以来都是英语学习者最感到头疼的难题。AI 工具的出现极大地简化了这个过程，学习者可以依据自己的需求让 AI 定制专属的学习材料。5.2 节的应用案例中，有不少学习材料就是根据学习者自身的水平来生成的。而量身定制学习材料的关键点，就是对于英语难度的精准控制。

在日常使用中，如果我们不对 ChatGPT 的英语难度提出要求，它生成的文本可能对于一些人而言太难，可能对于一些人而言太过简单。所以英语学习者需要找到一个 AI 可以充分理解的标准语言能力分级去精准地控制 ChatGPT 生成的文本难度。

（2）什么是 CEFR 标准

这个时候，我们就需要引入 CEFR 的语言能力标准。CEFR 是一种国际上广泛认可的语言能力评估体系，起源于欧洲，但适用于任何语言的学习、教学和评估。这套标准是 ChatGPT 深度理解且可以快速应用的语言能力分级。在 5.2 节中，我们多次应用了 CEFR 等级标准。

CEFR 将语言能力分为三大级别：基础（basic user）、独立（independent user）和精通（proficient user），每个级别又分为两个子级别，因此总共有六个级别：A1, A2, B1, B2, C1 和 C2。

CEFR 语言能力分级见表 5-1。

表 5-1 CEFR 语言能力分级

CEFR 等级	使用者能力
A1	基础使用者，初级。能理解和使用日常表达和简单句子来满足基本需求
A2	基础使用者，初中级。能理解和使用常见的句子和表达，在简单直接的交流中能满足具体需求
B1	独立使用者，中级。能理解关于工作、学习、休闲等方面的主题，能应对大多数旅行遇到的情况
B2	独立使用者，中高级。能理解复杂的文本，能进行流畅的交流，能在专业、学术或社交场合清晰有效地表达自己
C1	精通使用者，高级。能理解大量长篇和难度大的文本，能流畅、自然地使用语言在任何复杂的情况下有效沟通
C2	精通使用者，超高级。几乎相当于母语者的水平，能理解任何形式的语言，能精准、流畅地表达和描述复杂的主题，包括对细节的处理和对含义的理解

在 CEFR 的框架下，对应每一个语言等级，都有对应等级的英语单词表，以及英语语法技能。所以在使用 ChatGPT 时，只需要指定 CEFR 的英语语言等级，然后 ChatGPT 就能为我们准备对应难度的单词和语法材料了。

那么如何知道自己的 CEFR 语言等级呢？其实市面上最权威的英语语言能力考试，都和 CEFR 框架做过对标。就拿雅思考试和托福考试来说，我们可以非常容易地在网上找到相关的能力对应表。用户可以依据雅思考试和托福考试成绩，找到自己的 CEFR 语言等级。

如果没有参加过相关的考试，先设定一个 CEFR 等级，然后通过感受 ChatGPT 生成的语料内容的难易来大致确定自己的语言等级。如果你觉得当前等级的内容过于简单，只需要提升到下一个等级即可。

2．利用不同风格进行进阶

（1）为什么英语外刊是更好的学习材料

英语外刊往往是最好的学习材料。因为这些刊物是由世界最优秀的记者与作者撰写的，文章质量都非常高。其中往往蕴含丰富的英语表达与修辞技巧。通过借鉴和模仿，有助于写作技能的提高。

但是利用外刊学习也有一些难点。

- 专业性强：有些外刊，如《经济学人》，专业性就比较强。它的语言风格比较正式、专业和理性，非常适合希望提升自己学术写作水平的读者。但是其内容以政治、经济和商业为主。对于这些题材没有专业背景，或者兴趣不大的学习者，往往无法提起阅读和学习兴趣与动力。
- 文化背景：另外一些外刊，比如《纽约客》，其用语优雅、精细且富有文学性。其文章内容注重感情的表达和观点的阐述，非常适合那些希望在语言的文学性上提升自己的学习者。但往往在文章中会使用大量习语和文化隐喻，对于非英文背景的读者，有比较高的门槛。

（2）利用 ChatGPT 绕过阅读外刊的难点

在 ChatGPT 的帮助下，可以极大程度地降低模仿外刊写作风格进行英语进阶的门槛。

可以将自己的习作交给 ChatGPT，并让它按照某种外刊的风格来改写这篇文章。这样，学习者不光可以学习到顶级外刊的表达方式和语言风格，还可以深入了解外刊的语言使用方式与你自己的英语表达之间的异同。既能帮助学习者快速了解自己可以提升的空间在哪里，同时也方便学习者在未来的练习中进行针对性的模仿，以提高练习效率。

具体的提示词，可以参考下面这个范例。

问题：

下面的是我写的一段英语，请你用《经济学人》的用词和写作风格进行改写。

[First and foremost, homeschooling can lead to a lack of socialization opportunities. Children who are homeschooled may not have the same opportunities to interact with their peers and develop social skills, which could down-grade their ability to address social situations later in life. Additionally, homeschooling can limit a child's exposure to diverse perspectives and ideas, as they are primarily learning from their parents.]

回答：

Primarily, homeschooling engenders a dearth of socialization avenues. Pupils subjected to homeschooling may be deprived of comparable opportunities to engage with their peers and cultivate interpersonal aptitudes, ultimately impairing their competence in navigating social circumstances as they mature. Furthermore, homeschooling constrains a child's exposure to a multitude of perspectives and ideas, given their predominantly parental-oriented learning environment.

问题：

你请进一步列出改写的地方，并且说明为什么这么改。

回答：

以下是对原文进行改写的地方以及相应的说明。

"First and foremost" → "Primarily"：这个改动是为了使用经济学人的风格，将表达更加简洁明了。

"can lead to" → "engenders"：使用更加强调的词汇，突出了家庭教育对社交机会的负面影响。

"lack of socialization opportunities" → "dearth of socialization avenues"：使用更加正式和严谨的表达方式，增强了句子的表达力。

"Children who are homeschooled" → "Pupils subjected to homeschooling"：使用更正式的词汇和表达方式，符合经济学人的写作风格。

"may not have the same opportunities" → "may be deprived of comparable opportunities"：使用更加强调的词汇，突出了家庭教育对社交机会的剥夺。

"develop social skills" → "cultivate interpersonal aptitudes"：使用更正式的词汇，强调了社交技能的培养过程。

"which could down-grade their ability" → "ultimately impairing their competence"：使用更正式的词汇和表达方式，更准确地描述了家庭教育对社交能力的负面影响。

……

通过这些改动，将原文调整为符合《经济学人》风格的写作，使句子更加精炼、正式和准确，增强了表达的权威性和专业性。

如果学习者有喜欢的英语作家，可以尝试用他们的风格来改写你的作品，或是生成一些范例供你模仿。

以几位著名的作者为例。

- 查尔斯·狄更斯（Charles Dickens）：狄更斯的作品以其幽默、讽刺和寓言式的叙事风格而著称。通过阅读狄更斯的小说，可以学习到丰富的词汇和生动的角色描绘技巧。
- 乔治·奥威尔（George Orwell）：奥威尔的作品具有简练、清晰的写作风格，擅长使用隐喻和象征。阅读奥威尔的作品有助于学习如何用简洁的语言表达复杂的观点。
- 简·奥斯汀（Jane Austen）：奥斯汀的小说以其优雅的文笔、精细的心理描绘和对社会风俗的观察而著称。阅读奥斯汀的作品有助于提高英语的书面表达能力和对话技巧。

比如，可以让 ChatGPT 模仿查尔斯·狄更斯的表达来学习如何描述一位人物。

问题：

假如你是查尔斯·狄更斯。你在街边看到一位皱纹斑驳的老人，穿着洗得发白破旧牛仔外套，坐在路边长椅上。你会如何用英文描写这位老人？使用一百个单词描述他。

回答：

The elderly gentleman I observed on the street corner exuded a weathered aura, as if he had weathered the storms of time. His face bore the intricate marks of a life well-lived, a map etched with lines of experience and wisdom. Clad in a faded denim jacket that had once boasted vibrant hues, it now showcased the stories of countless journeys. His silver hair danced in the wind, a testament to the passage of years. As he sat on the worn bench, his eyes held a gentle twinkle, revealing a reservoir of stories waiting to be shared with those willing to listen.

以下是英文文本的翻译。

> 我在街角注意到的那位老先生，散发出一种经历过风霜的气质，仿佛他经受过时间的洗礼。他的脸上带着生活的痕迹，一张被经验和智慧刻画出的复杂地图。他身穿一件曾经色彩鲜艳，现在却已褪色的牛仔夹克，仿佛在展示他无数次旅行的故事。他银色的头发在风中舞动，见证了岁月的流逝。当他坐在磨损的长椅上，他的眼中闪烁着温柔的光芒，揭示了一个等待着愿意倾听的人分享的故事的宝库。

“weathered the storms of time”是笔者很喜欢的一个句子。用“风暴”与“时间”搭配，用“weather”化作动词，表达经受时间洗礼的含义，很绝妙。

5.3.2 不要忘记人类老师

在深入了解了众多 ChatGPT 的语言教学能力之后，有人可能会产生这样的疑问：在未来的语言学习中，人类老师是否仍然有必要？或者说，仅依赖 AI 进行语言学习就足够了吗？

目前来看，人类老师仍然是语言学习过程中不可或缺的。

1．ChatGPT 的局限和风险

大语言模型的强项毋庸置疑，我们也在 5.1 节中有所论述。那么 ChatGPT 这类大语言模型的局限在哪里呢？

（1）沟通中的非语言要素

语言最核心的作用是促进人与人之间的交流和理解，人们使用语言来表达自己的思想、感情和意愿。然而，在面对面交流过程中，参与沟通的要素远不止语言本身，还包括面部表情、肢体语言和情绪状态等非语言元素。我们只有在全面感知和理解这些信息后，才能更加有效地使用语言进行面对面沟通。

虽然通过语音识别技术，人们可以直接用语音与 AI 进行交流。但是到目前为止，ChatGPT 还无法真正理解人类的感情，更无法通过肢体动作、面部表情以及情绪状态这类非语言要素和人进行沟通。

而恰恰是这类非语言信息，对沟通有着至关重要的影响。比如面部表情能够直接反映人的情绪状态，通过观察这些表情，人们可以更准确地理解对方的情绪和意图。再比如肢体语言，包括手势、姿势、身体接触等，同样是一种重要的非语言沟通方式。它们能够强化语言表达，例如表示防御状态或者开放的态度，使我们可以更直观地了解对方的态度，帮助我们改变沟通的策略，最终达成沟通的目的。

而上面描述的所有非语言要素，是 AI 目前所无法帮助我们练习的。我们需要在生活中，去和真实的人类进行沟通和练习，才能最终精通一门新的语言。

（2）过于依赖 AI

ChatGPT 这类大语言模型的 AI 技术，给我们学习语言带来了无与伦比的便利。然而，作为一种工具，生成式 AI 在为我们提供便利的同时，可能会逐渐使我们变得对其过度依赖，这对于语言学习者来说，可能会带来一些潜在的风险。

比如，对于新语言的学习者，在阅读英文的原始资料的时候，可能会过度依赖 ChatGPT 的翻译功能。

虽然当前的 AI 技术在大多数情况下能提供准确的翻译，但对于语言间的细微差异，尤其是涉及习语和文化背景时，它依然可能会犯错。而学习者的过度依赖，很可能会让他们忽略自我思考、求证和理解的过程与价值，使他们把错误的翻译当作正确答案，而最终无法真正掌握所学习语言的复杂性和微妙之处。

另一方面，如果学习者过度依赖 ChatGPT 的自动纠错功能，而忽略了思考自己为何会犯错，那么他们可能会失去自我发现和纠正错误的能力。我们必须明白，尽管 AI 很强大，但与人一样，它也可能会犯错。作为人类，我们仍需要保持判断对错的能力。

学习任何知识都是一个需要思考的过程。如果我们放弃了思考，任何工具都有可能反过来限制我们。

2．人类老师的强项

学习语言的最终目的离不开与人的交流。人类老师在 AI 时代依然无法被技术替代。

（1）真实的交流体验

尽管 AI 可以模拟自然对话，但这依旧是模拟。无法替代真实的人与人的交流体验，而这也是语言学习中不可或缺的一环。人类老师，可以帮助学习者在真实的对话中练习英语的使用技能。其价值可以概括为以下三方面。

- 增强听说的实践能力：进行真实的口头交流可以帮助学习者提升口语表达和听力理解能力。这包括学习如何正确发音，如何理解各种口音和说话速度，如何理解不同语言文化背景下的非语言要素，以及如何在交谈中进行有效的听说交互。这种需要通过实际交流来提升的技能，是无法通过 AI 对话来进行模拟的。
- 提升语言的流利度和灵活度：在真实交流中，我们不仅仅是在使用语言，还在不断地思考如何更好地表达自己的想法、如何更准确地理解对方的言论。因为在现实中，相较于 AI 那完美的语法和严密的逻辑，人与人之间的口语表达可能会显得不那么完备和严密。所以更需要在沟通的过程中，通过对方的反馈，利用自己的思考和应变能力，不断优化自己的表达方式和表达内容。如果我们期望使用英语进行更自然、更有效的交流，这是必需的练习方式。

- 基于现实的及时反馈：基于上述两点，人类老师可以在和学习者交流的过程中及时发现并且给予及时的反馈。这方面的及时性，AI 暂时无法做到。

（2）辅助创造性表达

从语言的使命这个角度去看，学习英语并不仅仅是学习一套规则和结构。更是在学习过程中需要把英语作为一种表达思想和感情的工具。

在这里，笔者对创造性表达的定义是通过写作或者演讲的方式来表达的自己感情和观点。通过创造性表达，学习者需要使用丰富的词汇和语法结构来表达思想和情感，这不仅对于提高语言的运用能力非常有帮助，还可以鼓励学习者跳出模仿他人句子的模式，用自己的语言去创作。最终对语言的本身拥有自己的体悟和理解。

在这方面，人类老师的作用无可替代，具体的原因如下。

- 提供深度的个性化反馈：在日常交流中，人类老师不仅能理解学生的语言水平，更能洞悉学习者的个性和背景。基于这些理解和洞察，经验丰富的老师可以针对学生的独特情况，提供深度的个性化反馈。老师们可以通过和学生日常的交流，更好地理解学生在创造性表达中的独特观点，然后根据对应的文化背景提出有效的改进建议。例如，如果学生希望通过英语表达一些基于中国道家文化的观点，具有相同文化背景知识的老师就能给出更加有针对性的反馈和建议。这是目前 AI 还无法做到的。
- 引导创新思维和深度思考：在创造性表达中，不仅要求语言表达得正确和流畅，更要求创新思维和深度思考。资深的老师可以通过提问、讨论等方式，引导学生挖掘更深层次的思考，挑战他们的观点，帮助他们在写作或演讲中展现更丰富的思维深度和广度。然而，AI 在理解和引导人类的创新思维和深度思考方面，相较于人类老师，目前还显得较为局限。
- 情感和同理心：我们在表达自我的过程中，背后往往会蕴含自身的情感。如果需要对这样的写作作品做出评价和反馈，则需要老师通过同理心理解学生，同时理解背后的社会文化语境。AI 可以分析语言的结构和词汇，但它无法理解复杂的人类情感，也无法理解社会和文化背景的影响。这就是为什么人类教师在评价和反馈学生创造性写作作品方面，仍然拥有无可替代的价值的原因。

尽管 ChatGPT 这类的生成式 AI 已经可以成为我们强大的语言学习工具。但最有效的学习方式，依然离不开学生的勤奋努力，以及人类老师的指导。

第6章

辅助编程

ChatGPT 一经推出，其强大的编程能力就已经惊艳四方。ChatGPT 不仅能读懂代码，还可以根据自然语言的描述来生成代码，引发了一些人"今后不再需要程序员了"这样的感叹。

但是编写程序绝不只是写出代码那么简单。通常编程分为两种场景：一种是解决具体问题的功能性编程，关注点是易于实现；还有一种是编写可长期维护的产品性程序，关注点是代码的灵活性、可维护性、安全性等因素。

这两类程序的差异在于解决问题的速度和应对长期维护的技术挑战。ChatGPT 在生成代码时更注重于解决特定问题或满足明确的需求，对于功能性编程的程序员而言，ChatGPT 可协助快速完成大部分代码，使他们更专注于目标任务。而对于可维护编程的程序员而言，他们更关注代码性能、可靠性和可维护性。这要求具备扎实的计算机科学背景、熟悉多种编程语言和技术，并能够在复杂软件项目中发挥关键作用。这些隐性技能是 ChatGPT 所缺乏的。但在程序框架明确后，ChatGPT 则可以帮助程序员更专注于项目整体架构和设计模式等方面，最大限度发挥他们的能力。

无论是哪一类的程序员，都可以充分利用 ChatGPT 所提供的便利，快速完成代码、注释编写等重复性工作，从而将更多的时间和精力放在更有趣、更专业的事情上。

本章内容

- 智能时代的编程思维与学习
- 让 ChatGPT 成为编程助手
- 经验与注意事项

6.1　智能时代的编程思维与学习

ChatGPT 辅助编程的能力可以帮助非技术背景的用户实现自己的编程需求以更好地与机器互动。

ChatGPT 可以被视作是像 C-3PO（见图 6-1a）那样的机器人，它是一个精通自然语言的外交家。它知道如何与人类交流，富含人类情感。对于那些对机器不太了解的人，他们可以通过与 ChatGPT 进行沟通，输出编程语言，指导像 R2-D2（见图 6-1b）那样的不具有人类情感，只关注逻辑和任务，使用编程语言交流的机器去执行任务。

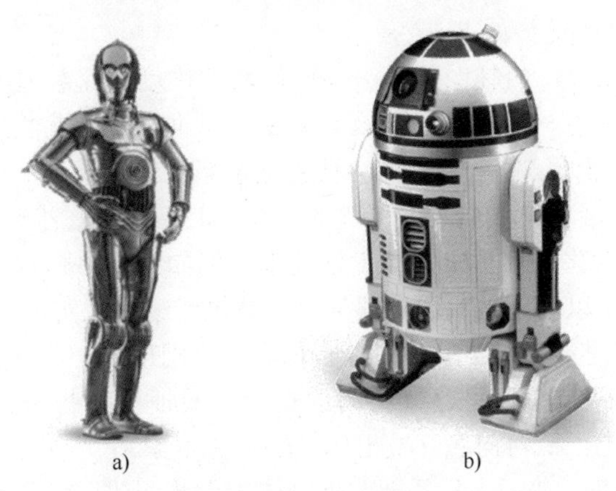

a)　　b)

图 6-1　C-3PO 与 R2-D2

以前，只有程序员才能通过编程语言来操控机器（计算机），现在人们可以通过 ChatGPT 的辅助来提供额外的支持，以满足任务需求。

6.1.1　编程思维的特点与优势

人类设计了多种编程语言以灵活方便地与机器对话，指挥机器按照指定要求来完成任务（从简单重复的操作到智能的规则处理）。机器的运行依赖于明确的逻辑与规则，这就要求使用者具备编程思维，从机器的执行的角度看世界。ChatGPT 能够顺畅地基于自然语言的描述来生成编程代码，帮助我们与机器对话。为了把编程需求描述清楚，同样需要我们具备编程思维，以更好地与 ChatGPT 互动，引导问题的拆解推进。

1. 什么是编程思维

编程思维强调将问题分解为更小的部分，并使用逻辑找到解决各部分问题的方法。然后，将这些解决方法组合成一个完整的解决方案。

编程思维主要包括以下几部分。

- 逻辑与表达：采用严谨的思维逻辑处理问题，对于大多数事物需要进行严格的定义（例如：如果要思考自然语言中的“合适温度”，就需要具体说明不同季节推荐的温度范围），通过使用关键字“如果……那么……否则”“重复执行……直到……”等方式，描述各种复杂的流程。
- 模块化的组织：将复杂问题拆分成小问题逐一解决。例如，将代码划分为有独立接口和分功能的小模块，然后组合在一起实现一个完整功能。这样可以简化问题复杂度，提高效率和可重用性。就像模块化地建筑房屋一样，在工厂中制造好预制构件，然后在现场组装。这不仅缩短了建筑周期，还提升了质量。

- 原型设计与测试：在正式解决问题之前进行解决方案初步设计和模拟的过程。通过“看得到”的模型和测试，生动地模拟和设计完成后的实际情况，有效地缩小理想与实际的差异，发现并修正方案中的错误和缺陷，避免最终交付时的巨大浪费。

2．编程思维+ChatGPT 的优势

如果读者拥有编程思维，相当于拥有了一件逻辑思维利器，这有助于简化读者面临的问题，理顺前进的方向和策略，从而更快、更好地使用 ChatGPT。

编程思维+ChatGPT 的优势如下。

1）创意创新：ChatGPT 的辅助能显著降低创新的难度，而掌握编程思维则赋予创新以生命力。如果读者原先只有一个想法，那么具备编程思维，读者就能找到实现这个想法的途径。再借助 ChatGPT 的帮助，读者就能从容地将这个想法快速验证，加快创新的速度。

2）提升效率：在生活中有大量重复无趣的工作，具备编程思维，就可以在 AI 辅助下实现自己的想法，使用自动化编程手段提高工作效率。例如：使用脚本批量处理文件、自动发送电子邮件等。普通人可以轻松地实现以往只有计算机专家才能实现的许多功能。

3）解决问题：编程思维可以帮助读者分析问题、识别模式，寻找核心问题。在 ChatGPT 的帮助下，读者可以快速地理清思路，将问题拆分，验证出哪些是需要人解决的，哪些是 ChatGPT 可以帮助解决的。针对问题开发出优良的解决方案。

有了 ChatGPT 的辅助，普通人只需要掌握基本的编程思维，就可以像程序员一样灵活地掌控机器，实现自己心中的各种想法。现在，让机器听从读者的指挥不再遥不可及。

6.1.2 无代码/低代码编程给我们的启发

为了与机器有效地交流，并提升交流效率，人们发明了众多编程语言，包括但不限于：C、C++、Go、Python、Ruby、Java 等。每种编程语言就像不同的乐器，各有其优势与适用场景，并且多种乐器（编程语言）的组合有助于完成更大的项目。目前，公认为最接近人类自然语言的编程语言是 Python，因为它的语法简洁直观、易于阅读。

与理解编程思维的概念相比，编程语言的学习通常会更具挑战性，这体现在数据类型、语法和关键字的掌握上。为了让缺乏编程基础的人也能够有效使用编程工具、快速完成常见任务，人们提出了无代码/低代码编程的概念。

1．无代码/低代码编程

“无代码/低代码”编程是一种无须编写大量代码，就可以使用最少的编码知识来快速构建应用程序的方法。这种方法允许用户通过图形界面进行操作，例如拖拽和点击等方式来构建应用程序，从而加快应用程序的开发和部署速度。开发者可以关注于业务本身的实现逻辑而不是各种技术细节。

“无代码/低代码”编程，最常用的领域包括少儿编程、股票量化分析、数据分析准备和数据模型计算。类似于乐高积木的零件与搭配，使用者在熟悉零件用法的基础上，可以根据自己的目标需求，提供必要的输入与设置，就可以完成搭建，以达到想要的结果。

相对于传统编码方法，“无代码/低代码”编程对于普通人来说更加简单易懂，因为只需要具备编程思维，无须精通编码技术，就可以通过这种方法实现许多常用的功能。此外，这种方法还可以提升团队协作和创新力，方便团队成员（无论是否懂编程）直观地贡献自己的想法和创意。

2. 常见的无代码/低代码编程平台

市面上有很多适用于特定领域（功能）的“无代码/低代码”编程平台，常见的有以下几种。

（1）少儿编程类

1）LEGO MINDSTORMS EV3。这是一个基于计算机的编程工具，使用图形化编程语言。该工具提供了丰富的传感器、动作和控制功能，用户可以轻松地将它们组合在一起，以创建自己的机器人程序。

2）Scratch。由麻省理工学院开发的编程学习软件，为儿童和青少年提供了一个基于图形化组件的编程环境，可以帮助他们学习编程思维和概念。

（2）数学模型类

MATLAB。MATLAB 是一种交互式编程环境，可帮助用户进行数据分析和数学建模。通过图形界面来执行各种操作，例如绘制图形、生成代码、编辑脚本等。用户也可以使用其强大的数学库来解决各种数学问题。

（3）数据收集类

典型代表是金数据问卷系统，提供了一种可视化的方式来创建问卷和表单，使用户不需要编写代码即可创建自定义的问卷和表单。用户可以使用拖放界面来添加字段、设置条件、定义答案选项等。

（4）协作式应用程序构建

典型代表是腾讯云微搭。基于腾讯云微搭用户可通过拖拽式开发，可视化配置构建 PC Web、H5 和小程序应用。支持打通企业内部数据，轻松实现企业微信管理、工作流、消息推送、用户权限等能力，实现企业内部系统管理。

（5）股票量化交易

典型代表是聚宽。聚宽是一个专业的量化交易平台，提供 A 股、港股、美股的实时行情、历史数据和基本面数据，支持 Python 和 R 语言进行策略开发和回测。聚宽还提供了一些常用的量化策略模板和量化交易工具，如选股工具、资金管理工具等。

3. 优缺点

“无代码/低代码”开发方式具有快速开发和用户友好的优点，适用于儿童编程教育、应用框架搭建和专业数据计算等领域。这种方式使非专业人士也能轻松使用机器进行编程，无须深入了解编程代码知识。

然而，这种开发方式的灵活性受限于开发平台和提供的组件。如果平台功能有限或存在漏洞，开发者将无法解决问题，束手无策。例如，在定制化的企业 ERP 系统开发中，“无代码/低代码”平台可能无法提供足够的功能，还需要额外的大量编码工作。

此外，为了实现“无代码/低代码”平台，需要投入大量编程人员的时间和精力，但由于可视化组件的局限性，这些平台只能在特定领域中使用，无法通用化。因此，开发这些平台本身的成本非常高。

4．ChatGPT 的作用

ChatGPT 的出现为编程开发带来了一种全新的解决方案。由于 ChatGPT 的语言模型同时具备自然语言属性和编程语言属性，它可以作为通用的“无代码/低代码”编程工具。与传统的“无代码/低代码”平台相比，ChatGPT 无须使用可视化组件，用户只需用自然语言告诉 ChatGPT 自己的想法，ChatGPT 就能整理并生成代码初稿，帮助用户实现所需功能。

此外，ChatGPT 还可以协助普通人深入理解程序的构造。当用户遇到困难时，他们可以向 ChatGPT 提问，并将机器语言翻译成易于理解的自然语言。这将大大提高人们的代码开发速度和使用效率，并且极大地降低编程的学习门槛。

6.1.3 从搜索到生成：实现开发提速

在编程领域，当我们说某个程序员比较“懒惰”时，并不总是贬义。因为程序员的“懒惰”意味着编写高效、灵活的代码，尽可能实现自动化，以避免重复劳动。当问题出现时，优秀的程序员不仅能快速定位和解决问题，还会思考如何避免类似问题的重复出现。

1．复杂的需求与搜索式问题解决

随着技术的进步，程序员面临的任务变得越来越复杂。从个人计算机和编程刚出现时的命令行界面，到图形界面、Web 网站应用和手机应用，程序员需要掌握的编程语言越来越多，同时面对的软件运行环境也变得更加复杂，例如从文件到数据库，从单机用户到高并发网站服务。

作为与时俱进的程序员，一方面在主动或被动地学习新知识，另一方面手头的开发工具与解决问题的方法也在进步。除了参考官方的帮助文档外，“搜索”成为一个更有效的定位与解决问题的工具，因为同样的需求与问题，有可能别人已经碰到过了，这个时候就不需要去想法子重复解决。这里的搜索可以是搜索别人的文章与代码（比如在 Github 上搜索已有的代码），也可以是在论坛上看同样的问题是不是已经有人提过了。以 stack overflow 为例，因为有良好的社区管理与奖励机制，排名靠前的答案基本上都是比较靠谱的，可以放心地参考。

通过“搜索”来参考别人的解决方案是有效的。但未必高效，因为容易出现以下问题。

- 需要尝试用不同的关键字来搜索，或在别人的代码库里翻找。
- 好的文章与答案往往是英文的，需要有不错的英语基础。
- 找到的参考答案未必正好适配用户的问题，用户需要花更多的时间来理解上下文。

2．生成式代码助手

这个时候，如果有一个随叫随到、经验丰富的编程助手在身边，不仅能更好地理解问题的描述（句子形式），还能细心、耐心地对代码进行解释和调整，相信会有助于开发提速，而这也正是 ChatGPT 可以做到的。

相比于原来的关键字搜索（因为完整的句子往往搜索不到答案），在与 ChatGPT 对话时，用户可以直接说出需求，如下所示。

问题：

写一个 Python 函数，计算两个字符串形式的日期的间隔天数。

回答：

```
# 导入 datetime 模块，用于处理日期时间相关操作
from datetime import datetime

# 定义一个计算两个日期间隔天数的函数
def days_between_dates(date1_str, date2_str):
    # 将日期字符串转换为 datetime 类型，以便后续操作
    date1 = datetime.strptime(date1_str, "%Y-%m-%d")
    date2 = datetime.strptime(date2_str, "%Y-%m-%d")
    # 计算两个日期间的时间差，并取绝对值
    delta = abs(date1 - date2)
    # 将时间差转换为天数并返回
    return delta.days
```

针对生成的代码，用户还可以进行互动式的调整，比如加入错误处理的判断。

问题（继续）：

如果输入的字符串不是日期格式，返回-1

回答：

```
# 导入 datetime 模块，用于处理日期时间相关操作
from datetime import datetime

# 定义一个计算两个日期间隔天数的函数
def days_between_dates(date1_str, date2_str):
    try:
        # 将日期字符串转换为 datetime 类型，以便后续操作
        date1 = datetime.strptime(date1_str, "%Y-%m-%d")
        date2 = datetime.strptime(date2_str, "%Y-%m-%d")
    except ValueError:
        # 如果输入的日期字符串转换出错，则返回-1
        return -1

    # 计算两个日期间的时间差，并取绝对值
    delta = abs(date1 - date2)

    # 将时间差转换为天数并返回
    return delta.days
```

生成的代码用到了 datetime.strptime 函数，如果想了解这个函数的具体用法，也可以顺便问 ChatGPT。

问题（继续）：

datetime.strptime 的用法？

回答：

datetime.strptime() 是 Python 的一个日期时间处理函数，用于将字符串解析为日期时间对象。其函数原型如下：datetime.strptime(date_string, format)

其中：

date_string 表示要解析的日期时间字符串；

format 表示日期时间字符串的格式，字符串中使用特定的格式代码来表示日期时间各个部分的值。

（更多的说明，……）

整体的函数修改完成后，为了方便发布与测试，还可以让 ChatGPT 生成测试代码。

问题（继续）：

生成函数调用的测试代码并加上注释。

回答：

```
date1_str = "2022-01-01"
date2_str = "2022-03-31"
date3_str = "2022-02-31"
date4_str = "abc"

print(days_between_dates(date1_str, date2_str))  # 输出 90
print(days_between_dates(date1_str, date3_str))  # 输出-1
print(days_between_dates(date1_str, date4_str))  # 输出-1
```

简单总结一下，作为生成式代码助手，ChatGPT 可以帮助我们：

- 通过问题描述来生成代码。
- 互动式的对代码做修改。
- 随时了解代码细节与用法。
- 生成测试代码以方便验证。

6.1.4　从角色分工看需求实现

在软件开发中，需要明确需求与目标。在项目团队中，产品经理负责收集用户需求并完成方案设计，程序员则根据需求设计来开发实现。类似于建筑设计师和工程队的合作，建筑设计师负责方案设计，工程队按图纸施工。在让 ChatGPT 协助实现某个程序时，用户会兼具产品经理与程序员的角色，需要理解二者的分工与协作。

1．产品经理如何明确需求

产品经理在分析产品需求时，通常使用“用户故事”来场景化描述要做的事情，将角色带入到使用的场景中，说明想法与目的。“用户故事”的书写过程，实际上也是对产品进行需求分析的过程。通过对“用户故事”的细化，明确需求与结果。

“用户故事”有相对固定的格式，以便于用户和程序员理清思路，达成一致。

“用户故事”通常是如下结构：

- 作为 XXX——说明自己在故事中的角色。
- 我可以 XXX——说明操作的行为。
- 以便于 XXX——说明这样操作的目的，回顾做这件事的目的，便于寻找完成做这件事的其他方式。

好的“用户故事”需要遵循 INVEST 原则：独立性（independent）、可协商性（negotiable）、有价值性（valuable）、可评估性（estimatable）、小型性（small）和可测试性（testable）。

通过“用户故事”的拆解，来一步一个脚印的完成功能，将问题与需求限定在小的范围内，易于检查和修改。

来看一个直观的例子。

1）需求分析：作为用户，我要把“东西”放进冰箱冷藏。

2）需求拆解：

- 作为用户，我可以轻松地打开冰箱的门，以方便日常的食物放置。
- 作为冰箱，我可以有合适的隔板和储物区域，以方便用户整理和组织食物。
- 作为用户，我可以手动关上冰箱门，也可以让冰箱门自动关闭，以避免忘记关门的情况。

作为程序员来说，最初的把“东西”放进冰箱里这个需求会过于宽泛，更常见的保存需求是食物。因此，产品经理需要将这个模糊的步骤细化，转化为符合 INVEST 原则的独立单元。

作为需求的提出者，如果能学会“用户故事”方式的表达，也有助于明确具体实现的方案，保证需求的准确性与一致性，更好地与开发团队沟通。

2. 程序员如何完成需求

程序员的工作是将复杂的需求抽象为数据和逻辑，然后使用已经调试好的小部件和工具箱来简化开发过程。他们将复杂任务分解并利用已有的部件来完成，同时也会分享自己创建的部件给其他程序员使用。

在开发过程中，程序员需要预防可能导致大问题的小错误，并关注需求的实现细节、扩展性、灵活性、可维护性、性能和安全性。与产品经理关注用户需求和体验不同，程序员更注重实现细节和技术，以确保程序的功能和质量。

3. 选择合适的开发方式

开发程序就像建造一座房子，需要按一定的规划和步骤，合理地组织和使用各种建筑材料（比如砖块、水泥、钢筋等）。不同类型的建筑需要不同的构建方式，大教堂需要自上而下的规划与实现，而集市则快速实现即可（可以在实际使用的过程中调整）。作为项目的规划者，需要选择合适的开发方式，平衡开发成本和功能需求，以达到预期的效果。

4. 编程语言与实现

编程语言通常由两个基础单元组成。

- 数据类型（砖头）：存储数据和数据结构。
- 逻辑指令（水泥）：执行逻辑操作的指令和控制流程。

这也是学习编程的起点。

编程的一般过程如图 6-2 所示。

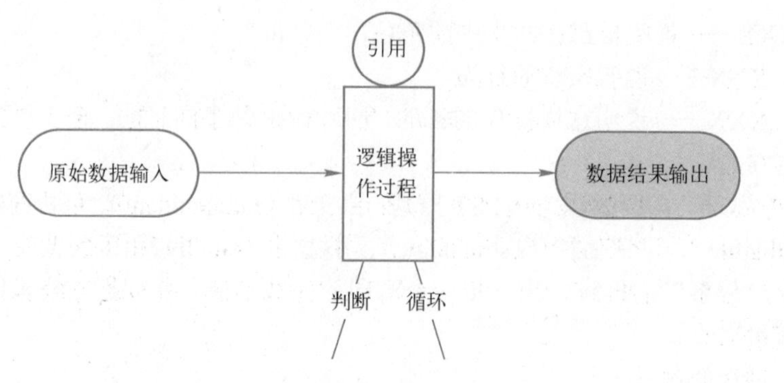

图 6-2　编程的一般过程

数据类型定义了数据的种类和存储方式，包括整数、浮点数、字符、字符串等；它是逻辑操作的实体，用来作为操作的起始和作为输出的结果。逻辑指令则包括条件语句、循环语句、函数等，用于控制程序的执行流程和实现特定的功能。它其实就是一堆对数据操作的工具。具体的结果就体现在对于数据的内容上。

逻辑指令是程序员手中最基础的武器，是操作的最小单位，通过将这些最小单位组合起来，以逻辑进行驱动可以让机器按照人们的命令行事。

使用 ChatGPT 也一样，我们需要告诉 ChatGPT 输入的数据是什么、任务方向、上下文，最后指定输出的数据类型或格式。

5．ChatGPT 可以做什么

ChatGPT 除了自然语言对话能力，还可以理解需求，将需求分解为编程步骤，并生成代码。这样的能力，可以协助人们完成常见的需求梳理与编程任务。

比如：用户从网上下载了一个 PDF 的表格数据，需要使用 Excel 对这些数据进行处理，但是手工从 PDF 中复制和整理数据太麻烦，希望用编程工具将这个功能实现。

此时，用户可以直接问 ChatGPT 如下问题。

问题：

需求分析：作为用户，我需要一个从 PDF 中提取表格数据的程序。你来帮我设计用户故事。

回答：

当作为用户，我需要一个从 PDF 中提取表格数据的程序时，下面是一些可能的用户故事：
作为用户，我希望能够将一个 PDF 文件上传到程序中。
作为用户，我希望程序能够识别 PDF 中的表格并提取其数据。
作为用户，我希望程序能够将提取的表格数据以适当的格式（如 CSV 或 Excel）导出或保存。
作为用户，我希望程序能够处理包含多个表格的 PDF 文件，并分别提取它们的数据。
……

问题（继续）：

我只要能本机执行，从 PDF 文件中提取简单的表格数据到 CSV 即可。
你来帮我设计编程的主要步骤。

回答：

当你想要在本机上执行并从 PDF 文件中提取简单的表格数据到 CSV 时，以下是一些主要步骤的设计：

1）安装依赖库和设置环境：首先，你需要安装适用于你选择的编程语言的 PDF 处理库，例如 Python 的 PyPDF2 或 pdfplumber 库。

2）导入所需库：在你的代码中导入所需的 PDF 处理库和 CSV 库。

3）读取 PDF 文件：使用 PDF 处理库的函数或方法，打开并读取目标 PDF 文件。

4）提取表格数据：使用 PDF 处理库提供的功能，定位和提取 PDF 中的表格数据。这可能涉及解析 PDF 页面、识别表格区域和行列，以及提取单元格的内容。

5）创建 CSV 文件：使用 CSV 库的函数或方法，创建一个新的 CSV 文件，用于存储提取的表格数据。

……

问题（继续）：

前面说的基本需求，用 Python 编程语言实现。

回答：

以下是实现的代码：

```
import csv
import pdfplumber

def extract_table_data(pdf_path, csv_path):
    with pdfplumber.open(pdf_path) as pdf:
        with open(csv_path, 'w', newline='') as csv_file:
            writer = csv.writer(csv_file)
            for page in pdf.pages:
                tables = page.extract_tables()
                for table in tables:
                    for row in table:
                        writer.writerow(row)


# 使用示例：
pdf_file = “input.pdf”
csv_file = “output.csv”

extract_table_data(pdf_file, csv_file)
```

上述代码中，我们导入了 csv 和 pdfplumber 库。extract_table_data 函数接收 PDF 文件路径和 CSV 文件路径作为参数。在函数中，我们使用 pdfplumber.open()函数打开 PDF 文件，并使用 with 语句确保在处理完成后正确关闭文件。

……

6.1.5 从产品制作流程看需求实现

编程不只是写代码，而是想法、需求、原型、测试、迭代、沟通的过程。

ChatGPT 不能代替我们的思考，也做不到通过需求描述文字就生成完整复杂的应用程序，但 ChatGPT 可以在这个过程中（工作流）的各个环节辅助我们的工作。

- 想法：帮忙生成用户画像的描述。
- 需求：整理用户的想法与需求。
- 原型：代码实现过程中，帮忙生成一些功能性的代码。
- 测试：生成例子数据、单元测试。
- 迭代：通过对话，修改之前的代码。
- 沟通：软件的描述性文字、宣传的文案等。

一个出色的应用程序不只完成当前的任务，它需要为目标用户打造界面美观、功能丰富且易用的产品。

以创建一个面向个人的任务管理产品（ToDoList）的制作流程为例，会包含需求调研分析、产品设计、制作开发、测试发布、迭代与优化等环节。虽然 ChatGPT 没法自动化生成完整的应用，但它可以在制作流程的每一步都提供辅助，以提升整体的效率。

1．需求调研分析

在这一阶段，需要通过用户调研，定位和了解目标人群的需求和痛点。为此，可以通过制作用户画像来描述他们碰到的问题，以及使用产品后所带来的改变。这有助于在产品设计阶段就围绕目标用户的核心需求而开展工作。

（1）分析业务角色

问题：

作为一个为个人设计 ToDoList 产品的产品经理，请告诉我这个产品的主要角色有哪些？

回答：

主要角色有：
创建者：作为任务列表的所有者和管理者，创建者可以创建、编辑和删除任务。
订阅者：订阅者可以订阅任务列表的更新，以便在有新任务时及时接收通知。

（2）制作用户画像

问题：

为这个 ToDoList 产品设计一个教师的用户画像。

回答：

好的，以下是一个可能的教师使用 ToDoList 的用户画像：
姓名：张老师。
年龄：35 岁。
职业：小学语文教师。
技能：精通语文教学，对写作和分享有浓厚兴趣。
需求：李老师需要一种简单易用的 ToDoList 产品来帮助她组织和管理日常任务和工作计划。她需要将她的任务分配给不同的学生，追踪他们的进度和成果，并且需要在学校和家里的电脑、手机、平板电脑等设备上方便地访问和管理任务。

挑战：……

2．产品设计

在这一阶段，会根据初步的需求调研，开展产品设计工作。通过业务流程的梳理来定位核心功能，同时会规划 MVP（最小可行产品）目标，以敏捷高效地推进项目。

（1）协助你整理业务流程

问题：

整理一下这个 ToDoList 产品的业务流程

回答：

好的，以下是这个 ToDoList 产品的业务流程：
1）用户创建账号和登录。
2）用户创建任务和计划，指定任务负责人和截止日期。
3）用户将任务分配给其他用户（如学生）。
4）用户可以追踪每个任务的进度和完成情况。
5）用户可以设置提醒，以确保他们及时完成任务。
……

（2）提炼核心流程，以 MVP 的方式迭代。

问题：

从 MVP 的角度，整理下第一版流程。

回答：

好的，以下是从 MVP（最小可行产品）的角度整理出的第一版流程。
1）注册和登录：只提供最基本的注册和登录功能，包括用户名和密码。
2）创建任务：允许用户创建简单的任务，包括任务名称和截止日期。
3）追踪任务：提供基本的追踪任务功能，让用户知道任务是否完成。
4）设置提醒：提供基本的设置提醒功能，让用户能够按时完成任务。
5）协作：第一版不提供协作功能，专注于为单个用户提供最基本的任务管理功能。

3．制作开发

根据产品经理的设计要求和优先级别，制作出最小验证模型，对各种设计进行快速验证。使用最短的时间制作出可以测试的原型。

ChatGPT 如何辅助代码的生成详见 6.1.6 节。

4．测试发布

开发团队需要对产品进行测试（单元测试、集成测试、用户体验测试等），以确保产品符合规格说明书的要求和用户期望。测试完成后，团队需要准备产品发布版本，并发布到目标市场。

在这个阶段，我们首先需要分析开发需求，理解需求的潜在含义，整理测试思路，考虑测试场景。寻找隐含的测试问题，整理讨论测试用例。

（1）测试想法生成

ChatGPT 可以根据我们的提示给出一组初始的测试想法，也可以检查我们准备的测试想法（如测试项、场景）清单，如下所示。

问题：

要测试登录页面，我们需要注意哪些要点？

回答：

测试登录页面时需要注意以下几个要点：
1）测试用户名和密码输入框的有效性、边界情况和安全性。
2）测试输入提示和错误处理功能是否正常工作。
3）测试记住用户名和自动登录功能是否正常工作。
4）测试登录页面在不同浏览器和版本中的兼容性。

对于我们不熟悉的测试要点，可以进一步追问。

问题：

关于不同浏览器和版本中的兼容性，设计几个测试用例。

回答：

好的，以下是几个关于登录页面安全性的测试用例。

- 测试最新版本的 Chrome、IE、Safari 浏览器，确保登录页面的功能和布局正常工作。
- 在移动设备上测试登录页面的兼容性，包括 iOS、Android 设备和不同浏览器版本。
- 测试 JavaScript 代码是否在所有浏览器中都能够正常运行。

（2）分析需求的关键语句

ChatGPT 作为语言分析工具，可以帮助测试人员更好地理解需求，寻找需求的关键点。

问题：

分析用户故事："作为用户，我希望能够使用找回密码功能，以便忘记密码时能够重置密码。"的关键测试点。

回答：

以下是关键测试点：

- 测试找回密码流程是否正常工作，包括请求重置密码、系统发送链接或验证码、用户使用该链接或验证码重置密码等环节。
- 测试用户身份验证机制的安全性和可靠性。
- 测试重置密码的安全性，如密码长度、复杂度等。
- 测试找回密码流程的用户体验是否良好。

（3）生成测试代码片段

该功能涉及代码编程，详见 6.1.6 节。

5．迭代与优化

我们需要根据用户反馈和市场变化，进行反馈整理，制订迭代计划。

（1）反馈意见的搜集整理

ChatGPT 作为一个语言分析工具，最擅长的就是从文本中提取关键信息，帮助用户分析原因。

问题：

分析一下这个反馈，找到反馈的关键字与描述：求救，最近我无法登录软件，每次进入登录页面就会卡顿，重复很多次也没有办法登录，换了浏览器也还是老样子。

回答：

关键字：
- 无法登录：反馈者面临的问题
- 卡顿：可能是网络传输的问题
- 换了浏览器：应该和具体浏览器无关

（2）寻找解决策略

问题：

作为软件开发团队，有什么解决策略。

回答：

作为软件开发团队，可以采取以下策略来解决这个问题。
- 跟踪日志：对登录页面进行日志记录，可以帮助开发团队快速定位问题所在，包括错误信息、请求响应时间、系统运行状态等信息。
- 调整代码：……
- 加强测试：……
- 提高用户体验：……
- 加强技术支持：……
- 提高系统可靠性：……

ChatGPT 可以在开发的全过程中协助开发团队整理思路，提供参考意见，提高开发效率，减少常见问题的遗漏。注意 ChatGPT 的回答需要告知背景以及层层深入的引导，以获得建设性的意见。同时，对于返回的答案，也需要结合自己的经验与思考，而不是盲目的采纳。

6.1.6　让 ChatGPT 为编程工作提速

ChatGPT 能为编程提供有效支持，帮助开发者更高效地理解和编写代码，包括初始的架构、代码的注释、生成、重构、测试等。

1．协助构建架构

ChatGPT 擅长处理目标明确的编程任务（比如一次性的代码生成），不擅长搭建复杂的程序架构和深入的代码修改。所以，在编程初期就需要遵循编程范式（一种编程思想或方法论，它为编写计算机程序提供了一套基本原则和模式）为程序搭建好主体框架。

常见的编程范式（programming paradigm）有以下两种。

面向过程（procedural programming）：以函数为核心，将问题分解为一系列顺序执行的步骤。程序的执行过程是一系列函数的调用。C 语言和 Pascal 语言是典型的面向过程编程语言。

面向对象（object-oriented programming，OOP）：以对象为核心，将现实世界中的事物抽象为程序中的类和对象。通过封装、继承和多态等特性实现代码复用和模块化。Java、C++ 和 Python 是典型的面向对象编程语言。

可以在 ChatGPT 中，按指定的编程范式来搭建程序架构。

问题:

按照面向过程的方式，更新用户年龄。

回答:

```
def update_user_age(user, new_age):
    user['age'] = new_age

user = {'name': 'John', 'age': 30}
print("原始用户信息：", user)

update_user_age(user, 35)
print("更新后的用户信息：", user)
```

问题:

按照面向对象的方式，更新用户年龄。

回答:

```
class User:
    def __init__(self, name, age):
        self.name = name
        self.age = age

    def update_age(self, new_age):
        self.age = new_age

user = User('John', 30)
print("原始用户信息：", user.__dict__)

user.update_age(35)
print("更新后的用户信息：", user.__dict__)
```

从这两段代码可以看出，面向过程的代码会有全局变量与函数的调用，而面向对象的代码会通过更加复杂的方式使用封装来实现对应的操作。如果要做的事情比较简单（比如一两百行的代码就可以实现），不需要长期的维护，用面向过程式编程会更为方便直接。如果考虑扩展性与团队协作，可以采用面向对象的方式设计实现。

2．生成初始代码

选定一个程序架构后，明确自己的编程框架和执行过程后，只要明确程序想达到的目的，

ChatGPT 可以驾轻就熟地协助用户书写代码。甚至可以通过某些集成在编程工具中的插件，直接根据用户写的函数帮助（如集成在 GitHub Copilot）生成代码。

问题：

我要为已经建立的 Tasklist 编写一个插入函数，插入一个 Task 对象，并且默认插入队列后，按照任务起始时间对队列进行排序。

回答：

```
class Task:
    def __init__(self, name, start_time):
        self.name = name
        self.start_time = start_time

class TaskList:
    def __init__(self):
        self.tasks = []

    def insert_task(self, task):
        self.tasks.append(task)  # 将任务添加到队列末尾
        self.tasks.sort(key=lambda x: x.start_time)

# 示例用法
……
```

在插入新任务时，如果 Tasklist 为空，则直接将新任务插入队列中；否则，遍历 Tasklist 中的任务，找到第一个起始时间晚于新任务的位置，并将新任务插入该位置之前。如果新任务的起始时间晚于所有已有任务，则将其插入队列的末尾。

可以看到，一旦给 ChatGPT 一个非常明确的编程架构后，ChatGPT 会自动为我们书写相关的代码，并且对代码进行详尽的解释。

3．查询相关的语句与用法

对于不常使用的类、语句或者方法，用户可以直接询问 ChatGPT。

譬如，按照以下方式询问 Python 中 datetime 的比较方法。

问题：

Python 中，如何获得两个时间的间隔。

回答：

在 Python 中，可以使用 datetime 模块中的 timedelta 类来计算两个时间之间的差值，以下是一个示例。

```
from datetime import datetime, timedelta

# 创建两个 datetime 对象
start_time = datetime(2023, 5, 4, 10, 0, 0)
```

```
end_time = datetime(2023, 5, 4, 12, 0, 0)

# 计算两个时间之间的差值
duration = end_time - start_time

# 打印差值
print(duration)   # 输出: 2:00:00
```

需要注意的是，duration 变量的值是一个 timedelta 对象，表示两个日期时间对象之间的时间差。该对象的属性包括天数、秒数、微秒数等，可以通过这些属性来获取时间差的具体信息，例如：

```
print(duration.days)   # 输出: 0
print(duration.seconds)   # 输出: 7200 (2 小时的秒数)
print(duration.microseconds)   # 输出: 0
```

ChatGPT 的回答比我们去网络上查询，或者直接参考函数说明更加自然和容易理解。并且它还会贴心地指出相关的一些代码说明，这比依靠函数说明书查询快速得多。

4．生成代码注释

ChatGPT 可以读懂主流的编程语言，并且能够理解函数运行的目的，从而生成相应的函数说明。这种能力可以大大提高代码的可读性，方便开发者快速理解和使用复杂的代码。

为了提高代码的可读性，开发者可以编写注释和文档字符串，让 ChatGPT 能够读懂并生成相应的函数说明。注释是一些短语或语句，用于解释代码的作用、设计、逻辑或算法等。如：

问题：

请解释以下代码：

```
def get_str(s): return s[:3]
```

回答：

以下是对 Python 函数 get_str(s)的注释：

```
def get_str(s):
    """
    获取字符串 s 的前三个字符。

    参数：
    s: 要获取前三个字符的字符串。

    返回值：
    返回字符串 s 的前三个字符。
    """
    return s[:3]
```

这个函数接受一个字符串 s 作为参数，并返回该字符串的前三个字符。函数体只有一条语句，即 s[:3]，这是 Python 中的字符串切片操作，它可以从字符串中截取一段子串。s[:3]表示从字符串 s 的开始位置到第三个字符（不包括第三个字符）的子串，即字符串的前三个字符。

5. 生成测试代码

ChatGPT 不仅能够理解用户的函数，而且还能生成相应的测试代码。如果需求不高，用户可以直接让 ChatGPT 生成单元测试，这大大提升了软件测试的开发速度和准确度。当然，如果用户的需求更为复杂，需要详细的测试用例，ChatGPT 也能胜任。它不仅可以生成复杂的测试代码，甚至还可以利用测试框架来制作单元测试。

下面是一个生成测试函数的简单案例。

问题：

请为 get_str 函数制作测试代码。

回答：

为了测试 get_str 函数，我们需要编写一些测试代码，用于检查函数的正确性。以下是一个简单的测试代码示例。

```
def test_get_str():
    assert get_str("hello") == "hel"
    assert get_str("world") == "wor"
    assert get_str("python") == "pyt"
    assert get_str("programming") == "pro"
    assert get_str("") == ""
    print("All tests pass")

test_get_str()
```

在这个示例中，定义了 test_get_str 函数，用 assert 语句检查是否返回了预期的结果，如果都符合，就返回“All tests pass”。

上面的测试代码可以在 get_str 函数中包含错误时及时发现问题，帮助开发者快速定位和修复错误，确保函数的正确性。

6. 代码的完善与重构

ChatGPT 还可以根据用户的要求，对代码进行完善。当然，用户需要知道这个函数不足的地方，只有这样 ChatGPT 才能进行进一步的完善。

问题：

完善 get_str 函数，以便于其应对输入不是字符串的情况。

回答：

为了让 get_str 函数能够处理输入不是字符串的情况，我们可以添加一些类型检查代码，以便在函数接收到不合法类型的输入时，能够进行适当的处理并返回错误信息。以下是一个可能的实现方式。

```
def get_str(s):
    """
    获取字符串 s 的前三个字符。
```

```
参数：
s: 要获取前三个字符的字符串。

返回值：
如果 s 不是字符串类型，则返回 None；
如果 s 的长度小于 3，则返回 s 本身；
否则，返回字符串 s 的前三个字符。
"""
if not isinstance(s, str):
    return None
elif len(s) < 3:
    return s
else:
    return s[:3]
```

ChatGPT 作为通用的语言模型，能够自动化地生成代码，理解并注释已经编写好的代码。这种自动化能力大大提高了开发者的工作效率，减少了他们在重复和烦琐工作中花费的时间。

对于简单的模板化任务，ChatGPT 可以根据描述文字，自动推断并生成代码。对于已有的代码，ChatGPT 可以理解其结构和逻辑，添加注释，帮助开发者更好地理解和使用这些代码。

需要注意的是，目前 ChatGPT 的能力还不足以替代有经验的工程师，在提高效率的同时，也需要加入必要的检查和验证。

6.2 让 ChatGPT 成为编程助手

6.1 节介绍了使用 ChatGPT 进行辅助编程的方法和思路。

在应用部分，让我们动手实践，由浅入深地从编程语言的学习、修改、转换等方向入手，感受 ChatGPT 辅助编程的强大能力。

6.2.1 学习新的编程语言

不同阶段的编程学习者，在学习新的编程语言时，会有不同的需求和关注点。

- **零基础学习者**：之前没有接触过编程，对于编程的基本概念，如数据类型、语法等都没有学过。
- **初级学习者**：之前学过一些编程的知识，但不够深入。
- **中高级学习者**：根据需要掌握一门新的编程语言。

无论处于哪个阶段，ChatGPT 都能作为一个随时在线的专业助教，随时帮助用户解决编程问题。

1. 零基础学习者

作为零基础学习者，掌握环境配置和编程的基础知识（包括数据结构、流程控制、面向对象等）是至关重要的第一步。零基础学习者可以通过查阅官方网站的文档和阅读编程入门书籍来学习。一旦掌握了这些知识概念，就可以借助 ChatGPT 来进一步提升学习效率。

同时，在学习的过程中，难免会碰到一些基础性的问题或不易理解的概念。相比于在书籍网站上费力地搜寻答案或辛苦地求教身边的高手，通过与 ChatGPT 的问答来获取答案，会更为高效方便，它会耐心细心地为你解答（你可以追问或要求使用不同的解释方式）。

如果已经具备了一定的编程基础概念，甚至可以直接把 ChatGPT 作为编程老师，学习编程知识。

问题：

Python 中基础的数组类型有哪些应用。

回答：

在 Python 中，基础数组类型主要指列表（list）和元组（tuple）。以下是一些典型应用。

1）存储和管理数据：列表和元组可以用于存储和管理各种数据类型（如整数、浮点数、字符串等），它们支持索引和切片操作，使得访问和处理数据变得简单方便。

2）数据结构：Python 列表和元组常用于实现基本数据结构，如栈、队列和链表。由于它们具有灵活性和易用性，因此对于初学者或需要快速原型设计的情况非常合适。

3）多值返回：在函数中，可以使用元组返回多个值。这使得函数可以同时处理多个任务，提高代码的可读性和可维护性。

4）字符串处理：……

5）遍历和循环：……

零基础学习者可以让 ChatGPT 编写详尽的示例，进一步说明和解释。

问题：

为 Python 中的多值返回中的数组应用举一个示例。

回答：

在 Python 中，可以使用元组实现多值返回。下面是一个简单的示例，演示了如何使用元组从函数中返回多个值。

```
def get_name_and_age():
    name = "Alice"
    age = 30
    return name, age   # 返回一个包含两个值的元组

# 调用函数并接收返回的多个值
person_name, person_age = get_name_and_age()

# 输出结果
print("Name:", person_name)
print("Age:", person_age)
```

在这个示例中，get_name_and_age 函数返回一个包含名字和年龄的元组。在调用该函数时，可以使用多个变量同时接收返回的多个值（这里是 person_name 和 person_age）。这种方法提高了代码的可读性和易用性，使得处理多个返回值更加方便。

2．初级学习者

如果用户已经具备一定的编程基础，是初级学习者并且想要通过实践一些有趣的项目来

保持开发动力，此时，ChatGPT 能在多个方面提供支持，帮助用户更高效地学习和应用新的编程语言。

- 提供实现步骤：ChatGPT 可以协助用户拆解项目的实施步骤，为用户提供一个清晰的开发路线图，确保用户始终能够聚焦于关键任务。
- 推荐相关库：根据项目需求，ChatGPT 可以为用户推荐可能需要使用的库和框架，以便于用户更快地实现功能和解决问题。
- 编写和审查代码：在用户制定的代码架构下，ChatGPT 可以帮助用户编写和审查代码，确保代码符合最佳实践和规范。
- 优化代码效率：通过分析代码，ChatGPT 可以为用户提供针对性的优化建议，提高代码的执行效率和可维护性。
- 添加代码注释：为了提高代码的可读性，ChatGPT 可以帮助用户撰写清晰、简洁的注释，方便用户和团队成员理解代码逻辑。
- 制作测试用例和单元测试：为了确保代码质量和稳定性，ChatGPT 可以帮助用户设计测试用例和编写单元测试，确保代码在各种场景下的正确运行。

3. 中高级学习者

由于具备较为深入的编程语言知识和对基本结构的熟练掌握，中高级学习者可以充分利用 ChatGPT 这一强大的工具来加速学习过程。

首先，中高级学习者可以通过 ChatGPT 迅速了解新编程语言的核心概念、语法规则以及独特之处，从而在短时间内建立起对新语言的整体认识。

例如，中高级学习者想了解 Python 语言中的数据类型特色，那么可提出以下问题。

问题：

Python 语言基础数据类型中最有特色的是哪个？擅长做什么处理？

回答：

Python 语言中最具特色的基础数据类型可能是字典（dictionary），它是一种可变的、无序的、键值对（key-value pairs）集合。字典在 Python 中使用花括号（{}）创建，它允许使用不同类型的可哈希数据作为键（如字符串、数字、元组等），并将这些键映射到其他任意类型的数据。

字典擅长进行以下操作：

- 快速查找：字典中的键值对通过哈希表实现，这使得查找具有特定键的值变得非常快，时间复杂度接近 0(1)。
- 数据关联：字典的键值对结构非常适合表示关联数据，例如将名字映射到电话号码、ID 映射到对象等。
- 数据去重：使用字典的键，可以方便地对数据进行去重操作。
- 实现映射和转换：字典可以作为查找表，实现数据的映射和转换，例如将不同编码之间的字符进行转换。

当然，Python 中还有其他特色的基础数据类型，如列表（list）、元组（tuple）和集合（set），它们在不同场景下也非常实用。

接下来，可以参考现有的开源代码库来深入理解新语言在实际应用中的表现和使用方法。借助 ChatGPT 强大的代码阅读与说明能力，可以快速研究和分析高质量的示例代码。

同样的任务或概念，中高级学习者也可以通过与自己熟悉的编程语言的实现进行比较，以加快代码学习速度。

问题：

Python 与 C++在解析 XML 文件上，有什么区别？

回答：

- **库支持**：Python 有丰富的内置库和第三方库，可以方便地解析和处理 XML 文件，如 xml.etree.ElementTree、lxml 等。而在 C++中，XML 解析通常需要使用外部库，如 TinyXML、PugiXML 等。
- **语法**：Python 的语法相对简洁，可以使用 Python 的内置数据结构（如字典和列表）来处理解析后的 XML 数据。Python 提供了一种称为 XPath 的查询语言，可以用于在 XML 文档中选择特定的元素。C++的语法相对较为烦琐，需要手动编写代码来处理 XML 节点和属性。
- **内存管理**：……
- **性能**：……

熟悉编程语言的专业人士在与 ChatGPT 的合作中，能够迅速掌握新语言的特色，通过参考现有的开源代码，学习新的编程语言并不困难。

在学习掌握新的编程语言中，通常人们主要的时间精力会耗费于搜索问题答案与理解概念上。ChatGPT 作为一个随时在线的编程老师，可以提升获取答案的速度，同时还可以细心耐心地通过讨论、代码的解释与示例来让用户掌握复杂概念。通过这种个性化的互动方式，帮助用户快速学习新的编程语言。

6.2.2　代码阅读与修改

程序员有两件不喜欢做的事情，一是为自己的代码写文档注释，二是不喜欢读别人的代码（因为没有文档注释）。

1．代码的阅读

阅读是修改的前提，为了更好地理解一段代码，需要从整体到细节的总结与注释。即阅读代码时，先大致了解一下这段代码的用途，然后才是基于代码行的解读。

如果是理想的情况，拿到的代码已经有了比较清楚的文档说明与代码注释，这时用户只要顺着读和理解即可。但实际情况是缺少注释的情况会比较多。这时如果靠人力去解读，就会特别的辛苦，于是这件事就可以交给 ChatGPT 来做。

```
def factorial(n):
    if n == 0:
        return 1
    else:
        return n * factorial(n - 1)
```

以这段代码为例，尽管这段代码每个逻辑步骤都很直观，但整体功能却不易一眼看出。让我们向 ChatGPT 询问这段代码的具体作用。

问题：

总结下这段代码的含义。
（放上相关的代码……）

回答：

这段代码定义了一个函数 factorial，它用于计算输入的数值的阶乘。
阶乘是一种数学运算，记作 n!，表示从 1 乘到 n 的所有正整数的乘积。例如，5 的阶乘（写作 5!）是 1×2×3×4×5 = 120。
这个函数使用了递归的方式来实现阶乘的计算：

- 当 n 等于 0 时，返回 1。这是因为 0 的阶乘在数学定义上就是 1。
- 当 n 不等于 0 时，返回 n 乘以(n-1)的阶乘。这就是递归的过程，函数调用了自身，每次调用时 n 都减 1，直到 n 等于 0 时返回 1，结束递归。

这段代码只能处理非负整数，如果输入负数或者非整数，可能会出现问题。

通过 ChatGPT 的总结，可以快速地了解这段代码的整体含义。ChatGPT 还很贴心地加上了数学含义的解释，方便我们对其进行理解。紧接着可以让 ChatGPT 为代码加上比较详细的注释，这样有助于理解细节以及方便之后的修改。

问题：

为这段代码加上注释。

回答：

这是添加注释后的代码：

```
# 定义一个名为 'factorial' 的函数，它接收一个参数 n
def factorial(n):
    # 如果 n 等于 0
    if n == 0:
        # 返回 1，因为 0 的阶乘在数学定义上就是 1
        return 1
    else:
        # 如果 n 不等于 0，返回 n 乘以(n-1)的阶乘
        # 这就是递归的过程，函数调用了自身，每次调用时 n 都减 1，直到 n 等于 0 时返回 1，结束递归
        return n * factorial(n - 1)
```

这时会看到 ChatGPT 为前面的代码加入了详细的说明，包括一些逻辑细节，这让我们更容易理解函数是如何实现的。

比如：

```
# 如果 n 不等于 0，返回 n 乘以(n-1)的阶乘
# 这就是递归的过程，函数调用了自身，每次调用时 n 都减 1，直到 n 等于 0 时返回 1，结束递归
return n * factorial(n - 1)
```

2．代码的修改

代码的修改有以下两种情况。

- 代码的逻辑调整：在现有代码基础上增加或调整代码逻辑。
- 代码的重构：不改变功能，但让代码的内容结构更清晰。

（1）代码的逻辑调整

比如，在前面的例子中，ChatGPT 在功能说明时，已经说明我们做的函数无法应对负数。我们可以针对这一点让其进行完善。

问题：

改进这段代码，让它可以检查和处理异常参数。

回答：

为了处理负数参数，我们可以在函数开始时添加一个检查，如果输入的数是负数，就抛出一个异常。这是改进后的代码：

```
def factorial(n):
    # 检查输入的参数是否为负数
    if n < 0:
        raise ValueError("输入必须是一个非负的整数")
    elif not isinstance(n, int):
        raise ValueError("输入必须是一个整数")
    elif n == 0:
        return 1
    else:
        return n * factorial(n - 1)
```

在这个版本中，我们首先检查输入的数是否是负数，如果是，就抛出一个 ValueError 异常。然后我们还检查输入的数是否是整数，如果不是，也抛出一个 ValueError 异常。这样我们就可以确保输入的数既不是负数，也不是非整数。然后再进行阶乘的计算。

（2）代码重构

代码重构（code refactoring）指在不改变代码功能的前提下，通过对命名、代码结构的调整优化而优化代码质量与易读性的方法。代码重构可以手工来做，在很多开发工具里，也会内置重构功能。

用户可以简单输入一段代码，告诉 ChatGPT 在不改变功能的前提下优化一段代码。或者也可以告知重构的方向，比如去除重复的代码或者更好的函数封装，这样 ChatGPT 可以更精细地做调整。

上面例子的代码重构如下。

问题：

使用另一种方式来实现阶乘。

回答：

我们还可以使用迭代的方式来实现阶乘的计算，而不是使用递归。这是一个使用 for 循环的版本：

```
def factorial(n):
    # 检查输入的参数是否为负数
    if n < 0:
        raise ValueError("Input must be a non-negative integer.")
    elif not isinstance(n, int):
        raise ValueError("Input must be an integer.")

    # 初始化结果为 1
    result = 1

    # 从 1 到 n（包括 n）的每一个数，乘到结果上
    for i in range(1, n+1):
        result *= i

    # 返回结果
    return result
```

在这个版本中，我们初始化结果为 1，然后用一个 for 循环，从 1 到 n（包括 n）的每一个数，乘到结果上。这就是阶乘的计算。最后我们返回结果。这个版本的好处是避免了递归可能导致的栈溢出问题，尤其是当 n 非常大时。

写注释不难，难的是愿意为自己已经熟悉了的代码写好注释，这么做的好处是可以提升项目的规范性以及方便与他人协作。在日常开发工作中，面对日积月累、缺少文档注释的海量历史代码，ChatGPT 会像一个热情的登山导游，为我们的代码探索之路提供讲解与支持，帮助我们理解代码的整体与细节的意思（从另一个角度，这也提醒我们日常写好文档注释的重要性）。

好的代码是改出来的，可能是更健壮的输入和输出，也可能功能不变但结构更清晰。面对一段读起来不那么好的代码，除了亲自动手外，我们也可以提出改进的方向，让 ChatGPT 来帮忙修改，这也是人机配合的好例子。

6.2.3 查询函数、语法、用法

在互联网还不普及的时代，程序员主要依赖开发环境自带的帮助文档或参考书来获取信息，比如：语言语法、函数的用户、常见任务的例子代码。此时靠的是熟能生巧的能力。在互联网普及后，大家会更多地通过搜索引擎或论坛来解决问题。

在有了 ChatGPT 这一知识丰富的编程助手后，以往的编程细节与问题就可以通过对话的方式来互动查询了，包括函数的使用、语法细节、用法例子，都可以轻松获取。大大提升了程序员的工作效率。

例如：要做一个乘法口诀表，分析后需要做 2 个 For 循环，计算 2 个数值乘积。代码如下。

```
for i in range(1, 10):
    for j in range(1, 10):
        x = i*j
```

这个很简单的代码可以计算出一个乘法口诀表，但是仅仅计算出来是不够的，还需要将乘法口诀表打印到屏幕上。但是又一下子记不得需要如何打印到屏幕进行输出了，此时可以如下询问 ChatGPT。

问题：

在 python 中，我如何把数字输出到屏幕上。

回答：

您可以使用 Python 内置的 print()函数将数字输出到屏幕上。以下是一个简单的示例：

```
number = 123
print(number)
```

在这个例子中，定义了一个名为“number”的变量并将其设置为整数值 123。然后使用 print()函数将它输出到屏幕上。当用户运行此代码时，应该会看到数字 123 打印到屏幕上。

有了这个提示之后，在代码后面加上 print(x)。

```
for i in range(1, 10):
    for j in range(1, 10):
        x = i*j
        print(x)
```

运行后发现，输出结果是一竖行的“1,2,⋯,72,81”，计算结果没有错，但是输出结果实在是太难看了。这应该是 print()函数输出存在问题。此时我们可以如下追问 ChatGPT。

问题：

请详细和我说下 print()函数的参数以及使用方法。

回答：

print()函数是 Python 中的一个内置函数，用于在标准输出（通常是屏幕）上显示信息。以下是 print()函数的参数及其使用方法：

1）*args（可选）：这是可变参数，允许您传递任意数量的对象（例如字符串、数字、列表等）。print()函数将这些对象转换为字符串或者格式化并依次输出。默认情况下，对象之间用空格分隔。例如：

```
print("Hello, World!")
print(1, 2, 3)
```

2）sep=' '（可选）：这是一个关键字参数，用于指定 print()函数输出多个对象时，对象之间的分隔符。默认值是一个空格字符。例如：

```
print("Hello", "World", sep=", ")
```

输出结果是：Hello, World

3）end='\n'（可选）：这是一个关键字参数，用于指定 print()函数输出完成后添加的字符。默认值是换行符（\n），这意味着每次调用 print()函数后，光标会自动移到下一行。例如：

```
print("Hello, World!", end="")
print("Welcome!")
```

输出结果是：Hello, World!Welcome!

4）file=sys.stdout（可选）：这是一个关键字参数，用于指定 print()函数的输出目标。默认值是 sys.stdout，即标准输出（通常是屏幕）。您还可以将输出重定向到文件或其他流。例如：

```
with open("output.txt", "w") as f:
    print("Hello, World!", file=f)
```

5）flush=False（可选）：这是一个关键字参数，用于指定是否立即将输出内容刷新到流（如文件或屏幕）。默认值是 False。如果将 flush 设置为 True，print()函数将立即将输出内容刷新到目标流。例如：

```
import time

for i in range(5):
    print(i, end=" ", flush=True)
    time.sleep(1)
```

上面的示例中，每隔 1s 输出一个数字，而不是一次性输出所有数字。

这就是 print()函数的参数及其使用方法。希望这对您有所帮助！

参考这个 print()函数的说明，可以把输出结果按照行和列排成个矩阵。

```
for i in range(1, 10):
    for j in range(1, 10):
        x = i*j
        print(x,end=" ")
    print("",end="\n")
```

稍微修改一下之后，输出结果好看多了。

```
1 2 3 4 5 6 7 8 9
2 4 6 8 10 12 14 16 18
3 6 9 12 15 18 21 24 27
4 8 12 16 20 24 28 32 36
5 10 15 20 25 30 35 40 45
6 12 18 24 30 36 42 48 54
7 14 21 28 35 42 49 56 63
8 16 24 32 40 48 56 64 72
9 18 27 36 45 54 63 72 81
```

有没有办法让这个输出更加直观一点呢？如果想输出 i*j=x，根据上面的函数说明，应该是 print()函数中的*arge 可以再进一步优化一下。我们可以向 ChatGPT 继续追问。

问题：

针对*args 的格式化输出进行进一步说明。

回答：

让我们进一步讨论 print()函数中格式化字符串的使用方法。

Python 有多种格式化字符串的方式，包括%操作符、str.format()方法以及 f-string（格式化字符串字面值）。下面是这些方法的简要说明和示例。

1）操作符：这是 Python 中较早的字符串格式化方法。格式化字符串中的占位符以%开头，后跟一个字符，用于指定数据类型（例如%d 表示整数、%f 表示浮点数、%s 表示字符串等）。示例：

```
name = "Alice"
age = 30
print("My name is %s and I am %d years old." % (name, age))
```

2）str.format()方法：这是一种更灵活的字符串格式化方法，使用花括号{}作为占位符。占位符内可以包含一些可选设置，例如字段宽度、对齐方式等。示例：

```
name = "Alice"
age = 30
print("My name is {} and I am {} years old.".format(name, age))
```

3）f-string（格式化字符串字面值）：这是 Python 3.6 及更高版本中引入的一种更简洁的字符串格式化方法。在字符串前加上一个小写字母 f 或 F，并在花括号{}内直接编写 Python 表达式。示例：

```
name = "Alice"
age = 30
print(f"My name is {name} and I am {age} years old.")
```

当您在 print()函数中使用格式化字符串时，请根据需要选择合适的方法。希望这次解释更全面地涵盖了关于 print()函数中格式化字符串的使用方法。如有其他疑问，请随时提问。

根据 ChatGPT 的提示，修改代码如下。

```
for i in range(1, 10):
    for j in range(1, 10):
        x = i*j
        print("%d*%d=%d" % (i,j,x),end=" ")
    print("",end="\n")
```

输出结果如下。

```
1*1=1 1*2=2 1*3=3 1*4=4 1*5=5 1*6=6 1*7=7 1*8=8 1*9=9
2*1=2 2*2=4 2*3=6 2*4=8 2*5=10 2*6=12 2*7=14 2*8=16 2*9=18
3*1=3 3*2=6 3*3=9 3*4=12 3*5=15 3*6=18 3*7=21 3*8=24 3*9=27
4*1=4 4*2=8 4*3=12 4*4=16 4*5=20 4*6=24 4*7=28 4*8=32 4*9=36
5*1=5 5*2=10 5*3=15 5*4=20 5*5=25 5*6=30 5*7=35 5*8=40 5*9=45
6*1=6 6*2=12 6*3=18 6*4=24 6*5=30 6*6=36 6*7=42 6*8=48 6*9=54
7*1=7 7*2=14 7*3=21 7*4=28 7*5=35 7*6=42 7*7=49 7*8=56 7*9=63
8*1=8 8*2=16 8*3=24 8*4=32 8*5=40 8*6=48 8*7=56 8*8=64 8*9=72
9*1=9 9*2=18 9*3=27 9*4=36 9*5=45 9*6=54 9*7=63 9*8=72 9*9=81
```

如想更加美化一下输出，让它进行对齐。可以直接问 ChatGPT。

问题：

我想下面的代码输出结果对齐。

```
for i in range(1, 10):
    for j in range(1, 10):
```

```
        x = i*j
        print("%d*%d=%d" % (i,j,x),end=" ")
    print("",end="\n")
```

回答：

如果您想让输出结果对齐，可以使用以下语法：

```
for i in range(1, 10):
    for j in range(1, 10):
        x = i*j
        print("%d*%d=%-2d" % (i,j,x),end=" ")
    print("",end="\n")
```

在这个例子中，我们使用 print()函数和字符串格式化运算符（%）来格式化输出结果。我们使用%-2d 来指定输出一个 2 位数的十进制整数，如果数字不足两位则在右侧用空格填充。

当您运行此代码时，您应该会看到输出结果对齐，并且每个表达式之间都有一个空格。

按照 ChatGPT 的提示修改后，输出结果如下。

```
1*1=1  1*2=2  1*3=3  1*4=4  1*5=5  1*6=6  1*7=7  1*8=8  1*9=9
2*1=2  2*2=4  2*3=6  2*4=8  2*5=10 2*6=12 2*7=14 2*8=16 2*9=18
3*1=3  3*2=6  3*3=9  3*4=12 3*5=15 3*6=18 3*7=21 3*8=24 3*9=27
4*1=4  4*2=8  4*3=12 4*4=16 4*5=20 4*6=24 4*7=28 4*8=32 4*9=36
5*1=5  5*2=10 5*3=15 5*4=20 5*5=25 5*6=30 5*7=35 5*8=40 5*9=45
6*1=6  6*2=12 6*3=18 6*4=24 6*5=30 6*6=36 6*7=42 6*8=48 6*9=54
7*1=7  7*2=14 7*3=21 7*4=28 7*5=35 7*6=42 7*7=49 7*8=56 7*9=63
8*1=8  8*2=16 8*3=24 8*4=32 8*5=40 8*6=48 8*7=56 8*8=64 8*9=72
9*1=9  9*2=18 9*3=27 9*4=36 9*5=45 9*6=54 9*7=63 9*8=72 9*9=81
```

ChatGPT 能够基于自然语言的提问，帮助用户找到函数的用法、生成示例与讲解。相比冗长的官方文档，这样的回答更具可读性。围绕函数的细节，ChatGPT 也能由浅入深地进行说明，对开发者很有帮助。

ChatGPT 在回答时，会过于精准、忽略一些不常用的功能细节。如果需要更全面的信息，我们还需要就返回的内容加以追问。因此，围绕一个新的函数，推荐的做法是可以先确定整体的框架功能，即这个函数的适用场景、解决的问题，再逐步细化，这样有助于更全面地了解和应用。

6.2.4 不同编程语言的转换

编程语言种类繁多，每种语言都有其独特的设计理念、语法特点，以及适用的场景。比如，Python 以其简洁的语法和强大的库支持被广泛用于数据分析和机器学习；Java 因为其跨平台性和健壮性，被广泛用于大型企业级应用开发；JavaScript 则是网页开发中不可或缺的工具，负责网页的交互逻辑；C++则被广泛应用于需要高性能计算的领域。

因此，程序员在实际工作中，往往需要根据项目需求，选择最适合的编程语言，有时候还需要做编程语言的转换，以适应新的场景要求。

一个代码转化的例子

数据分析师用 Python 进行数据分析比较多，因为 Python 有非常多的数据分析库，如

Pandas 和 Numpy，这些库让数据分析变得非常简单。但有些时候，由于业务发展，需要在公司原有客户端产品中加入一部分数据分析工作，因为公司的客户端产品使用的是 Java 编写的。因此，数据分析师需要将 Python 的代码转换为 Java 代码。这可以借助 ChatGPT 实现。

问题：

请将以下代码转为 Java。

```
import pandas as pd

def analyze_data(filename):
    data = pd.read_csv(filename)
    avg_price = data['price'].mean()
    print(f"The average price is {avg_price}")
```

这段代码是读取一个 csv 文件中的“price”列并且获取其平均值。将这段代码的翻译成 Java 的难度在于 Java 没有完全等价的库，ChatGPT 返回的结果如下。

回答：

```
import java.io.BufferedReader;
import java.io.FileReader;
import java.io.IOException;

public class DataAnalyzer {
public static void analyzeData(String filename) {
    try (BufferedReader reader = new BufferedReader(new FileReader(filename))) {

        String line;
        double sum = 0.0;
        int count = 0;
        // Skip the header line
        reader.readLine();

        while ((line = reader.readLine()) != null) {
            String[] values = line.split(",");
            double price = Double.parseDouble(values[1]); // Assuming price is in the
            second column

            sum += price;
            count++;
        }

            double avgPrice = sum / count;
            System.out.println("The average price is " + avgPrice);
        } catch (IOException e) {
              e.printStackTrace();
```

```
                }
            }
    }

        public static void main(String[] args) {
            analyzeData("filename.csv");
        }
    }
```

请注意，Java 中没有内置的数据分析库，类似于 Python 中的 Pandas。因此，在 Java 中，您需要手动处理 csv 文件的读取和数据分析。上述代码使用 BufferedReader 来读取 csv 文件，并根据需要处理每行的数据。假设 price 列在 csv 文件的第二列，可以通过 Double.parseDouble (values[1])将其转换为 double 类型。

由于不是直接进行翻译，而改用了不同的支持库，ChatGPT 的翻译代码需要人工的审核与验证，才能保证其准确性。值得注意的是：

在 Python 中，读取的是'price'列的数据，

```
avg_price = data['price'].mean()
```

而 Java 版本中，则读取的是第 1 列的数据。

```
double price = Double.parseDouble(values[1]);
```

二者存在差异，如果认为二者同一列，直接交付代码，也可以要求 ChatGPT 增加一个函数对上面的代码进行修复。

问题：

增加一个 java 的函数，用来确定 csv 文件第一行中“price”的位置。

回答：

```
public static int getPriceColumnIndex(String filename) {
    try (BufferedReader reader = new BufferedReader(new FileReader(filename))) {
        String firstLine = reader.readLine();
        String[] columnNames = firstLine.split(",");

        for (int I = 0; I <columnNames.length; i++) {
            if (columnNames[i].trim().equalsIgnoreCase( “price” )) {
                return I;
            }
        }
    } catch (IOException e) {
        e.printStackTrace();
}

return -1; // Return -1 if "price" column is not found
}
```

你可以在 analyzeData 函数中使用这个函数来确定”price”列的位置。

前面生成的 Java 代码还是有些复杂和冗长。这时，可以让 ChatGPT 使用第三方库对代码进行简化。

问题：

使用第三方库来简化现有代码。

回答：

要简化现有的代码并使用第三方库来处理数据分析，您可以使用 Apache spark 库。下面是使用这个库的简化版本：

```
import org.apache.spark.sql.SparkSession

object DataAnalyzer {
  def main(args: Array[String]): Unit = {
    val spark = SparkSession.builder()
        .appName("DataAnalyzer")
        .master("local")
        .getOrCreate()

    analyzeData(spark, "filename.csv")

    spark.stop()
  }

  def analyzeData(spark: SparkSession, filename: String): Unit = {
    val data = spark.read
        .option("header", true)
        .csv(filename)

    valavgPrice = data.select("price")
        .rdd.map(row =>row.getString(0).toDouble)
        .mean()

    println(s"The average price is $avgPrice")
  }
}
```

上述代码使用 Apache Spark 库来读取 csv 文件并进行数据分析。

6.2.5 SQL 查询语句的阅读与修改

结构化查询语言（structured query language，SQL），是一种专门用来与数据库沟通的语言。当数据存储在数据库中时，就不可避免地需要通过 SQL 查询的方式，进行相关的操作。

作为一名数据分析师或程序员，在日常工作中经常需要阅读和修改 SQL 语句，这是一个让许多人感到困难的任务。阅读与修改 SQL 语句存在困难的原因和 SQL 本身的特点有关，SQL 是一种历史悠久且相对规范的数据库查询交互语言。它本身的关键字很少，常用的只有十多个，但要写出符合语法要求且能完成复杂查询需求的语句却很难。以及，SQL 的查询结构或逻辑与常见的编程语言(如：Python、Java）也有很大的差别，不是面向对象的编程语言而是过程式，这使得修改和调试变得不那么容易。最后，为了完成相同的任务（查询结果），人们可以写出不同风格的 SQL 语句，相比于自己编写，阅读与修改他人的 SQL 就会变得更为困难。

1. SQL 语句的阅读理解

为了理解业务逻辑或尝试修改，我们需要阅读和理解原有的 SQL 查询。如果原有的 SQL 查询有完整清晰的文档注释，那自然会容易很多，如果没有，可以让 ChatGPT 从整体到细节来帮忙做解释。

假设有一个订单管理的数据库，其中有两个表。

- **订单表（orders）**：OrderID（订单 ID），ShipCountry（发货国家），ShippedDate（发货日期），CustomerID（客户 ID）。
- **客户表（customers）**：CustomerID（客户 ID），ContactTitle（头衔）。

（1）加入注释与概括

问题：

为这段 SQL 加上中文注释，并总结整体的意思。

```
select ShipCountry, count(*)
from orders
where weekday(ShippedDate) <= 4
group by ShipCountry
having count(*) >= 50
```

回答：

```
-- 查询每个国家的订单数量，其中订单的发货日期是星期一到星期五，
-- 并且订单数量大于等于 50
select ShipCountry, count(*)  -- 选择 ShipCountry 字段和订单数量的计数
from orders  -- 从名为“orders”的表中查询数据
where weekday(ShippedDate) <= 4  -- 只选择发货日期是星期一到星期五的订单
group by ShipCountry  -- 按照 ShipCountry 字段进行分组
having count(*) >= 50  -- 仅保留订单数量大于等于 50 的分组结果
```

总结：这段 SQL 语句用于查询满足特定条件的订单数据。它计算每个国家的订单数量，并只返回那些满足条件的国家，即订单的发货日期是星期一到星期五，并且订单数量大于等于 50 的国家。

通过这样的总结性的文字，可以帮助我们理解这段 SQL 的总体含义。

在这段 SQL 里，还有两个地方会让人产生困惑，一个是 weekday 函数（为什么是≤4），以及 HAVING 这个关键字的用法。作为函数的解释，可以进一步问 ChatGPT，包括让其提供

示例，这个会比较简单。而对 HAVING 关键字的理解，除了直接问 ChatGPT 这个关键字的含义与用法外，也可以通过与 ChatGPT 讨论的方式来理解。

（2）讨论与互动

问题：

在这段 SQL 里，为什么不是 where count(*) >= 50？

回答：

在这段 SQL 中，使用的是 HAVING 子句而不是 WHERE 子句来筛选结果。原因是 HAVING 子句用于对分组后的结果进行筛选，可以对聚合函数的结果进行条件过滤，而 WHERE 子句仅对单行记录进行过滤。

问题（继续）：

我还是没有太理解，可以做一下比喻吗？

回答：

想象你正在组织一场聚会，并向朋友们发出邀请。在这个比喻中，数据表中的每一行可以看作一个人的记录，而每个列则代表人的属性。

WHERE 子句：想象你有一张名单，你想根据一些条件筛选出特定的人。比如，只想邀请年龄在 30 岁以下的人。在这种情况下，你会使用 WHERE 子句来过滤单个人的记录，就像你在名单上应用筛选条件一样。

HAVING 子句：现在假设你已经邀请了一些人来参加聚会，并把他们分成了不同的小组。现在你想根据一些条件筛选出特定的小组。比如，只想保留参与人数大于等于 10 人的小组。在这种情况下，你会使用 HAVING 子句来过滤聚合结果中的分组，就像你在聚会现场对小组进行筛选一样。

在阅读 SQL 时，还会碰到不同数据库的差别，例子中的 weekday 函数其实是 MySQL 数据的一个特有的函数，当我们理解了整体的意思后，如果要将这段 SQL 应用于不同的数据库，这时可以继续询问 ChatGPT。

问题：

在 SQL Server 中，选出工作日的订单应该怎么写？

回答：

在 SQL Server 中，可以使用 DATEPART 函数来判断日期是星期几，从而筛选出工作日的订单。

```
select ShipCountry, count(*)
from orders
where datepart(weekday, ShippedDate) between 2 and 6
group by ShipCountry
having count(*) >= 50
```

2．SQL 语句的修改

常见的 SQL 语句的修改情况有以下几种。

- 原有的意思不变，通过调整结构来让 SQL 语句更清晰易读。
- 修改或增加查询逻辑。
- 不同数据库语句的转换（如从 Oracle 到 MySQL 数据库）。

同时，为了保证修改后执行结果的正确性，需要手工或自动化地检查修改前后的查询结果。

（1）意思不变，调整语句结构

问题：

为我优化这段 SQL，意思不变，使用 in 的方式。

```
select ShipCountry, count(*)
from orders inner join (
    select CustomerID
    from Customers
    where ContactTitle = 'CEO'
) c on orders.CustomerID = c.CustomerID
group by ShipCountry
having count(*) >= 50
```

回答：

这个修改将内部子查询的结果直接作为外部查询的条件，使用 in 子句替代了内连接。这样可以简化查询并提高性能。

```
select ShipCountry, count(*)
from orders
where CustomerID in (
    select CustomerID
    from customers
    where ContactTitle = 'CEO'
)
group by ShipCountry
having count(*) >= 50
```

在这个例子里，原有的 SQL 查询是与客户表做关联（join），虽然结果正确，但语句写起来会有些不够清晰，换一种写法后，会更容易理解意思：只看头衔为 CEO 的客户订单。

（2）修改或增加查询逻辑

如果我们要增加更多的筛选条件，也可以直接和 ChatGPT 说。

问题：

修改前面的 SQL，增加筛选条件，只看最近 6 个月的新客户。其中，客户的创建时间字段是：CreatedDate。

回答：

```
select ShipCountry, count(*)
from orders
where CustomerID in (
    select CustomerID
```

```
        from customers
        where ContactTitle<> 'Accounting Manager'
        and CreatedDate>= dateadd(month, -6, getdate())
    )
    group by ShipCountry
    having count(*) >= 50
```

这个修改在内部子查询的 WHERE 子句中添加了一个条件 CreatedDate>= DATEADD (MONTH, -6, GETDATE())，它将筛选出创建时间在最近 6 个月内的新客户。

在这段对话里，因为 ChatGPT 并不知道完整的表结构或字段，所以还需要我们告诉它，客户的创建时间字段是什么。

（3）不同数据库语句的转换

虽然 SQL 有通用的规范，作为不同数据库的实现，基本的关键字与语法结构是一致的。但作为函数的实现，以及一些功能细节上，在实际使用时还是会有差异。

围绕 SQL 语句的转换，常见的需求如下。

- 从学习的目的，希望借鉴别的数据库的 SQL 语句的写法，以应用到自己的工作中。
- 数据库迁移，当前的业务需要保持业务逻辑不变，但迁移到不同的数据库。

问题：

修改这段 SQL 到 SQL Server 数据库：

```
select OrderID, OrderDate
from orders
where weekday(ShippedDate) <= 4
order by ShippedDate desc
limit 10
```

回答：

在将这段 SQL 转换为适用于 SQL Server 数据库的语法时，您需要进行以下更改：

1）使用 TOP 关键字代替 LIMIT 子句。

2）更改 weekday 函数为 datepart(weekday, ShippedDate)。

3）其中 SQL Server 中的 datepart 函数将星期日表示为 1，星期一表示为 2，以此类推，直到星期六为 7。

```
select top 10 OrderID, OrderDate
from orders
where datepart(weekday, ShippedDate) between 2 and 6
order by ShippedDate desc;
```

在这个例子中，可以看到语法关键字的不同（LIMIT 与 TOP），函数实现的不同（weekday 与 datepart）。整体而言，ChatGPT 可以识别不同数据库的差别并做转换。同时，从更严谨的角度，还需要我们手工去检查转换后的 SQL 语句的查询结果是否正确，以及了解新的函数定义。

SQL 是一个易学难精的语言，因为语言的灵活性与实际业务需求的复杂性，会导致初学者入门容易深入难。作为非技术背景的业务用户，在看到别人写的大段的 SQL 时，会更为困惑。为了满足数据查询分析的需求，一方面可以考虑使用图形化的 BI 分析工具，这样可以降低复杂性；另一方面，借助 ChatGPT 的辅助，有助于我们更好地阅读理解，了解其整体与细节的意思，以方便了解业务逻辑或尝试做修改。

6.2.6 快速搭建框架

Spring 和 Vue 之类的编程框架可以帮助程序员快速构建标准化的结构，简化和加速程序开发过程。

1. 什么是编程框架

所谓框架（framework），是一种结构化思考、分析、解决问题的通用方法。不同领域有自己的通用框架。在软件编程领域，编程框架则是一个预先构建的工具集，它可以帮助人们更轻松地编写代码和构建应用程序。它是由开发人员创建的、旨在简化常见任务并提供通用的解决方案。

可以将编程框架想象为一个标准化的样板楼房蓝图。框架中的每个模块都是一段预先编写好的代码，解决了特定问题或提供了特定功能。人们可以通过将这些模块组合在一起来构建自己的应用程序。

使用框架的好处是不必从头开始编写所有的代码。相反，可以使用框架提供的组件和功能来快速搭建应用程序的基本结构。这样，人们可以节省时间和精力，并且能够专注于应用程序的特定逻辑和功能。

例如，想象一下要构建一个网站。如果没有框架，就需要编写处理用于标识和定位互联网上资源的字符串（uniform resource locator，URL）路由、用户认证、数据库访问等方面的代码。但是，如果使用了一个 Web 开发框架，它可能已经提供了这些功能的组件，只需按照框架的规范进行配置和编写少量的代码即可。

编程框架还可以提供一些约定和规范，以帮助开发人员更好地组织和协调工作。这样，即使有多个开发人员参与项目，他们也可以更容易地理解和共同合作。

2. 如何选择编程框架

不同的框架适用于不同的领域和开发需求，在选择框架时，需要考虑文档、社区支持、易用性以及与项目目标的匹配程度。只要用户有明确的研发目标，ChatGPT 就可以给出相应的推荐。

例如，我们想学习 Python 游戏编程，要求推荐一个易于学习的编程框架，可以通过如下问答来得到一些信息。

问题：

请给我推荐一个初学者易于掌握的编程框架用于学习 Python 游戏编程，并说明其优缺点。

回答：

对于初学者来说，一个易于掌握的编程框架用于学习 Python 游戏编程是 Pygame。Pygame 是一个开源的、跨平台的 Python 模块，专门用于开发 2D 游戏。它提供了简单的接口和丰富的功能，适合初学者入门游戏编程。

以下是一些使用 Pygame 的原因：

- 简单易用：Pygame 提供了简单易用的 API，不需要太多的背景知识即可开始编写游戏。
- 丰富的文档和教程：有许多优质的 Pygame 教程和文档可供参考，包括官方文档和第三方教程，可以帮助你快速入门。

- 跨平台支持：……
- 强大的社区支持：……

3．使用编程框架

对于第一次使用某个编程框架的用户，可以让 ChatGPT 为其搭建一个初始版本。

问题：

我想使用 Pygame，请告诉我如何安装使用。

回答：

Pygame 是一个用于开发视频游戏的跨平台 Python 库。它提供了对图形、声音、输入等功能的访问，使得游戏开发变得相对容易。

要安装并使用 Pygame，请按照以下步骤操作：

1）安装。

2）首先，确保您已经安装了 Python。如果没有，请访问 Python 官方网站（https://www.python.org/）下载并安装 Python。

3）打开命令提示符（Windows）或终端（macOS / Linux）。

4）输入以下命令以安装 Pygame：

```
pip install pygame
```

这将自动从 Python 软件包索引中下载并安装 Pygame。安装完成后，您可以开始使用 Pygame 编写游戏程序。

开始使用：

1）打开一个文本编辑器（如 VSCode、Atom、Sublime Text 等）并创建一个新的 Python 文件（例如，game.py）。

2）在文件中，首先导入 Pygame 库：

```
import pygame
```

3）初始化 Pygame：

```
pygame.init()
```

4）现在，您可以开始创建游戏窗口、加载图像、处理输入等。以下是一个简单的例子，展示了如何创建一个窗口并在其中绘制一个矩形：

```
import pygame

pygame.init()

# 设置窗口大小
screen_width = 800
screen_height = 600

# 创建窗口
screen = pygame.display.set_mode((screen_width, screen_height))
pygame.display.set_caption('My PyGame Example')

# 游戏循环
running = True
while running:
```

```
        # 处理事件
        for event in pygame.event.get():
            if event.type == pygame.QUIT:
                running = False

        # 填充背景色
        screen.fill((255, 255, 255))

        # 绘制矩形
        pygame.draw.rect(screen, (0, 0, 255), (400, 300, 50, 50))

        # 更新显示
        pygame.display.flip()

    # 退出
    pygame.quit()
```

5）保存文件并通过命令行运行它：

```
python game.py
```

这将打开一个新的窗口，在其中显示了一个简单的矩形。您可以根据需要扩展此示例，添加更多功能和交互。

有许多 Pygame 教程和资源可供您参考，以了解更多关于如何使用 Pygame 构建游戏的信息。祝您学习愉快！

运行结果如图 6-3 所示。

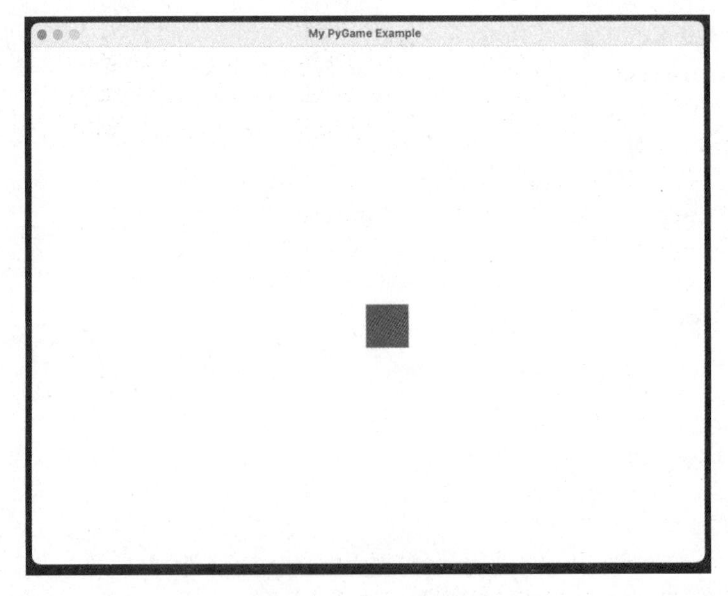

图 6-3 运行结果

4. 框架中关键因素的介绍

用户可以针对某个框架的整体，要求 ChatGPT 系统性的介绍。在以下例子中 ChatGPT

详细介绍了 Pygame 框架可以操作的类以及作用。

问题：

介绍一下 Pygame 中常用的类以及作用。

回答：

Pygame 提供了一组丰富的模块和类来处理各种游戏开发任务。以下是一些 Pygame 中最常用的类及其作用。

1）pygame.Surface 这个类代表了在屏幕上可以绘制的一块区域。你可以在一个 Surface 对象上绘制形状、线条、或者其他 Surface，然后再将这个 Surface 绘制到主屏幕（也就是另一个 Surface）上。

2）pygame.image 这个模块包含了加载和存储图片的函数。你可以用这个模块将图片加载为 Surface 对象，然后在屏幕上绘制它。

3）pygame.event 模块用于处理事件队列。游戏中的事件主要是由用户的输入（如按键和鼠标移动）产生的。event 模块提供了检查事件队列、添加事件到队列、创建新类型事件等功能。

……

用户可以针对框架中想深入了解的知识，要求 ChatGPT 进行进一步的讲解。

问题（继续）：

介绍一下事件类 event 的使用方式。

回答：

在 Pygame 中，事件是用户与游戏的主要交互方式。用户的输入（如按键、鼠标移动和点击、窗口关闭等）都会被转换为事件。事件会被放入到事件队列中，然后你可以在游戏循环中处理这些事件。

以下是一些基本的 pygame.event 模块的使用方式。

- 获取事件

你可以使用 pygame.event.get()函数从事件队列中获取所有的事件。这通常在游戏循环中使用。

```
for event in pygame.event.get():
# 处理事件
```

- 处理事件

处理事件通常涉及检查事件的类型，然后根据事件的类型执行不同的操作。例如：

```
for event in pygame.event.get():
    if event.type == pygame.QUIT:
        # 用户点击了关闭窗口按钮
        running = False
    elif event.type == pygame.KEYDOWN:
        # 用户按下了一个键
        if event.key == pygame.K_ESCAPE:
            # 用户按下了 Escape 键
            running = False
```

在这个例子中，我们检查了 QUIT 事件（用户点击了关闭窗口按钮）和 KEYDOWN 事件（用户按下了一个键）。我们可以通过 event.key 来检查用户按下了哪个键。

- 等待事件

……

- 事件类型

……

这里仅仅说明了 event 的最基本用法，还可以进一步追问，直到把具体的函数的用法彻底搞清楚。

5．进行进一步修改

用户可以直接要求 ChatGPT 按照我们的需求增加策略条件，比如可以要求 ChatGPT 增加鼠标移动策略。

问题：

增加鼠标移动策略，在鼠标移动后，移动画面中的矩形。

回答：

下面是一个 pygame 示例，当鼠标移动时，矩形会跟随鼠标移动。

```
import pygame

# 初始化 pygame
pygame.init()

# 设置窗口大小
screen_width = 800
screen_height = 600

# 创建窗口
screen = pygame.display.set_mode((screen_width, screen_height))
pygame.display.set_caption('My PyGame Example')

# 初始矩形位置
rect_x = 200
rect_y = 200

# 游戏主循环
running = True
while running:
    # 处理事件
    for event in pygame.event.get():
        if event.type == pygame.QUIT:
            running = False
        elif event.type == pygame.MOUSEMOTION:
            # 当鼠标移动时，获取鼠标的位置，并设置矩形的位置为鼠标的位置
```

```
            rect_x, rect_y = event.pos

        # 填充背景色
        screen.fill((255, 255, 255))

        # 绘制矩形
        pygame.draw.rect(screen, (0, 0, 255), (rect_x, rect_y, 50, 50))

        # 更新显示
        pygame.display.flip()

    # 退出 pygame
    pygame.quit()
```

在这个示例中，当检测到 MOUSEMOTION 事件（鼠标移动事件）时，我们获取当前鼠标的位置（event.pos），然后设置矩形的位置为鼠标的位置。这样就可以使矩形跟随鼠标移动。

在上面的例子中，最初移动鼠标时，矩形会发生跳动，但是借由 ChatGPT 的提示，我们可以快速找到相关的代码，修改程序，解决问题。

6.2.7　阅读与生成正则表达式

在信息的世界中除了结构化的表格与数据库外，还有大量的文本内容需要我们去分析和处理，对于复杂一些的文本匹配问题，用正则表达式是一个兼具灵活与效率的好方式。

正则表达式（regular expression）是用来匹配和处理文本的字符串。正则表达式语言不是一种完备的程序设计语言，更像一种领域特定语言，几乎所有的编程语言与常见的分析工具都支持正则表达式，它甚至出现在我们的文本编辑器里。

同时，正则表达式的定义与规则又过于灵活，对于新人不容易上手。新人可以先花一些时间来了解基础概念与用法，这样简单的正则自己可以写出来。碰到别人写的复杂正则，也可以借助 ChatGPT 的辅助来解读与修改。

1．正则表达式的阅读理解

（1）理解基本的意思

看到如下的正则表达式，你会如何理解？

```
^1[3-9]\d{9}$
```

读者或许会一头雾水，难以理解这些奇怪的符号与数字。如果告知这是一个匹配手机号的正则表达式，再结合已知的手机号的特点（1 开头的 11 位的数字，常见的有：13、15、18 开头），会有些线索。

问题：

这段正则表达式的意思是？
^1[3-9]\d{9}$

回答：

这个正则表达式的意思是匹配一个以数字 1 开头，后跟 3～9 之间的任意数字，并且总长度为 11 位的字符串。换句话说，它用于验证一个手机号码是否符合中国的手机号码格式。

让我们逐个解析这个正则表达式的各个部分。

- ^：表示匹配字符串的开头。
- 1：匹配数字 1，作为手机号码的开头。
- [3-9]：表示匹配 3～9 之间的任意一个数字。
- \d：匹配任意一个数字（0～9）。
- {9}：表示前面的模式（即\d）要匹配 9 次，即连续的 9 个数字。
- $：表示匹配字符串的结尾。

例如，以下字符串将匹配这个正则表达式：

13612345678

15998765432

而以下字符串将不匹配：

72345678900（不以 1 开头）

138001380001（长度不为 11 位）

（2）了解语法细节

从 ChatGPT 返回的结果来看，解释已经很详尽了。如果要以此为基础，了解更多的语法细节，可以进一步提问。

问题：

为我介绍下[ ]的用法。

回答：

方括号[ ]在正则表达式中用于创建字符类（character class），它指定了一个字符集合，表示在该位置可以匹配其中的任意一个字符。字符类可以包含单个字符、字符范围或多个字符的组合。

下面是一些字符类的用法示例。

- [abc]：匹配字符 a、b 或 c 中的任意一个字符。
- [0-9]：匹配任意一个数字字符，等同于\d。
- [a-z]：匹配任意一个小写字母。
- [A-Z]：匹配任意一个大写字母。

……

或者通过提问 ChatGPT，观察生成的正则表达式来推测用法。

问题：

如果我想匹配 135 或 137 开头的手机号呢？

回答：

如果您想匹配以 135 或 137 开头的手机号，您可以使用以下正则表达式：

- ^(135|137)\d{8}$

……

读者又会产生新的困惑：这里为什么用到了括号与竖杆的组合：(135|137)？对这个问题，一方面可以继续询问 ChatGPT 让其说明，另一方面，这也说明如果非常基础的语法规则都完

全不了解的话，这样的互动只会随着每次的回答带来更多的问题。

为了避免这样的情况，用户可以先去学习基础的正则入门教程，有一些初步的印象与概念后再与 ChatGPT 互动会更高效。

（3）尝试简化

以 IP 地址的匹配为例，完整的正则表达式会比较复杂。

```
^(?:(?:25[0-5]|2[0-4][0-9]|[01]?[0-9][0-9]?)\.){3}(?:25[0-5]|2[0-4][0-9]|[01]?[0-9][0-9]?)$
```

这时为了便于理解与修改，可以要求 ChatGPT 生成一个简化版的正则表达式。

问题：

简化这个复杂的 IP 地址的匹配正则表达式。

回答：

如果要简化 IP 地址的正则表达式，可以使用以下模式：
^(?:\d{1,3}\.){3}\d{1,3}$
这个正则表达式模式可以匹配以下格式的 IP 地址：
0.0.0.0～255.255.255.255
以下是对简化后的正则表达式模式的解释：

- ^：匹配字符串的开头。
- (?:\d{1,3}\.){3}：匹配 1～3 位数字，后跟句点，重复 3 次，确保有 3 个句点和 3 个数字。
- \d{1,3}：匹配 1～3 位数字。
- $：匹配字符串的结尾。

正则表达式的编写和验证往往与具体的业务规则相关，在学习和理解正则表达式知识时，还可以顺便让 ChatGPT 帮忙介绍业务规则。

问题：

为我介绍下 IP 地址的规则？

回答：

IP 地址是用于在互联网上唯一标识网络设备（如计算机、路由器）的数字标识。IP 地址是由 32 位或 128 位二进制数字组成的，用于标识网络上的主机或网络接口。

IPv4（internet protocol version 4）是目前广泛使用的 IP 地址版本，它由 32 位二进制数字组成，通常以点分十进制表示。IPv4 地址的格式是 X.X.X.X，其中每个 X 可以是 0～255 之间的数字。一些 IPv4 地址的示例如下：

- 192.168.0.1
- 172.16.254.1
- 10.0.0.0

……

2．正则表达式的生成

正则表达式和 SQL 有些类似，有相对的标准规范，同时在不同的编程语言或工具里，又有些细节的差异，因此，当我们需要 ChatGPT 来生成正则表达式时，除了提出具体的匹配规则外，还可以说明对应的执行环境。

问题：

为我生成在 JavaScript 中使用的匹配手机号的正则表达式。

回答：

以下是一个示例代码，演示如何使用这个正则表达式来验证手机号。

```
const phoneNumber = "13812345678";
const regex = /^1[3-9]\d{9}$/;

if (regex.test(phoneNumber)) {
  console.log("手机号格式正确");
} else {
  console.log("手机号格式不正确");
}
```

以及正则表达式的规则还可以和附加的代码逻辑结合，以更好地完成任务。比如要求 ChatGPT 根据手机号段来判断具体的运营商信息。

问题：

修改这段代码，根据手机号段来判断具体的运营商信息。

回答：

要根据手机号段判断具体的运营商信息，你需要使用手机号段与各运营商的号码段对照表进行匹配。以下是一个简单的示例代码，展示了如何判断手机号对应的运营商信息。

```
function getCarrierInfo(phoneNumber) {
  const carrierInfo = {
    '中国移动': [/^134[0-8]\d{7}$/, /^13[5-9]\d{8}$/, /^14[7]\d{8}$/, /^15[0-2]\d{8}$/, /^15[7-9]\d{8}$/, /^16[5-6]\d{8}$/, /^17[0-8]\d{8}$/, /^18[2-4]\d{8}$/, /^18[7-8]\d{8}$/, /^198\d{8}$/],
    '中国联通': [/^13[0-2]\d{8}$/, /^145\d{8}$/, /^15[5-6]\d{8}$/, /^166\d{8}$/, /^17[1-6]\d{8}$/, /^18[5-6]\d{8}$/, /^19[0-1]\d{8}$/],
    '中国电信': [/^133\d{8}$/, /^14[0-1]\d{8}$/, /^149\d{8}$/, /^153\d{8}$/, /^15[3-6]\d{8}$/, /^17[0-2]\d{8}$/, /^18[0-1]\d{8}$/, /^19[9]\d{8}$/]
  };

  for (const carrier in carrierInfo) {
    for (const regex of carrierInfo[carrier]) {
      if (regex.test(phoneNumber)) {
        return carrier;
      }
    }
  }

  return '未知运营商';
```

```
}

const phoneNumber = '13912345678';
const carrier = getCarrierInfo(phoneNumber);
console.log(`手机号 ${phoneNumber} 属于 ${carrier}`);
```

6.3　经验与注意事项

ChatGPT 可以快捷地帮助我们生成代码，完成日常的编程任务。但在实际使用时，还有一些需要注意的地方，本节会为大家介绍使用 ChatGPT 辅助编程时的技巧与注意点。

6.3.1　辅助编程的策略和技巧

ChatGPT 在编程领域方便易用，可以很好地完成不同编程语言的生成与转换，是不错的编程助手，为了更好地发挥其优点，在使用时，还需要注意以下几点。

1. 先制定解决方案

当用户需要编写小型、离散的编程任务，例如加载数据、执行基本数据操作和创建可视化图表（网站）时，ChatGPT 是一个很好的选择。然而，对于复杂的程序，ChatGPT 的表现可能并不理想。因此，在编写程序的早期阶段，我们可以使用“用户故事”来明确用户的角色、所需完成的任务以及背后的原因。ChatGPT 可以为用户提供多个解决方案，并针对每个方案说明其优缺点，以供参考。这样做可以让 ChatGPT 更好地理解上下文，而多个带有优缺点的解决方案，则可以帮助用户更好地理解利弊，做出正确的选择。

2. 结合插件，利用最新资源选择使用的库

由于 ChatGPT 的训练语料库仅限于 2022 年之前的数据，而编程世界变化迅速，因此 ChatGPT 直接提供的资讯可能已经过时。很多库已经更新，某些参数也已经发生了变化。

根据实验结果，ChatGPT 4.0 在编程和库选择方面的表现优于 ChatGPT 3.5。因此，建议尽可能使用 ChatGPT 4.0 来协助编程。如果无法使用最新版本的 ChatGPT，可以安装 WebChatGPT 插件。该插件可通过搜索引擎查找最新的信息，并将结果返回给 ChatGPT 进行总结，以使 ChatGPT 拥有最新的信息。

3. 优化调整代码架构

为了提高代码的可读性和可维护性，我们应该采用面向对象的编程方式来组织程序结构。然而，ChatGPT 在默认情况下并未使用该模式，因此我们需要在早期确定代码结构方法，以便后期的修改和维护成本更低。

通常建议将超过 30 行的函数代码进行拆分，这是一个很好的实践。我们可以让 ChatGPT 对代码进行评审（review），并提出改进建议，然后使用这些建议来优化 ChatGPT 的代码结构。优秀的代码是通过不断迭代优化而来的，很少能够一次性完美实现。

需要注意的是，我们不应让 ChatGPT 直接编写功能复杂的程序。虽然这样的实现可能会在短时间内完成任务，但会导致代码结构上存在缺陷，从而给后期的改进和优化带来巨大的困扰。

4．补全函数说明

为了更好地维护和重构代码，保持代码简洁，可以根据个人对代码的熟悉程度，设置 ChatGPT 为代码添加注释的精细程度。但对于每个函数的使用说明，需要让 ChatGPT 进行补全。开发者对代码的记忆属于短期记忆，唤醒成本极高，因此补全函数使用说明有助于后期的维护和重构工作。

5．创建单元测试代码（unit testing）

单元测试可以提高测试效率、降低成本、提高软件质量、改善开发流程，并提高测试的可重复性和覆盖率。但对于没有工具辅助的开发者而言，要为每一个函数编写单元测试将是一个巨大的工作量挑战。ChatGPT 的出现大大降低了开发者的工作强度，它可以快速为每个函数编写量身定制的单元测试代码。通过它，用户可以快速从各个方面验证对代码的细微修改，这将显著降低后期的修改和维护成本，提高修改速度，增加代码的健壮性。

ChatGPT 是一个适用于小型、离散编程任务的好工具。对于大型、复杂的程序，我们可以使用编程范式、调整程序结构、补全函数说明和建立自动化测试程序等辅助手段来辅助 ChatGPT 编写代码，从而降低后期修改和维护的成本，让它更好地发挥编程作用。

6.3.2 注重阅读官方文档与编程书籍

ChatGPT 是一个训练好的语言模型，而不是搜索引擎。它的训练数据是 2022 年以前的。面对编程社区的日新月异，在语言规范、代码库的问题回答上，会有所滞后。

ChatGPT 的回答专注于问题的核心，但如果缺乏方向或问题描述不清，ChatGPT 可能会无法找到答案。相较而言，官方文档如同一部系统全面、易于浏览的百科全书，通过章节的组织，为学习者提供丰富的信息和额外的扩展阅读。至于编程书籍，则像一位经验丰富的登山导游，带着学习者围绕主题，深入浅出地探索问题，提升知识与能力。

ChatGPT、官方文档、编程书籍对比表见表 6-1。

表 6-1　ChatGPT、官方文档、编程书籍对比表

维度	ChatGPT	官方文档	编程书籍
及时性	停滞	及时	不够及时
精准度	比较精准	精准	精准
交互性	可以交互	无法交互	无法交互
语言表达	清晰顺畅	枯燥平淡	取决于作者
覆盖范围	可覆盖大部分问题	全面可靠	垂直覆盖
系统性	强调目的性，缺少扩展	面面俱到，缺少主线	在主题领域内深入全面

对于正在学习编程的学习者，ChatGPT 无法取代实战性的编程书籍，也无法替代及时全面的官方文档。它会是一位有能力、有耐心的助教，协助学习者完成编程项目，生动有趣地回答关心的问题，但它无法引导学习者系统全面的掌握编程的核心思想，以及举一反三的能力。

学习者可以让 ChatGPT 基于 Pygame 框架，快速地编写一个“贪吃蛇”的小程序，但如果没有仔细去看 Pygame 的官方文档或相关书籍，就不知道 Pygame 还具备哪些其他能力或可以制作的不同类型的游戏。

因此，在有了 ChatGPT 辅助的当下，官方文档和编程书籍仍然是我们学习编程的重要资源和依靠，帮助我们全面系统、方向明确的攀登编程高峰。

6.3.3　注意聊天时的信息安全

ChatGPT 在编程领域有广泛的应用前景，但在实际应用时，也会面临来自 AI 自身数据和模型方面的安全挑战。

1. 面临的风险

为了保护数据安全，ChatGPT 只提供 API 接口，商业用户无法直接接触训练数据。但是，攻击者可以通过模型输出来推断训练数据的属性和原始数据，甚至可以窃取模型的功能或参数。这使得 AI 模型存在隐私泄露的风险。

同时，ChatGPT 的聊天数据可能会被用作训练素材。虽然这些数据通常会在保护用户隐私的前提下进行处理和使用。但作为一款 AI 模型，训练数据是有可能反向重构的。以及，由于自然语言处理的特性，我们在提问时为了获得准确的回答需要输入大量信息，一旦这些聊天内容被泄漏，会更容易暴露用户的个人隐私。这些不仅是 ChatGPT 所需要面对的问题，也是所有 AI 服务商都需要共同面对的。

根据 ChatGPT 的隐私协议（https://openai.com/policies/privacy-policy），它会收集用户的相关资料、聊天内容和相关网页中的各种信息。这些信息的存储与使用，也会增加泄漏的风险。

现在有大量的开源插件可用于使用 ChatGPT，这些非官方的工具也加大了隐私泄漏的风险。例如，非官方、非开源的 ChatGPT 桌面应用可能会额外地收集用户数据或植入木马。

2. 应对策略

为了应对这些风险，除了依赖 Open AI 官方的安全措施外。我们在使用 ChatGPT 这类 AI 工具时需要注意以下几点。

- 尽量使用官方或被大部分人认证的工具和插件，并及时更新，以得到安全漏洞的修补。
- 不要在 ChatGPT 中输入敏感信息，例如：账号、密码等。
- 避免泄漏个人信息，例如：邮件、地址、电话、家庭成员等。
- 定期清除 ChatGPT 的聊天记录。

科技进步既提升了我们理解世界与解决问题的能力，同时也带来了数据安全与隐私的挑战，这就需要我们在使用这些便利的工具的同时，还要具备相关的安全意识。

第 7 章

办公自动化

随着 AI 能力的提升，尤其是 ChatGPT 引发的热潮，AI 也开始集成到办公软件中，不仅提升了效率，也引发和改变了传统的办公应用思路，“智能+个性化”成为新的方向。

目前几个有代表性的办公应用中，Office、Notion 使用的是 OpenAI 的 GPT 模型，WPS 使用的是自研或国内的模型，它们整体的能力表现和我们在 ChatGPT 中对话是相当的，相比于 ChatGPT 中的复制粘贴与只能文字输出，在这些办公应用中的 AI 能力更丰富，除了文字，还支持图片、数据表格等。这会让用户的使用过程更为高效便捷。

本章内容

7.1 办公软件中的 AI 能力集成

办公软件的主要功能包括文字处理、数据表格处理、演示制作、电子邮件管理和日程安排等。这些功能使用户能够进行各种办公任务，如编写报告、制定预算、创建演示文稿、发送和接收电子邮件，以及安排会议等。尽管这些软件已经大大提高了办公效率，但是当 AI 技术融入其中，它们的能力可以达到新的高度。例如，AI 可以自动完成复杂的数据分析，用户无须手动处理大量数据。在文字处理中，AI 可以预测用户输入，自动纠正拼写和语法错误，甚至提供写作建议。在电子邮件管理中，AI 可以帮助用户自动过滤垃圾邮件，分类重要邮件，甚至自动回复常规邮件。在日程管理中，AI 可以根据用户的工作习惯和偏好，自动安排和调整日程。

办公软件中 AI 技术的引入出于多方面的考虑。随着信息量的爆炸式增长，仅依靠人力已无法有效处理这些信息，AI 可以帮助我们更好地管理和利用这些信息；AI 可以自动执行一些烦琐的任务，让用户有更多的时间和精力专注于更重要的工作；AI 还可以激发人们的创新灵感，这对知识型工作者来说非常有帮助。

目前，除了老牌的办公应用 Office、WPS 中集成了 AI 助手外，一些新兴的办公应用如 Notion 也集成了 AI，而且还做得更有特色。接下来的几个小节，会围绕文字处理、幻灯片、表格这三个主要的办公应用场景，结合具体的产品，来为大家介绍办公软件中的 AI 能力集成。

7.1.1 文档写作

在 ChatGPT 横空出世之后，基于大语言模型而开发或优化的文档写作类工具如同雨后春笋一般出现。

从传统的文档写作工具，例如微软的 Word 和金山的 WPS，到基于 AI 开发的新兴文档工具，例如 Jasper、copy.ai，以及 HiveMind。

在这些工具之中，Notion 作为一个已经有众多用户的笔记工具，在结合了 Notion AI 之后，不仅强化了其传统的写作功能，也给项目管理等相关功能带来了不一样的使用方法。

1. Notion AI 简介

Notion 是由 Notion Labs Inc.开发的一款生产力和笔记类网络应用程序。除了笔记的功能，Notion 还提供了如任务管理、项目跟踪、待办事项清单、书签等生产力功能。用户可以创建自定义模板，嵌入视频和网络内容，同时与他人进行实时协作。截至 2023 年 5 月为止，Notion 已经积累了超 3000 万用户。成为大量文字工作者心中的笔记“神器”。

Notion AI 作为集成在这一文档写作工具中的 AI 助手（集成的是 ChatGPT 的 API 接口），Notion AI 的交互界面如图 7-1 所示。

2. 如何与 Notion AI 进行交互

有别于目前常见的 AI 助手类（copliot）的产品设计，Notion 的 AI 功能在 Notion 中嵌入得十分自然，不会在右下角有一个机器人来干扰到用户的写作状态。当用户需要 AI 助手的时候，只需要在新的一行通过单击空格键（见图 7-2、图 7-3），就可以激活。

Ask AI to edit or write...
Generate from selection
Find action items
Translate
Explain this
Summarize
Write with AI

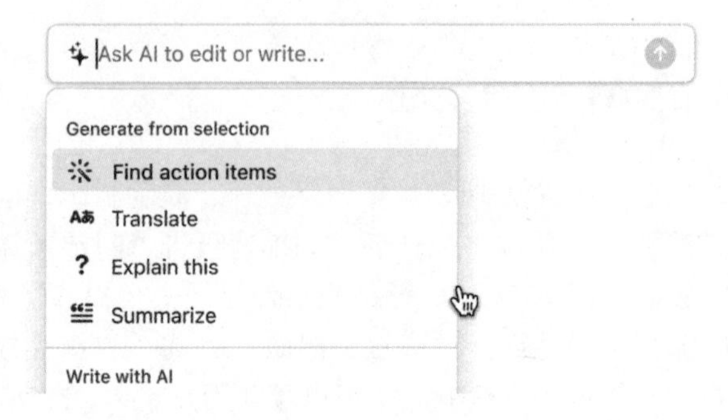

图 7-1　Notion AI 的交互界面

Press 'space' for AI, '/' for commands...

图 7-2　使用空格激活

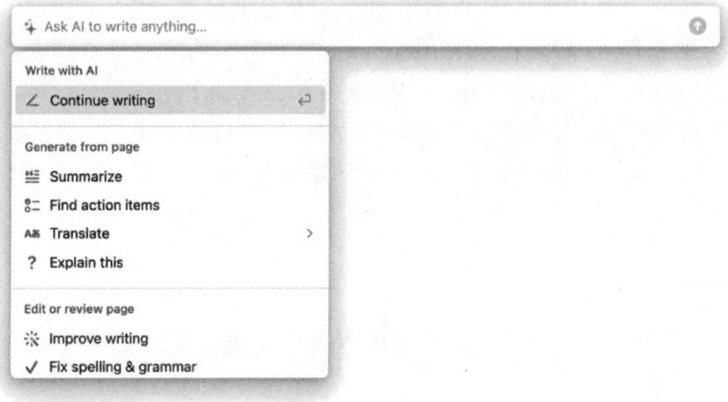

Ask AI to write anything...
Write with AI
Continue writing
Generate from page
Summarize
Find action items
Translate
Explain this
Edit or review page
Improve writing
Fix spelling & grammar

图 7-3　激活 AI

当然，用户也可以在任何位置通过斜杠命令来激活它。用斜杠激活 AI 如图 7-4 所示。

/AI
Notion AI
Translate
Change tone
Ask AI to write...
Continue writing
Summarize
Find action items
Improve writing
Fix spelling & grammar
Make shorter
Make longer
Simplify language
Professional
Casual
Straightforward
Confident
Friendly

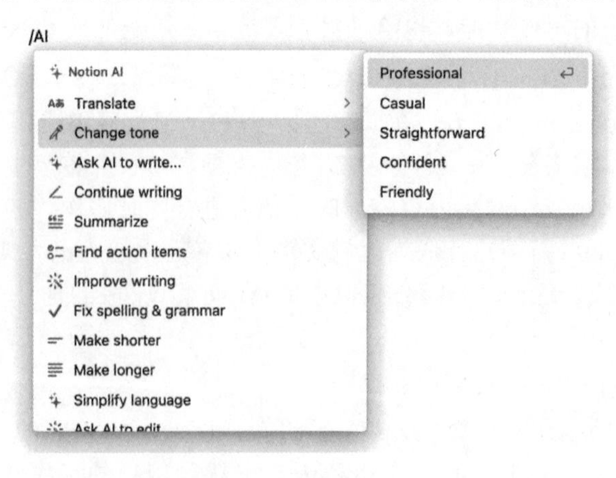

图 7-4　用斜杠激活 AI

用户也可以在用户的表格中点击加入 AI 元素。在表格中点击加入 AI 元素如图 7-5 所示。

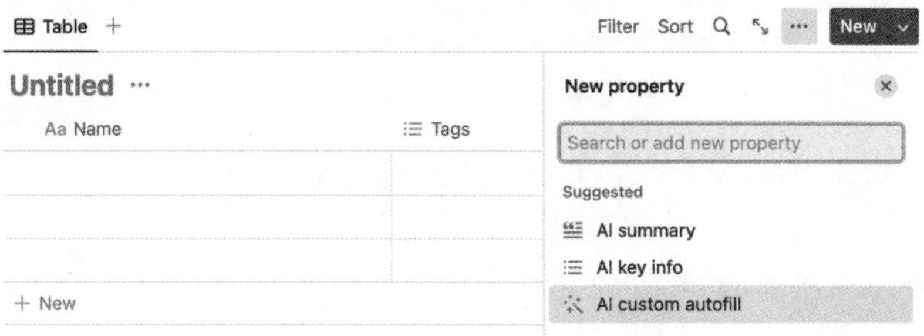

图 7-5　在表格中点击加入 AI 元素

最后，在用户新建一个文档时，用户也可以直接选择 AI 助手来开始工作。新建文档如图 7-6 所示。

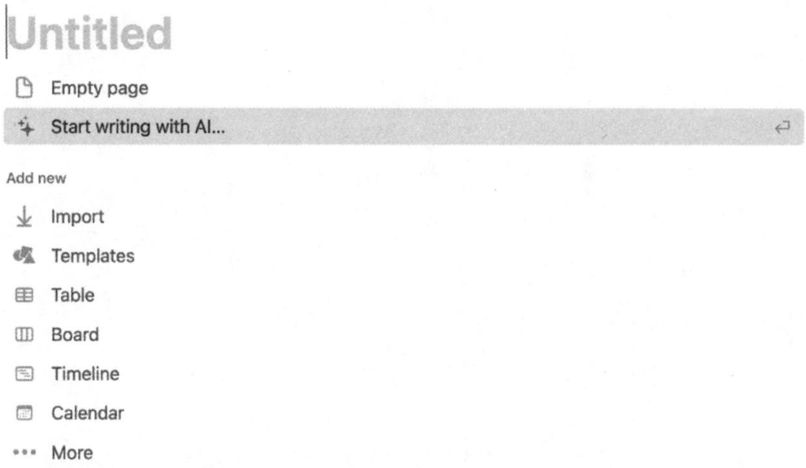

图 7-6　新建文档

Notion AI 强调了其工具属性，Notion 团队在尽一切努力，尽可能无缝地把 Notion AI 嵌入到用户的工作流之中，期望可以提高使用者的生产力。

接下来的内容，会从一些常见的应用场景出发，来帮助读者详细了解如何在工作中应用 Notion AI。

3. Notion AI：文档写作与编辑

从文档的写作与编辑出发，Notion AI 能够以各种方式编辑现有内容或者生成新的内容，使其辅助用户提高写作质量和效率。以下是一些具体的例子。

（1）修复拼写和语法

在日常的文字工作中，出于专业性的考量，我们往往需要仔细检查所写文本的语法和拼写。现在，Notion AI 可以帮助用户修复文本中的拼写和语法错误，以确保内容的专业性。

第一步：选中用户所需要 Notion AI 修改的内容。选中修改内容如图 7-7 所示。

图 7-7 选中修改内容

第二步：点击“Ask AI”，然后再选择“Fix spelling & grammar”。点击“Ask AI”如图 7-8 所示。

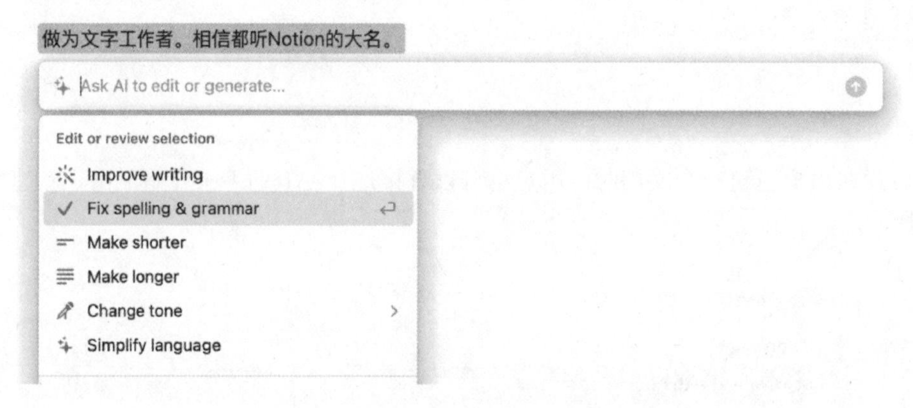

图 7-8 点击“Ask AI”

第三步：用户可以选择“替换”原先的内容，也可以在原文下面“插入”修改内容作为对比。“替换”原先的内容如图 7-9 所示。

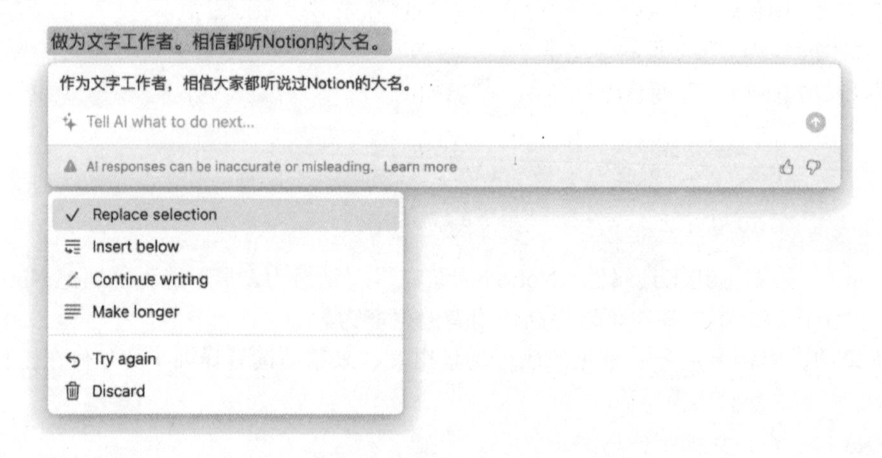

图 7-9 “替换”原先的内容

（2）调整内容长度与语气

对于文书工作，往往会有文字长度的限制。假设用户发现写的内容过长，用户可以要求 Notion AI 精炼内容。如果用户觉得写的内容长度不够，也可以要求 Notion AI 帮助拓写内容来作为参考。

第一步：选中所需要 Notion AI 修改的内容，如图 7-10 所示。

图 7-10　选中修改内容

第二步：点击“Ask AI”，如果觉得文字不够长，可以选择“Make Longer”。扩写内容如图 7-11 所示。

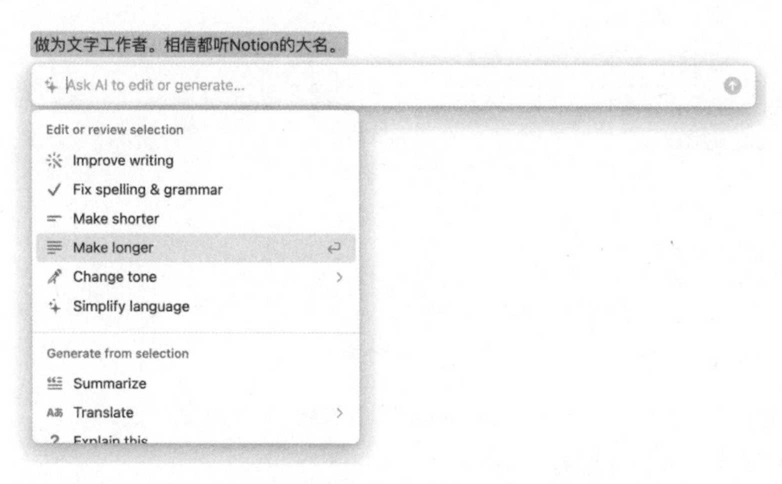

图 7-11　扩写内容

第三步：在 Notion AI 根据用户的内容生成了对应的内容之后，用户还可以根据自己的需要，来调整文本的语气。如果想要发社交媒体，那么就可以尝试把语气调整的更加随意一些。这个时候，就可以选择“Casual”调整语气。调整语气如图 7-12 所示。调整后的效果如图 7-13 所示。

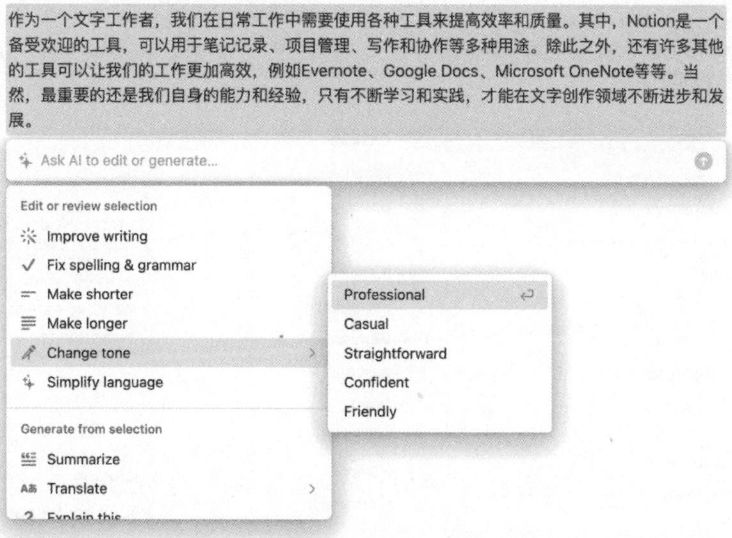

作为一个文字工作者，我们在日常工作中需要使用各种工具来提高效率和质量。其中，Notion是一个备受欢迎的工具，可以用于笔记记录、项目管理、写作和协作等多种用途。除此之外，还有许多其他的工具可以让我们的工作更加高效，例如Evernote、Google Docs、Microsoft OneNote等等。当然，最重要的还是我们自身的能力和经验，只有不断学习和实践，才能在文字创作领域不断进步和发展。

Ask AI to edit or generate...

Edit or review selection
Improve writing
Fix spelling & grammar
Make shorter
Make longer
Change tone
Simplify language
Generate from selection
Summarize
Translate

Professional
Casual
Straightforward
Confident
Friendly

图 7-12　调整语气

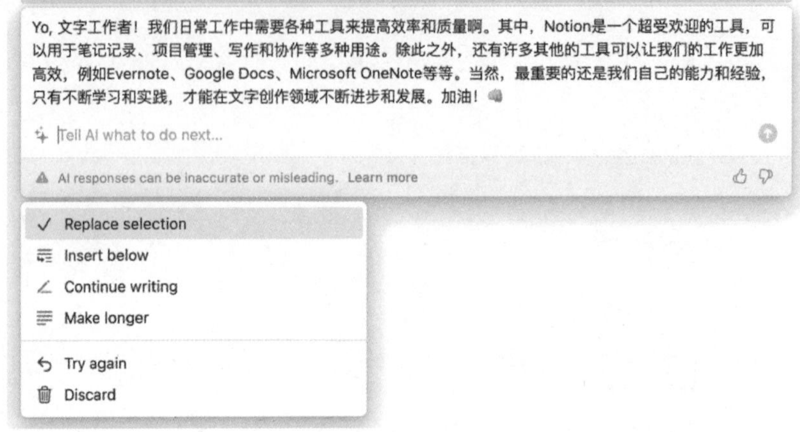

图 7-13　调整后的效果

如果觉得效果不好，可以点击“try again”让 Notion AI 再试一次。

（3）翻译文本

不论是把一段看到的文章翻译成自己的母语，还是把自己写的内容拓展至不同语言的受众，用户都可以用 Notion AI 来完成。

第一步：选中想要翻译的文字。

第二步：选择“Translate”之后，选择想要翻译成的语言，如图 7-14 所示。

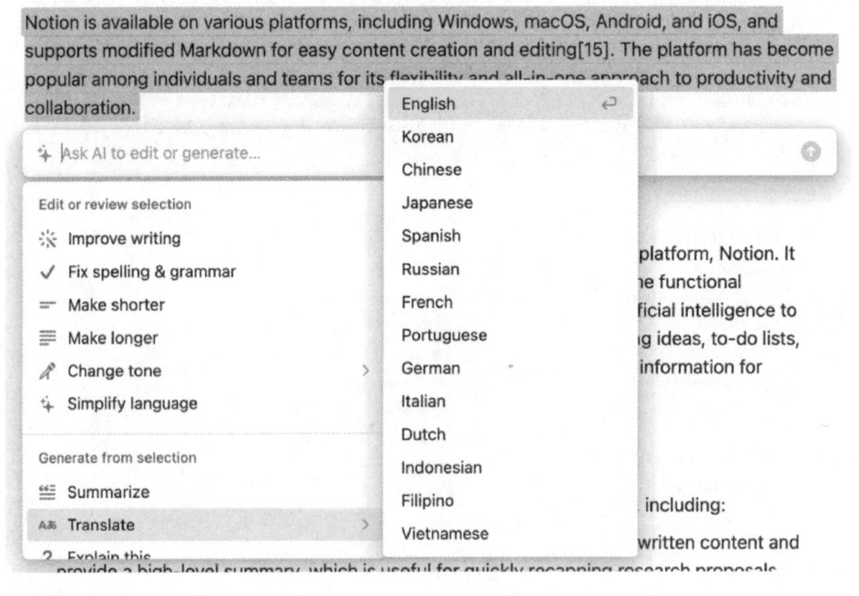

图 7-14　翻译文本

用户也可以直接在对话框中输入想要的语言，Notion AI 会识别用户的翻译意图，然后直接执行翻译的任务。自动翻译如图 7-15 所示。

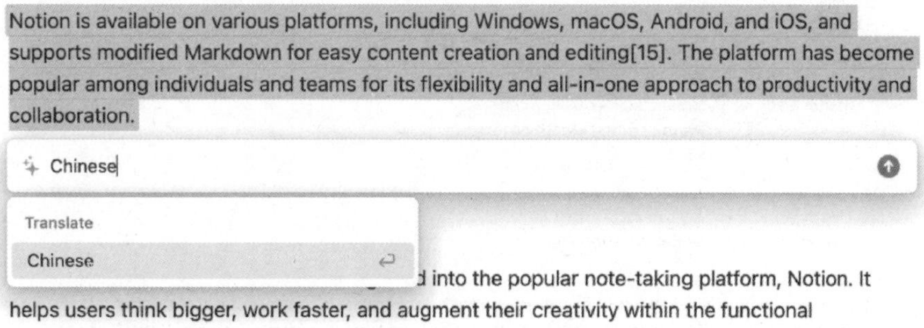

Notion is available on various platforms, including Windows, macOS, Android, and iOS, and supports modified Markdown for easy content creation and editing[15]. The platform has become popular among individuals and teams for its flexibility and all-in-one approach to productivity and collaboration.

Chinese

Translate

Chinese

d into the popular note-taking platform, Notion. It helps users think bigger, work faster, and augment their creativity within the functional

图 7-15　自动翻译

（4）自定义文本编辑

除了常见的文字处理需求，用户还可以根据自己的需求来写提示词让 Notion AI 完成相关的任务。

比如在下面这段关于 Notion 的英文介绍中，需要把 Notion 这个产品相关的历史整理成表格，那么可以在选中需要处理的文本之后，输入需求描述就可以了。自定义需求如图 7-16 所示。

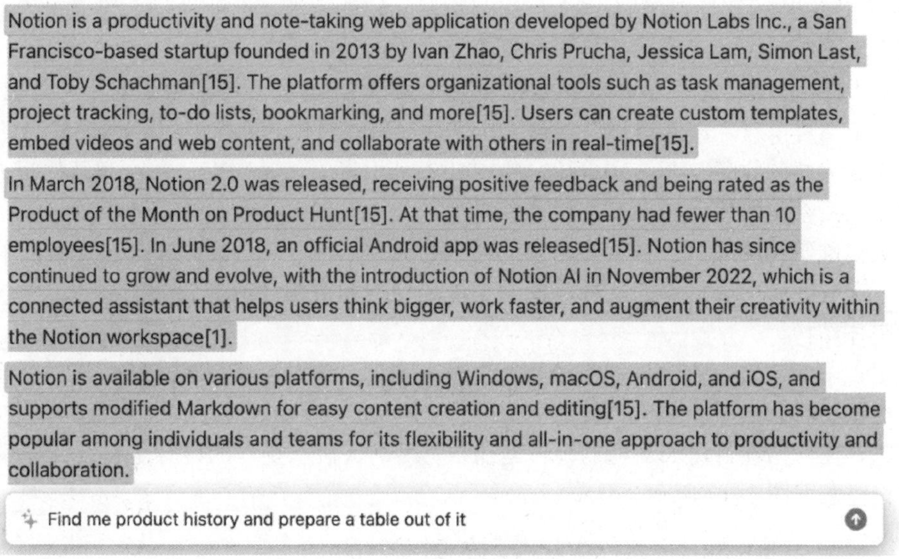

Notion is a productivity and note-taking web application developed by Notion Labs Inc., a San Francisco-based startup founded in 2013 by Ivan Zhao, Chris Prucha, Jessica Lam, Simon Last, and Toby Schachman[15]. The platform offers organizational tools such as task management, project tracking, to-do lists, bookmarking, and more[15]. Users can create custom templates, embed videos and web content, and collaborate with others in real-time[15].

In March 2018, Notion 2.0 was released, receiving positive feedback and being rated as the Product of the Month on Product Hunt[15]. At that time, the company had fewer than 10 employees[15]. In June 2018, an official Android app was released[15]. Notion has since continued to grow and evolve, with the introduction of Notion AI in November 2022, which is a connected assistant that helps users think bigger, work faster, and augment their creativity within the Notion workspace[1].

Notion is available on various platforms, including Windows, macOS, Android, and iOS, and supports modified Markdown for easy content creation and editing[15]. The platform has become popular among individuals and teams for its flexibility and all-in-one approach to productivity and collaboration.

Find me product history and prepare a table out of it

图 7-16　自定义需求

几秒钟之后，需要的信息就准备好了。自定义输出效果如图 7-17 所示。

这里使用英语的原因主要是 Notion AI 针对英文的指令是有优化的。所以在执行一些复杂指令的时候，建议提示词用英文写。

Notion is available on various platforms, including Windows, macOS, Android, and iOS, and supports modified Markdown for easy content creation and editing[15]. The platform has become popular among individuals and teams for its flexibility and all-in-one approach to productivity and collaboration.

2013	Notion Labs Inc. founded
March 2018	Notion 2.0 released, rated Product of the Month on Product Hunt
June 2018	Official Android app released
November 2022	Notion AI introduced

Notion is a productivity and note-taking web application that offers organizational tools such as task management, project tracking, to-do lists, bookmarking, and more. It was developed by Notion Labs Inc., a San Francisco-based startup founded in 2013 by Ivan Zhao, Chris Prucha, Jessica Lam, Simon Last, and Toby Schachman. Notion is available on various platforms, including Windows, macOS, Android, and iOS, and supports modified Markdown for easy content creation and editing.

Tell AI what to do next...

AI responses can be inaccurate or misleading. Learn more

图 7-17 自定义输出效果

4. 文档写作准备

除了帮助用户编辑文档、整理文档资料之外，Notion AI 还可以进一步帮助进行文档的写作准备。这些文档工作包括但不限于：用户手册、软件需求、商业计划、研究报告、新闻稿件、课程大纲等。

虽然“文档写作”涵盖了许多专业和领域，不同的工作和任务也会需要不同类型的文档，但是我们依然可以对“文档写作”这类工作进行抽象并简化为两个阶段。

- **内容灵感的收集**：在这个阶段，主要任务是积累信息、观点、数据和其他相关材料，以供后续写作使用。
- **按标准结构编写**：一旦所有必要的信息和灵感已经收集齐全，下一步则是将其组织成一个有逻辑的、连贯的文档。同时还需要根据相关领域或者行业的要求，考虑文档的整体结构。

这里以一个“数字化项目的需求文档”作为案例，来演示 Notion AI 可以如何完成文档写作的准备。

首先，在开始项目需求文档的写作之前，先要确认自己要写的内容是什么。对 Notion AI 描述文档需求如图 7-18 所示。

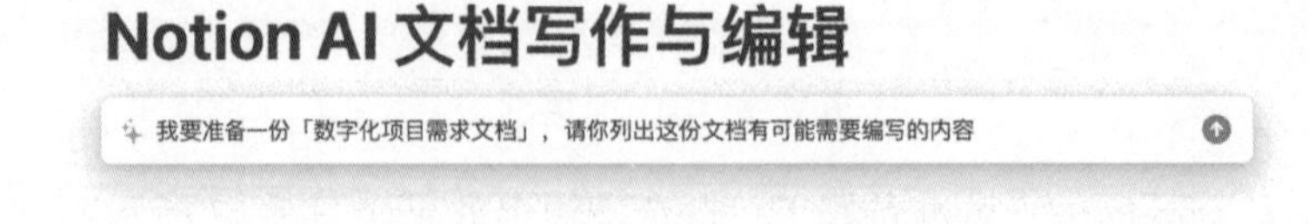

图 7-18 对 Notion AI 描述文档需求

在收到用户的需求后，Notion AI 会帮用户准备可能涉及的文档内容。如果 Notion AI 准备的内容不够详细，可以要求 Notion AI 对特定部分进行细化，如图 7-19、图 7-20 所示。

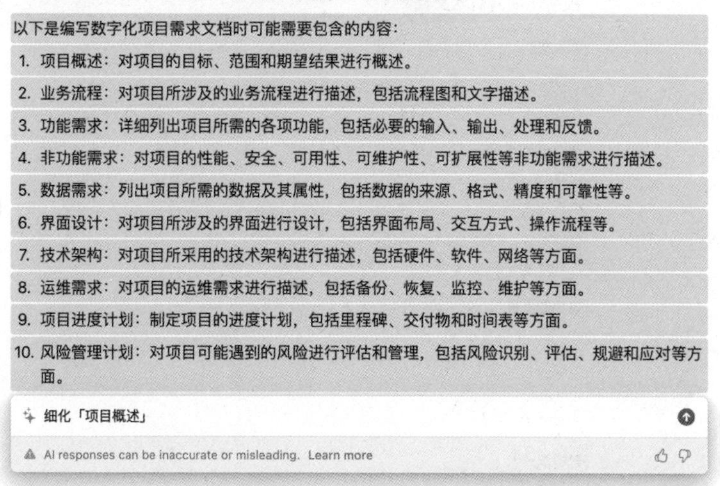

图 7-19　Notion AI 为用户准备文档需要涉及的内容

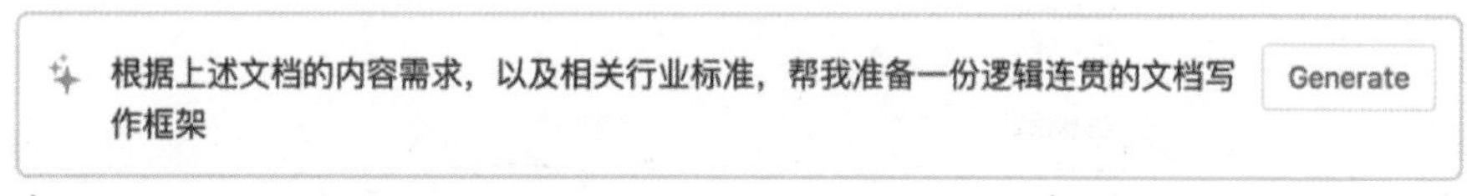

图 7-20　根据用户的需求，Notion AI 可以进一步细化文档内容

根据上述的流程，可以和 Notion AI 逐步细化内容需求，直到最后敲定文档的内容细节。在有了内容细节之后，就可以要求 Notion AI 按照行业标准，帮我们准备一份写作框架，如图 7-21、图 7-22 所示。

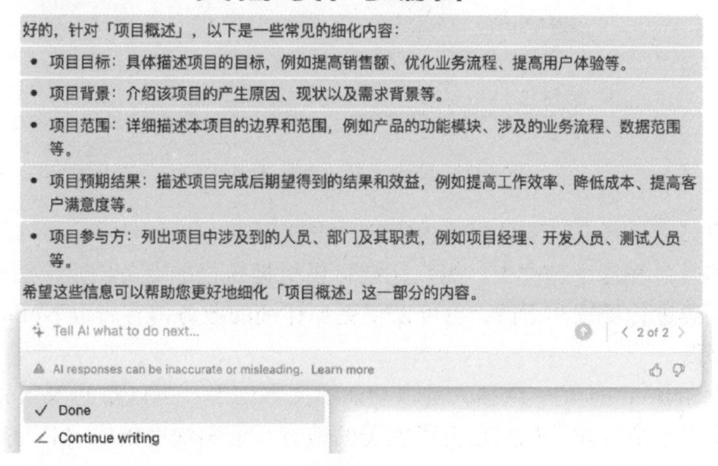

图 7-21　要求 Notion AI 按照相关行业标准，准备文档框架

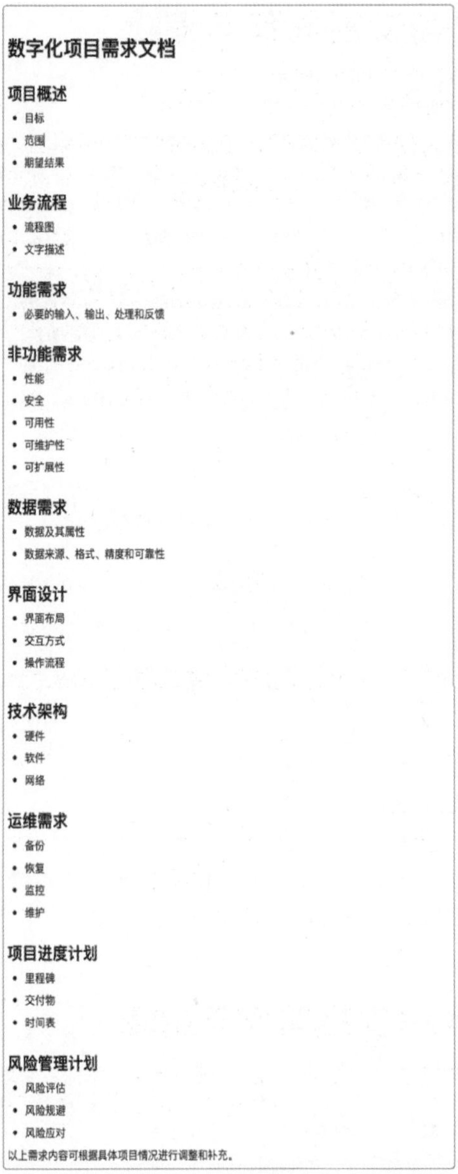

数字化项目需求文档

项目概述
- 目标
- 范围
- 期望结果

业务流程
- 流程图
- 文字描述

功能需求
- 必要的输入、输出、处理和反馈

非功能需求
- 性能
- 安全
- 可用性
- 可维护性
- 可扩展性

数据需求
- 数据及其属性
- 数据来源、格式、精度和可靠性

界面设计
- 界面布局
- 交互方式
- 操作流程

技术架构
- 硬件
- 软件
- 网络

运维需求
- 备份
- 恢复
- 监控
- 维护

项目进度计划
- 里程碑
- 交付物
- 时间表

风险管理计划
- 风险评估
- 风险规避
- 风险应对

以上需求内容可根据具体项目情况进行调整和补充。

图 7-22　Notion AI 准备的文档框架

最后，用户只需要将自己准备好的内容填入框架即可。

值得一提的是，在这个过程中，用户完全可以根据自己的业务需求，对 Notion AI 提供的文档内容和框架进行反馈和更改。也可以将更加详细的业务内容告诉 Notion AI，让其帮助用户撰写文档草稿。

总的来说，Notion AI 是一款强大且多功能的文本助手，可以帮助 Notion 的用户在日常的文本工作中节省不少时间。虽然还有不完美的地方，但其深度集成 AI 与产品的方式，已经成为其他产品的借鉴对象。

7.1.2　幻灯片制作

职场人使用最多的办公软件是 Office 三件套：Word、Excel、PowerPoint。其中的 PowerPoint 还会被大家简称为 PPT，成为幻灯片的别称。PowerPoint 最早发布于 1987 年，那时还是个人计算机刚刚兴起的时代，第一个版本的 PowerPoint 出现于苹果的早期个人计算机 Macintosh 上。早期的 PowerPoint 如图 7-23 所示。

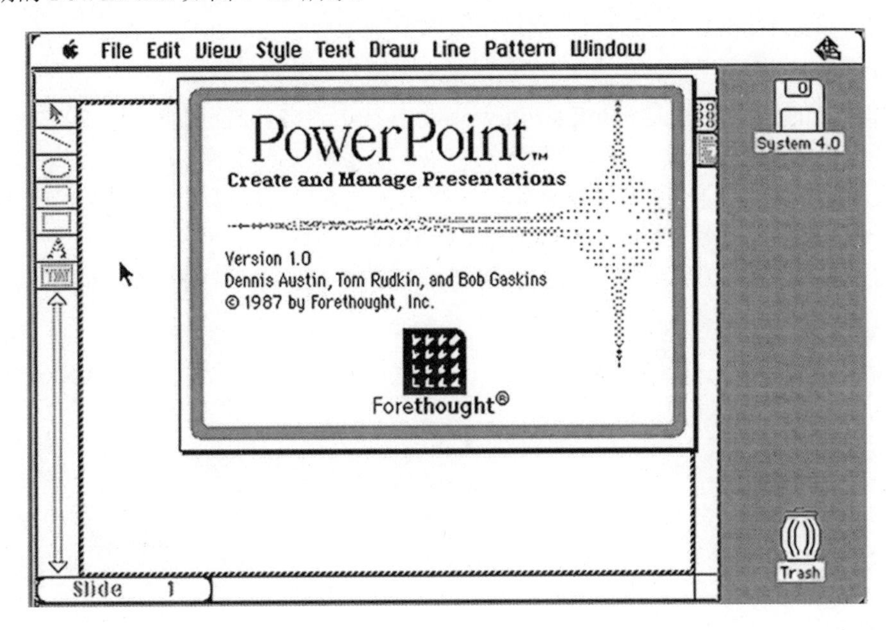

图 7-23　早期的 PowerPoint

随着个人计算机（PC）与办公自动化的普及，无数的职场人把大量的时间和精力花费在幻灯片制作上。

1．幻灯片的制作过程

幻灯片软件可以视觉化地呈现信息，便于演讲与沟通。但幻灯片的整个制作过程比较烦琐，需要处理各种复杂的版式，并花费大量的时间以确保整体内容的结构性。

很多人在有演讲沟通的需求时，会先默认打开幻灯片软件，在其中添加内容与排版，并不断修改，这样虽然很符合直觉和习惯，但可能不是一个好的方法。真正的高手会先搭框架（如要点列表、思维导图等）或者写一篇简要的文字稿，再开始制作幻灯片。这样的好处是可以总览全局和方便修改。

幻灯片的制作过程，既是思考的过程也是明确细节的过程。以课程 PPT 为例，除了搭建好课程大纲，还需要在每一页内容上考虑如何用简洁清晰的文字介绍知识点。如果忽略视觉化元素和动画，那么幻灯片的核心内容——框架和文字细节，实际上与写一篇文章是类似的，而这也是目前的 AI 可以提供支持的地方。

2．幻灯片的 AI 支持

从功能与集成性的角度来看，目前的 AI 应用的表现形式会有所不同。

- 纯文字的生成：类似于 ChatGPT 的聊天方式，输入主题与简要的描述，让其展开为多页的 PPT 文字内容。

- 自动化的生成：类似 SlidesGPT 这样的产品，输入主题描述，生成可下载的 PowerPoint 格式幻灯片。
- 集成于办公软件中：类似于 Office、WPS 中的 AI 集成，它们可以方便地进行内容生成与修改。

在这几种应用中，很显然第三种是最直观方便的。作为国内用户使用最多的是 Office 与 WPS 应用，目前 WPS AI 率先面向公众推出了内测版。

3. WPS AI 应用

WPS AI 的访问地址是：https://ai.wps.cn。截止到本书的写作时间（2023 年 7 月），这个产品还是开放内测阶段，可以访问官网首页，填写申请信息后，官方工作人员会和用户邮件确认是否通过。有了申请的内测码后，就可以下载客户端或在线的金山文档中使用了。

以在线版的金山文档（https://www.kdocs.cn/latest）为例。

在右侧会显示互动聊天的窗口，提示用户可以完成的任务。AI 对话窗口如图 7-24 所示。

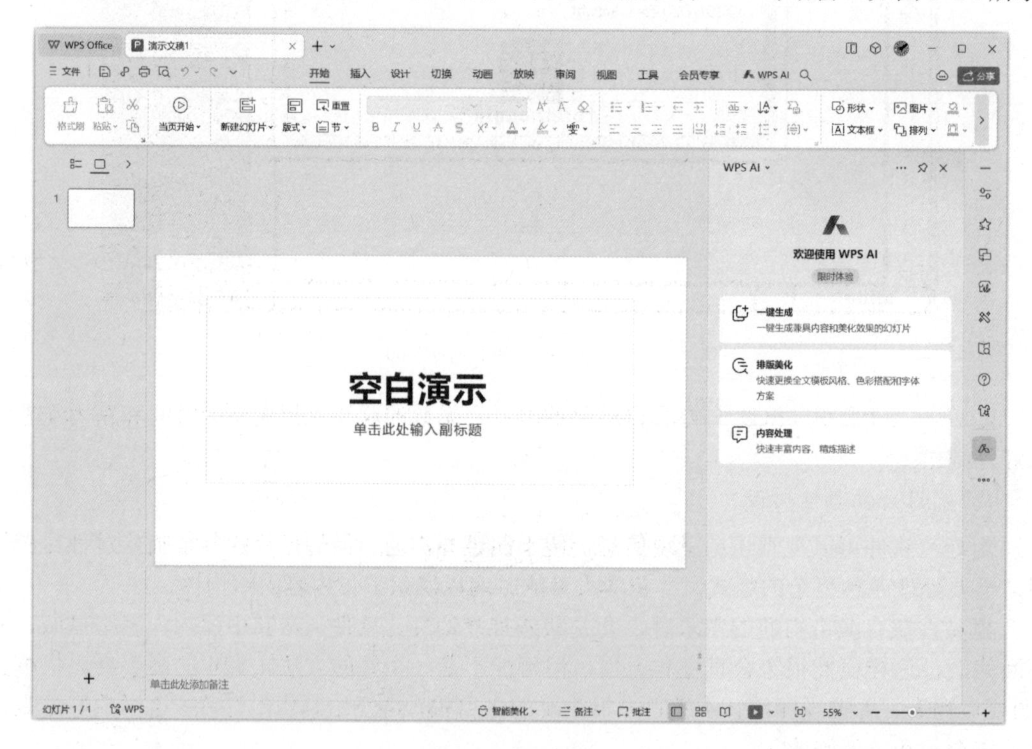

图 7-24　AI 对话窗口

点击聊天文本框左侧中“生成全文演讲备注”，可以看到更多支持的任务。主要的功能如图 7-25 所示。

先以生成全文为例，假设用户想介绍一下个人计算机的发展，可以输入：简要介绍个人计算机的发展历史。

这时，互动窗口会围绕这个描述生成整体的大纲，确认内容大纲没问题后，点击立即创建按钮即可。大纲的生成如图 7-26 所示。

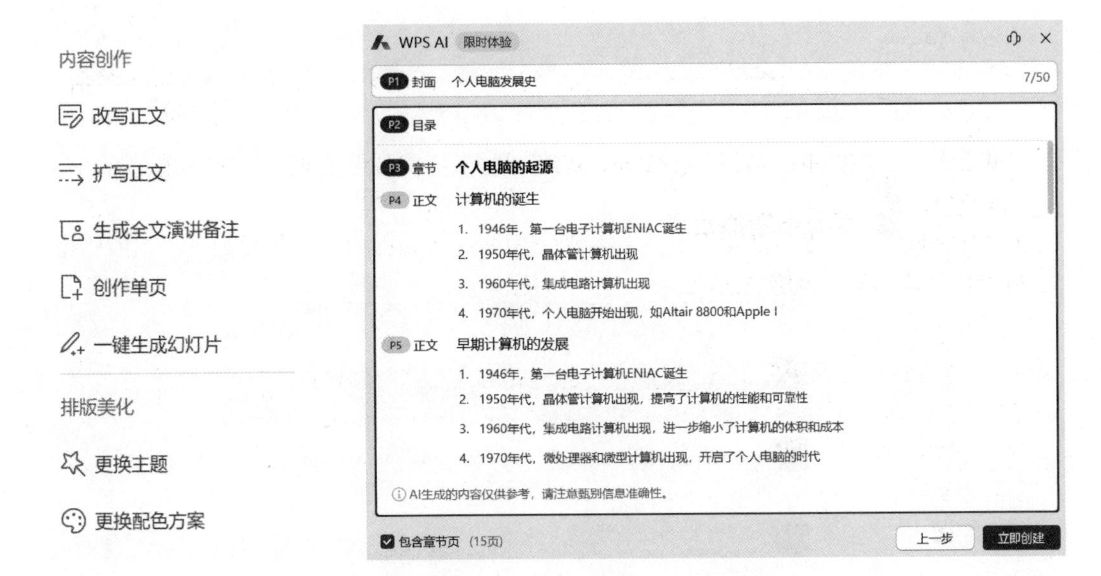

图 7-25　主要的功能　　　　图 7-26　大纲的生成

在生成全文后，还可以快速点击推荐的主题来切换风格样式。支持切换主题如图 7-27 所示。

图 7-27　支持切换主题

点击其中的一页，可以看到，在页面内容里，会根据先前的大纲要点做进一步的文字展开，比如对 Apple II 计算机的进一步介绍。大纲要点与内容页如图 7-28 所示。

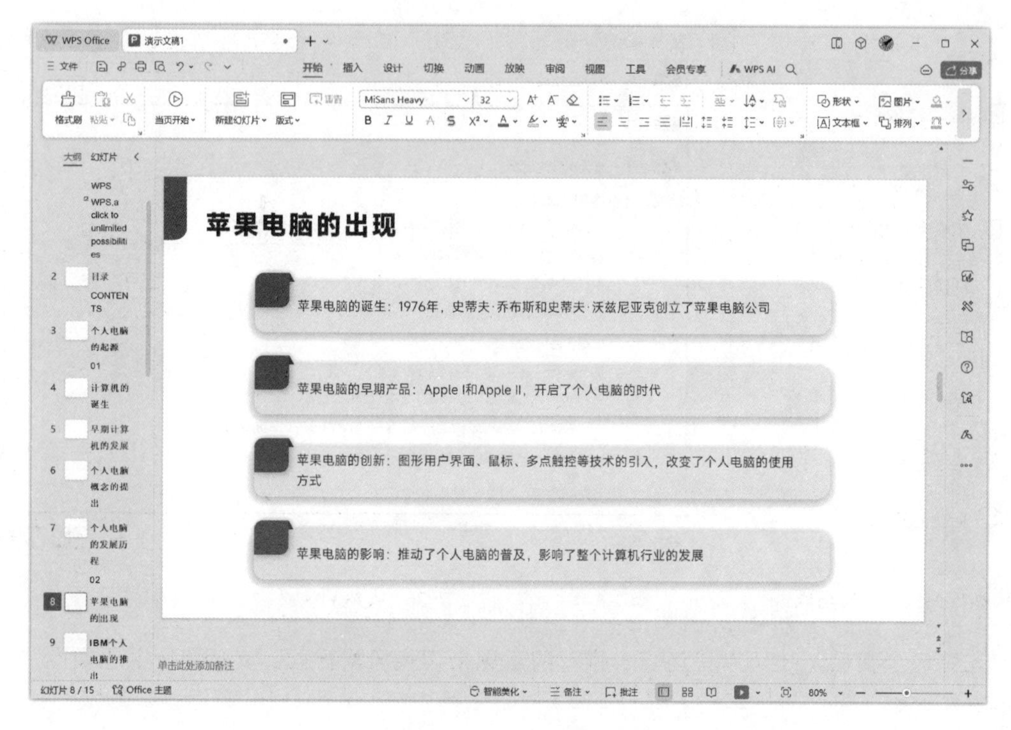

图 7-28　大纲要点与内容页

作为使用者，可以先快速检查生成的内容是否符合要求，如果总体不错，可以再手工修改，或者要求 AI 助手补充指定的页面。单页内容的生成如图 7-29 所示。

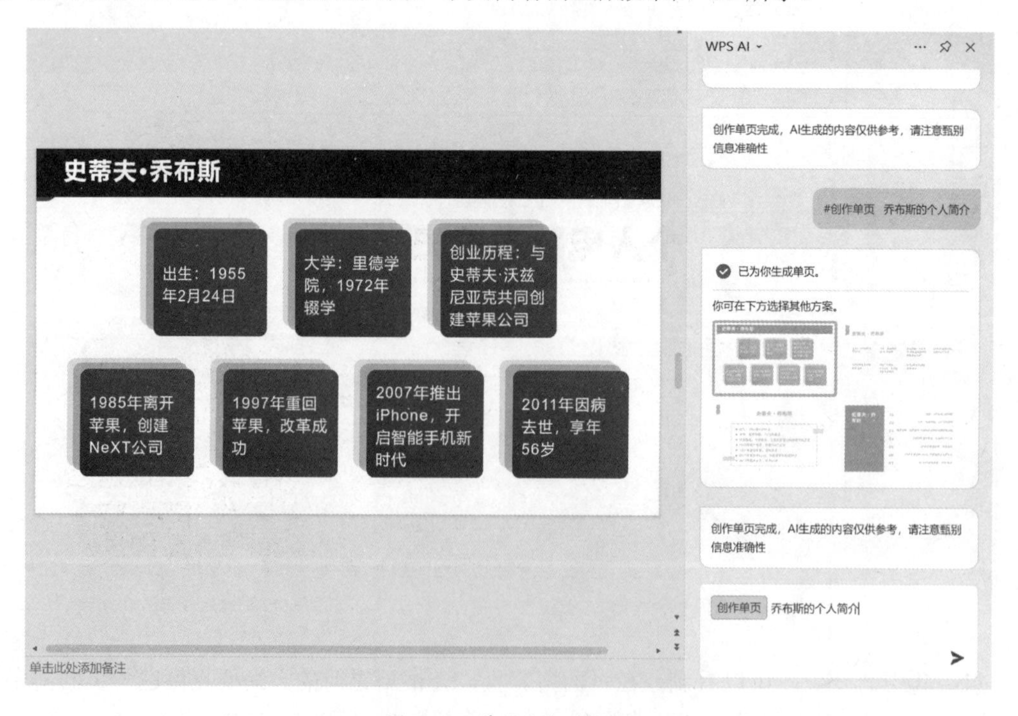

图 7-29　单页内容的生成

从主题到生成大纲，到页面生成，到主题的切换，整体的使用体验是流畅方便的。

相比于只输入一句话的题目，还可以输入多行文本，以对内容方向做更具体的要求与定制。更详细的要求如图 7-30 所示。

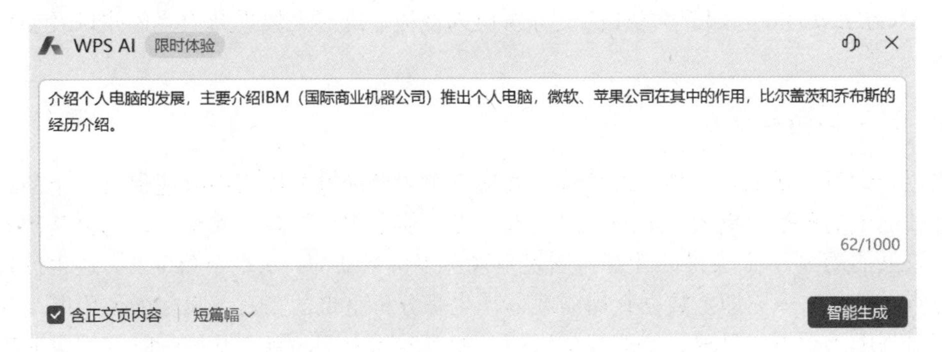

图 7-30　更详细的要求

> 介绍个人计算机的发展，主要介绍 IBM（国际商业机器公司）推出个人计算机，微软、苹果公司在其中的作用，比尔・盖茨和乔布斯的经历介绍。

这时生成的大纲会更贴近用户的想法范围，以及该大纲文字也可以复制出来，修改后重新放入文本框中（见图 7-30）。

作为幻灯片的呈现，可以有不同的主题与配色方案。这时也可以更换主题，来挑选自己喜欢的呈现风格。更换主题如图 7-31 所示。

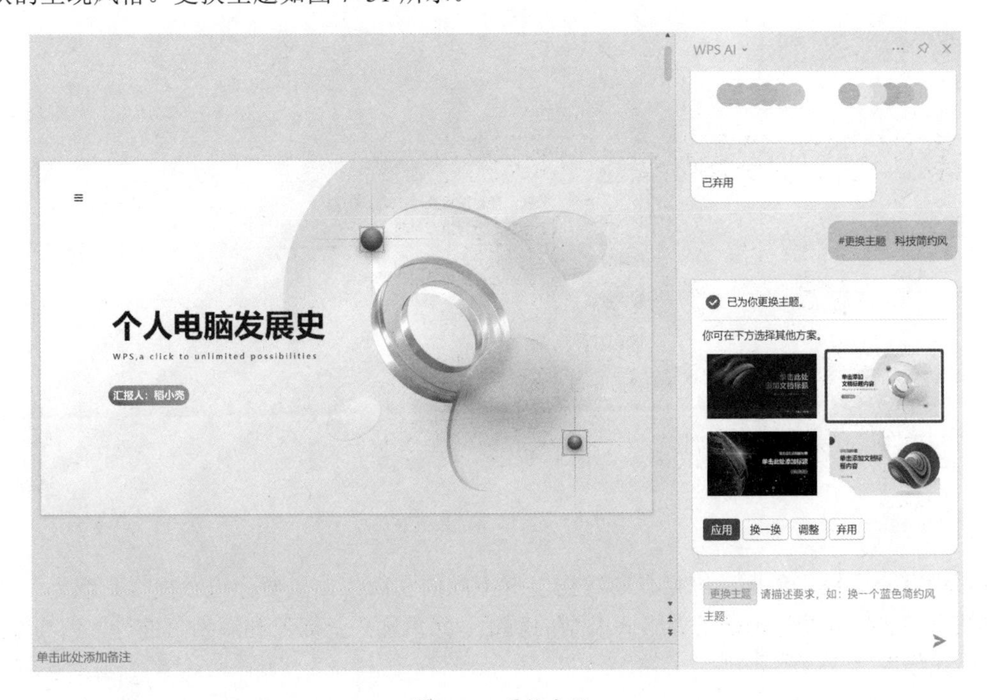

图 7-31　更换主题

WPS AI 在幻灯片制作流程和主题风格调整方面的表现已经相当出色。用户可通过与其进行对话，完成各种幻灯片制作相关的任务，得到美观清晰的内容。推荐的使用方式是先设定内容主题，让其生成初始的内容，然后再做进一步的定制优化（从单页面到样式排版等）。当 AI 融入办公软件中，用户与 AI 的交互将更为便捷，进而大幅提升内容创作以及创新思维的效率。

7.1.3 表格与数据分析

如果让职场白领们在文档、幻灯片、表格三个主要的办公应用中只能保留一个的话，估计表格被选中的概率会更大，因为文字输入、内容演示都可以降低要求（采用更基础的排版或去掉炫酷的动画），而表格的计算与图表呈现是不可或缺的。从这个角度看，这也反映了表格的特点与价值——它即是数据存储的载体，也是分析呈现的工具。表格的使用既简单又复杂，简单是因为数据的呈现、修改等常用的功能都容易上手，复杂是因为随着需求的深入，需要掌握更多的方法、技巧，以及复杂的公式编写。

在 WPS AI 中，目前已经集成了智能表格的功能，虽然目前的功能特性还比较少，不过已经可以看到一些雏形了。

1. 使用场景——条件标记

新建智能表格，并启动 AI 助手，选择条件格式。选择条件格式任务如图 7-32 所示。

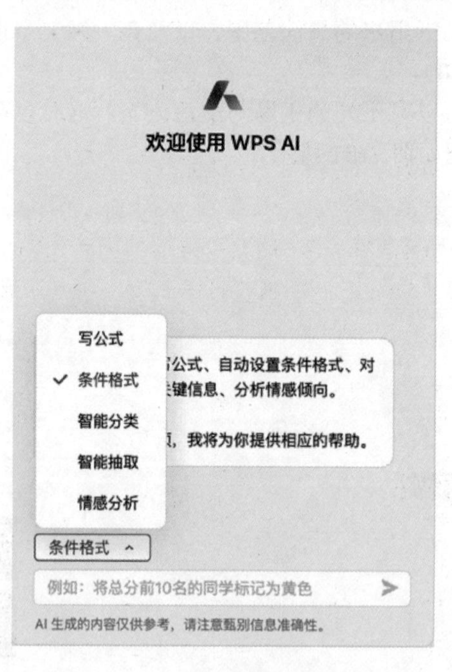

图 7-32 选择条件格式任务

假设有一份销售数据，每行订单数据会有不同的利润，如果要标记亏损（利润为负）的订单数据，这时可以先选择条件格式类型的对话，然后输入：标记利润为负的行，为浅红色。条件格式如图 7-33 所示。

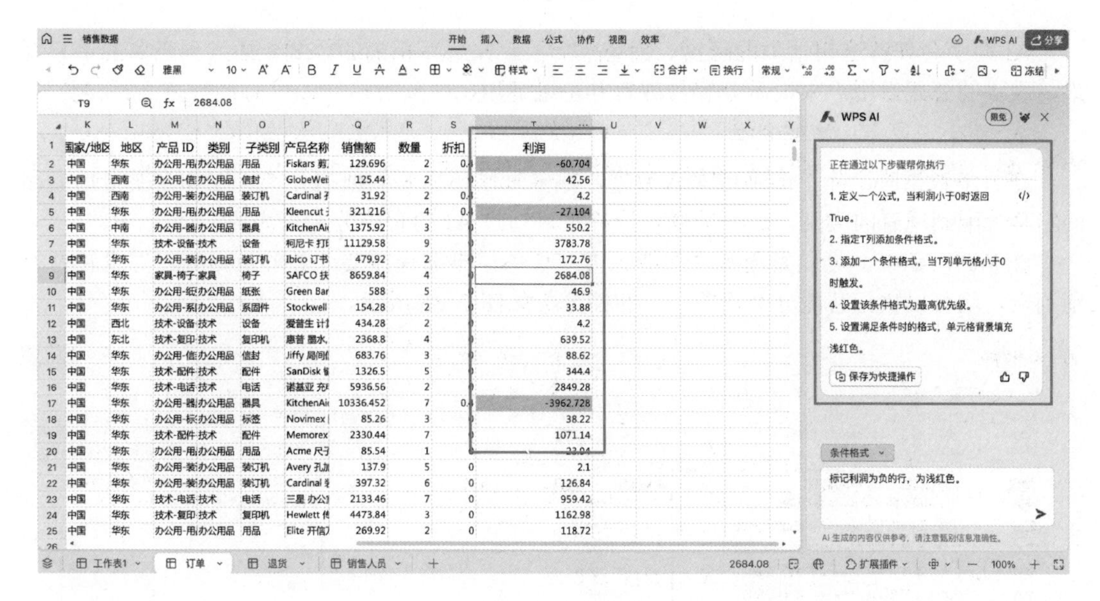

图 7-33　条件格式

这时，AI 助手会先理解需求，并分解为要做的步骤，并在用户确认后，标记符合条件的行列。相应的步骤是可以保存复用的，如图 7-33 的右侧内容，可以将这一系列步骤“保存为快捷操作”。

2. 使用场景——生成公式

围绕复杂的问题，相关的公式编写比较烦琐和困难。用户需要找到合适的函数，理解函数的参数，有时候还要多个函数嵌套起来，才能完成任务。现在有了 AI 的助力，就可以用描述的方式来生成需要的公式了。

同样是订单数据，假设我们想计算指定地区与销售额范围的订单数，这时可以输入：销售额大于 5000，小于 20000，并且是华东地区的订单数。生成公式如图 7-34 所示。

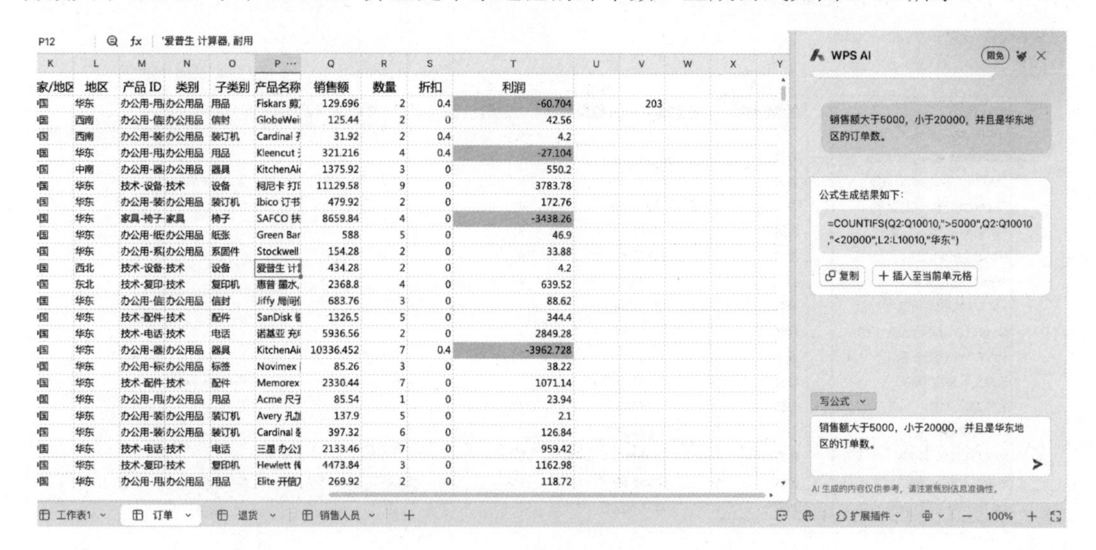

图 7-34　生成公式

AI 助手会理解这句话里的地区、销售额字段，并编写正确的公式，插入到当前的单元格里，生成的公式对用户来说十分容易理解并可以复用。

3. 使用场景——智能分类

在收集数据时，除了准确地录入数据，很多时候还需要为数据分类。比如需要根据商品的名称分配到现有的类别。这样的操作同样可以通过 AI 的智能分类来完成。

在 WPS AI 中，可以先选择“智能分类”任务，再选择需要分类的数据列，并设置好类别列表，就可以执行智能分类任务了。智能分类如图 7-35 所示。

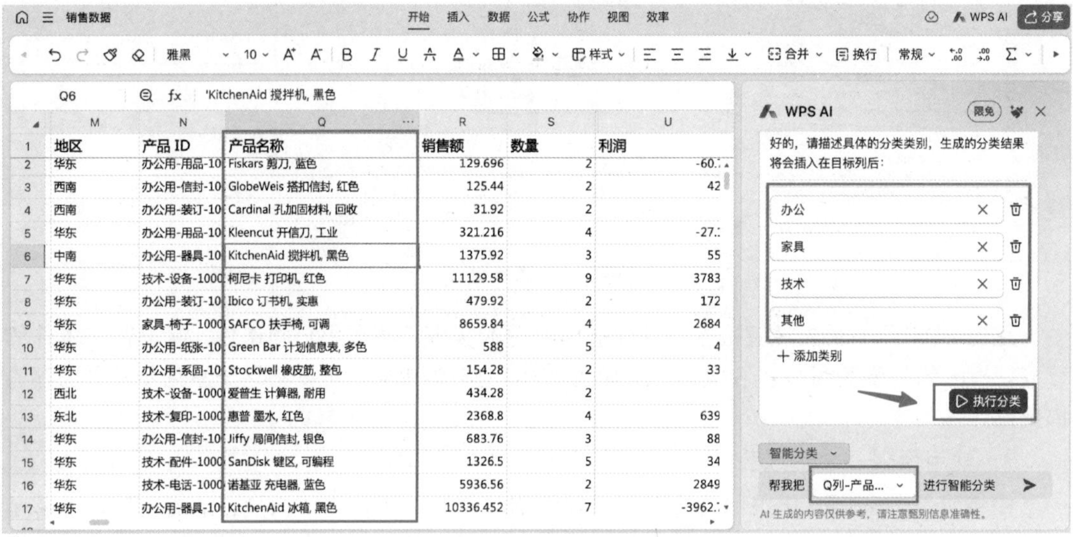

	地区	产品 ID	产品名称	销售额	数量	利润
2	华东	办公用-用品-10	Fiskars 剪刀, 蓝色	129.696	2	-60.
3	西南	办公用-信封-10	GlobeWeis 搭扣信封, 红色	125.44	2	42
4	西南	办公用-装订-10	Cardinal 孔加固材料, 回收	31.92	2	
5	华东	办公用-用品-10	Kleencut 开信刀, 工业	321.216	4	-27.
6	中南	办公用-器具-10	KitchenAid 搅拌机, 黑色	1375.92	3	55
7	华东	技术-设备-1000	柯尼卡 打印机, 红色	11129.58	9	3783
8	华东	办公用-装订-10	Ibico 订书机, 实惠	479.92	2	172
9	华东	家具-椅子-1000	SAFCO 扶手椅, 可调	8659.84	4	2684
10	华东	办公用-纸张-10	Green Bar 计划信息表, 多色	588	5	4
11	华东	办公用-系固-10	Stockwell 橡皮筋, 整包	154.28	2	33
12	西北	技术-设备-1000	爱普生 计算器, 耐用	434.28	2	
13	东北	技术-复印-1000	惠普 墨水, 红色	2368.8	4	639
14	华东	办公用-信封-10	Jiffy 局间信封, 银色	683.76	3	88
15	华东	技术-配件-1000	SanDisk 键区, 可编程	1326.5	5	34
16	华东	技术-电话-1000	诺基亚 充电器, 蓝色	5936.56	2	2849
17	华东	办公用-器具-10	KitchenAid 冰箱, 黑色	10336.452	7	-3962.

图 7-35 智能分类

下面是对产品名称做智能分类，执行后，会在选中列的右侧插入一个新的列，其中会有对应的分类。分类结果如图 7-36 所示。

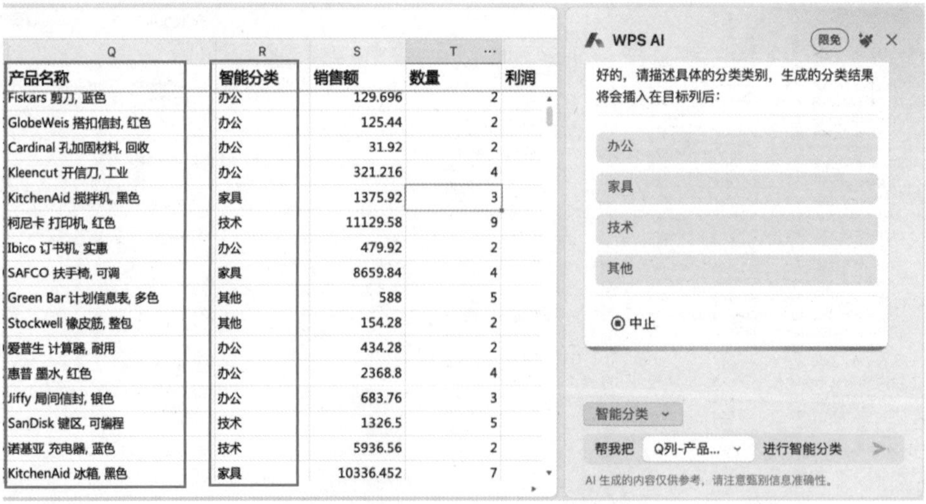

产品名称	智能分类	销售额	数量	利润
Fiskars 剪刀, 蓝色	办公	129.696	2	
GlobeWeis 搭扣信封, 红色	办公	125.44	2	
Cardinal 孔加固材料, 回收	办公	31.92	2	
Kleencut 开信刀, 工业	办公	321.216	4	
KitchenAid 搅拌机, 黑色	家具	1375.92	3	
柯尼卡 打印机, 红色	技术	11129.58	9	
Ibico 订书机, 实惠	办公	479.92	2	
SAFCO 扶手椅, 可调	家具	8659.84	4	
Green Bar 计划信息表, 多色	其他	588	5	
Stockwell 橡皮筋, 整包	其他	154.28	2	
爱普生 计算器, 耐用	办公	434.28	2	
惠普 墨水, 红色	办公	2368.8	4	
Jiffy 局间信封, 银色	办公	683.76	3	
SanDisk 键区, 可编程	技术	1326.5	5	
诺基亚 充电器, 蓝色	技术	5936.56	2	
KitchenAid 冰箱, 黑色	家具	10336.452	7	

图 7-36 分类结果

4. 使用场景——情感分析

人与人的对话或文字表达，会随着态度与情绪而呈现出不同的情感倾向，这样的情感倾向和语气、句子、用词有关。

图 7-37 是围绕不同产品的用户评论，为了统计用户喜欢或不喜欢的人数，这时需要对用户评论的文字做解读，也就是要做情感分析。虽然我们自己也可以做判断，但如果内容太多，这时不妨让 AI 来代劳。

产品名称	用户评论
Fiskars 剪刀, 蓝色	真正的生活必需品，剪切顺畅，让我对手工艺有了新的喜爱。
GlobeWeis 搭扣信封, 红色	信封颜色鲜艳，但是搭扣部分质量一般，有待改进。
Cardinal 孔加固材料, 回收	质地坚固，真正做到环保又实用，这是我一直在找的产品！正面。
Kleencut 开信刀, 工业	功能还可以，但是刀片不够锐利，影响使用。
KitchenAid 搅拌机, 黑色	堪称厨房神器，操作简单，节省了我大量的时间。
柯尼卡 打印机, 红色	外观时尚，但打印速度较慢，有些失望。
Ibico 订书机, 实惠	价格实惠，订书效果也很好，物超所值。
SAFCO 扶手椅, 可调	舒适度一般，希望能有更多的调节选项。
Green Bar 计划信息表, 多色	颜色丰富，信息清晰，提升了工作效率。
Stockwell 橡皮筋, 整包	橡皮筋太薄，容易断，改进空间大。
爱普生 计算器, 耐用	极其耐用，按键反应也很灵敏，非常推荐。
惠普 墨水, 红色	颜色鲜艳，但是使用不久就开始变淡，不太满意。
Jiffy 局间信封, 银色	外形精美，质感高，非常满意。
SanDisk 键区, 可编程	编程设置较复杂，希望能简化操作。
诺基亚 充电器, 蓝色	充电速度快，外形小巧，非常方便。

图 7-37 用户评论

选择弹出菜单上的“情感分析”任务，与对应的“用户评论”列，执行后，会在选中列的右侧插入一个新的列，其中会有对应的情感分析信息。情感分析如图 7-38 所示。

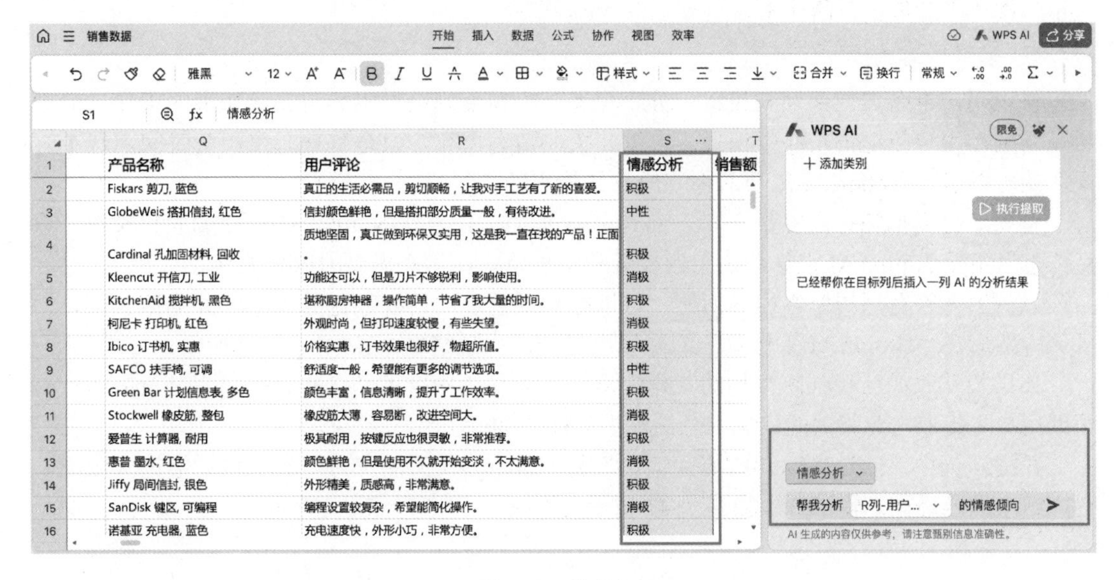

	产品名称	用户评论	情感分析
2	Fiskars 剪刀, 蓝色	真正的生活必需品，剪切顺畅，让我对手工艺有了新的喜爱。	积极
3	GlobeWeis 搭扣信封, 红色	信封颜色鲜艳，但是搭扣部分质量一般，有待改进。	中性
4	Cardinal 孔加固材料, 回收	质地坚固，真正做到环保又实用，这是我一直在找的产品！正面。	积极
5	Kleencut 开信刀, 工业	功能还可以，但是刀片不够锐利，影响使用。	消极
6	KitchenAid 搅拌机, 黑色	堪称厨房神器，操作简单，节省了我大量的时间。	积极
7	柯尼卡 打印机, 红色	外观时尚，但打印速度较慢，有些失望。	消极
8	Ibico 订书机, 实惠	价格实惠，订书效果也很好，物超所值。	积极
9	SAFCO 扶手椅, 可调	舒适度一般，希望能有更多的调节选项。	中性
10	Green Bar 计划信息表, 多色	颜色丰富，信息清晰，提升了工作效率。	积极
11	Stockwell 橡皮筋, 整包	橡皮筋太薄，容易断，改进空间大。	消极
12	爱普生 计算器, 耐用	极其耐用，按键反应也很灵敏，非常推荐。	积极
13	惠普 墨水, 红色	颜色鲜艳，但是使用不久就开始变淡，不太满意。	消极
14	Jiffy 局间信封, 银色	外形精美，质感高，非常满意。	积极
15	SanDisk 键区, 可编程	编程设置较复杂，希望能简化操作。	消极
16	诺基亚 充电器, 蓝色	充电速度快，外形小巧，非常方便。	积极

图 7-38 情感分析

目前的 WPS AI 中的表格与数据分析功能其实还比较初级，但 AI 已经能理解用户的文字描述，并根据不同类型的任务来做执行了。对于还不熟悉复杂公式的新用户，会降低使用的难度。对于数据整理，则提供了智能分类、情感分析的功能，这样的智能化与之后功能的完善，无疑会为我们日常的表格处理与数据分析带来帮助。

7.2 让 AI 成为智能办公助手

在职场中，我们的工作流程常常涉及同步和异步的协作，包括会议的准备、讨论、总结等环节。同时，我们还会专注于知识和经验的积累，例如对市场研究报告的解读、业务知识的积淀等。

如今，借助 AI，我们可以在办公软件中完成大部分的上述工作任务。

7.2.1 从工作笔记到总结输出

莱昂纳多·达芬奇是意大利文艺复兴时期的伟大艺术家、科学家与发明家，他以自己的独特见解与才华深刻影响了世界。他最著名的一个习惯是随身携带笔记本，无论走到哪里，都会随手记录下他的想法、观察和发现。我们同样会在办公或笔记应用中记录相关的想法与经验，但如果要基于这些零散的笔记做整合，以输出结构明晰的总结发现，往往需要耗费大量的时间和精力。

在本小节中，会以 Notion 这款文档写作工具为例，演示一套自动化的 AI 文字工作流程，供各位读者参考，帮助大家以更低的时间成本，生产出更多的有价值的内容。

在这里以保罗·格雷厄姆（Paul Graham）的博客内容作为案例，来演示整个工作流。作为“硅谷教父”的保罗·格雷厄姆会在自己的博客中分享自己的思考。其文章涵盖了计算机科学、创业和社会问题等多个领域，往往以短小精悍著称。非常适合作为工作相关的“思考笔记”或“经验笔记”的样本。

1. 提取内容大纲

假设用户准备在内部期刊投稿，分享保罗·格雷厄姆关于“如何完成伟大的工作”的思考。同时在用户的笔记软件中积累了大量相关的博客内容，但是整理起来颇费时间。这个时候，就可以引入 Notion AI 来帮助你完成总结输出的工作。

首先，可以把笔记内容整合在一个 Notion 页面上，方便 Notion AI 进行读取和操作。然后，可以指示 Notion AI 根据特定主题检索和整理笔记，生成需要的内容大纲。

以保罗·格雷厄姆博客内容为例，可以把想要整理的博客笔记放在“Paul 的博客笔记”区域，然后在“Notion AI 工作流”的区域进行处理。需整理内容如图 7-39 所示。

如果想从“如何找到感兴趣的工作”这一主题作为内容的切入点，就可以让 Notion AI 帮助用户先提取与此相关的信息。总结大纲如图 7-40 所示。

在提示词中，通过“Paul 的博客笔记”将 Notion AI 的注意力引导至相关笔记区域，以提高结果的准确性。输出效果如图 7-41 所示。

应用1：从工作笔记到总结输出

Notion AI工作流

Press 'space' for AI, '/' for commands...

Paul的博客笔记

If you collected lists of techniques for doing great work in a lot of different fields, what would the intersection look like? I decided to find out by making it.
Partly my goal was to create a guide that could be used by someone working in any field. But I was also curious about the shape of the intersection. And one thing this exercise shows is that it does have a definite shape; it's not just a point labelled "work hard."
The following recipe assumes you're very ambitious.
The first step is to decide what to work on. The work you choose needs to have three qualities: it has to be something you have a natural aptitude for, that you have a deep interest in, and that offers scope to do great work.
In practice you don't have to worry much about the third criterion. Ambitious people are if anything already too conservative about it. So all you need to do is find something you have an aptitude for and great interest in. [1]
That sounds straightforward, but it's often quite difficult. When you're young you don't know what you're good at or what different kinds of work are like. Some kinds of work you end up doing may not even exist yet. So while some people know what they want to do at 14, most have to figure it out.

图 7-39　需整理内容

请你从「Paul的博客笔记」中提取"如何找到感兴趣的工作"相关的内容，并总结成内容大纲　Generate

图 7-40　总结大纲

如何找到感兴趣的工作

- 选择一个有天赋且感兴趣的领域
- 学习足够的知识以达到领域的前沿
- 发现知识的空白和不足，提出问题
- 探索有前途的问题

找到什么是有天赋且感兴趣的领域

- 选择你天生就有天赋的领域，对你感兴趣的领域
- 有足够的好奇心和兴趣
- 以挑战性和激动人心为导向
- 年轻时可以多尝试不同的领域，找到自己的兴趣所在

如何学习新知识

- 学习新知识是有阶段性的，需要持之以恒的努力
- 要求自己是最好的，而不是只是好
- 保持好奇心，不断问问题，发现知识的空白和不足
- 大力追求离群值的想法，即使别人不感兴趣
- 大胆尝试、创新、探索

如何确保工作质量

- 保持专注和勤奋
- 保持好奇心，不断挑战自己
- 树立自己的标准，不断提高自己
- 多尝试新事物，接受新思想
- 保持积极心态

图 7-41　输出效果

当然，Notion AI 作为生成式 AI，用户需要不断迭代自己的提示词以确保其生成结果尽可能符合用户的要求。如果一次不满意，可以多试几次。

2．整理大纲并辅助内容创作

在有了第一版的草稿之后，发现“如何确保工作质量”和“如何学习新知识”这块内容并不是我们想要的部分，可以将其删去之后，让 AI 近一步整理大纲（见图 7-42），整理完成效果如图 7-43 所示。

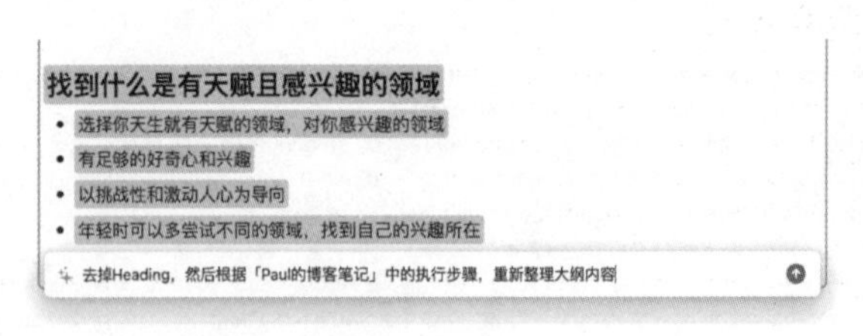

图 7-42 选择内容进一步整理

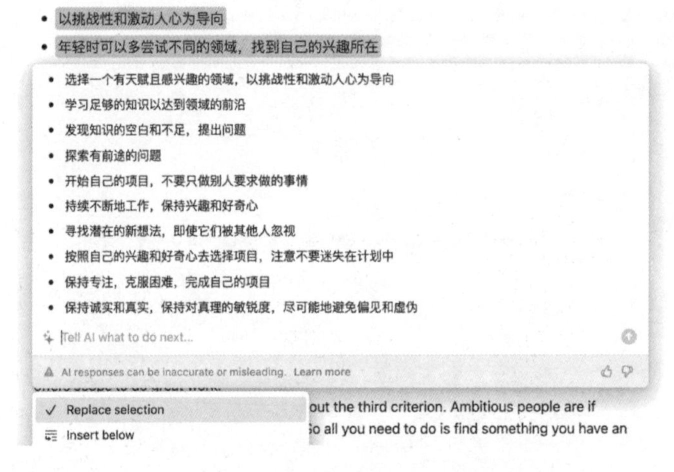

图 7-43 整理完成效果

可以看到，由于要求 AI 继续根据“笔记”内容进行生产，所以 AI 继续补充了一些相关内容。在确定需要的大纲内容之后，就可以着手与 Notion AI 一起进行创作了。

在创作内容的过程中，建议以一条大纲为核心让 Notion AI 进行写作，确保内容不易发散。同时需要通过提示词告诉 Notion AI 使用“笔记”的内容进行回答，如果找不到相关内容的话，可以告诉用户“没有相关内容”以减少 Notion AI 产生“幻觉”的概率（见图 7-44）。所谓“幻觉”是指大语言模型 AI 会为了给出回答而生成的一些似是而非、不符合事实的内容。

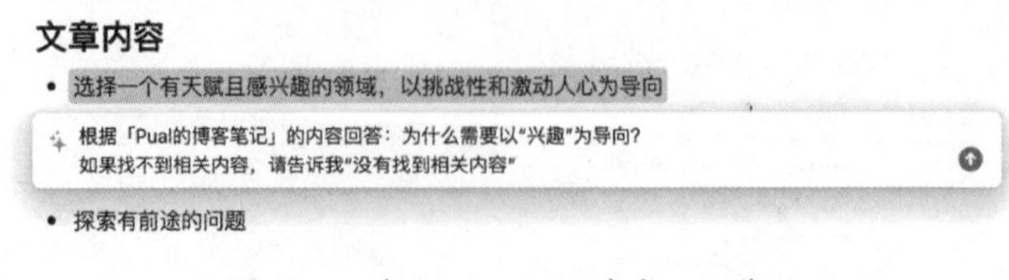

图 7-44 减少 Notion AI 产生“幻觉”

从截图中可以看到，Notion AI 很好地完成了任务，把相关的内容从笔记中整理了出来。在此基础上，可以进一步要求 Notion AI 将提供的大纲整理成一段流畅的文字（见图 7-45）。

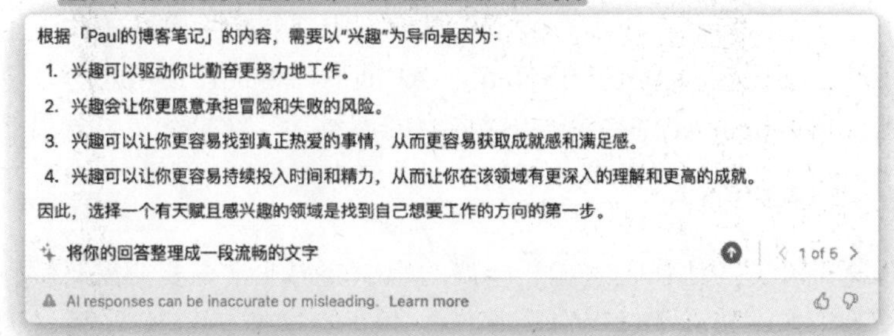

图 7-45 整理成流畅的文字

接下来可以审视 Notion AI 生成的文字内容，如果觉得内容不够充实，可以让其进行扩写。扩写文字如图 7-46 所示。

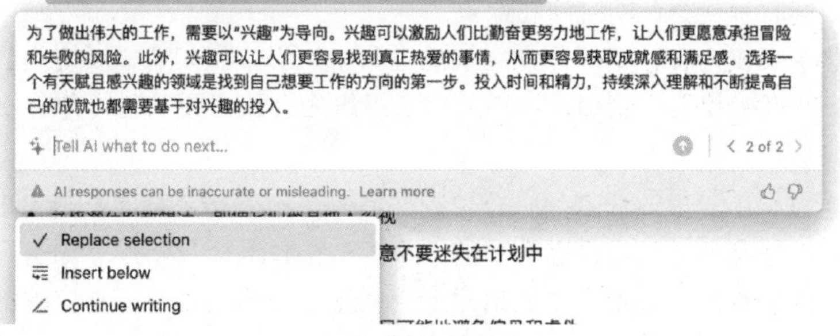

图 7-46 扩写文字

如果一次不满意，可以多次尝试，直至满意为止。多次尝试优化如图 7-47 所示。

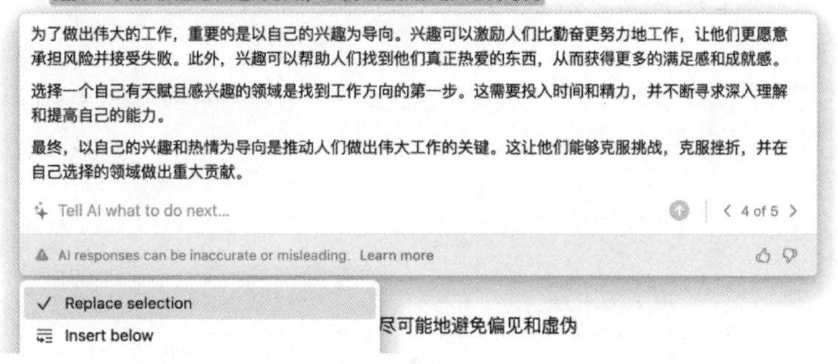

图 7-47 多次尝试优化

在 Notion AI 写出了令人满意的初稿之后，可以就其他的大纲内容重复以上步骤。这样，在用户与 Notion AI 的合作之下，可以快速完成一篇基于零散笔记的文章初稿。用户只要扮演编辑的角色，对 Notion AI 准备的初稿进行简单的调整，就可以作为文章进行发布了。

根据 2.2 节的介绍，如果想要提高大语言模型的输出质量，往往需要用户提供清晰的指令和足够丰富的上下文。所以在本小节的工作流案例中，我们把“从工作笔记到总结输出”的工作，进行了细致的拆分，并且基于 Notion AI 的产品特性，让用户可以更加清晰地把自己的指令和反馈给到 Notion AI，以提升生成内容的质量。从结果来看，效果非常不错。

7.2.2 会议的组织与总结

企业的工作离不开人的协作，这就让会议的组织变得非常重要，需要做好会议准备、通知、讨论、总结等工作，在这个过程中，会有很多标准化的文字工作，而这也恰好是大语言模型所擅长的。因此，我们可以围绕会议流程，设计多个 AI 工具的参与，让这样的 AI 应用工作流为用户的会议组织提速增效。

具体的会议组织与总结流程，可以划分为三个主要步骤。

- **准备会议议题：**会议组织者需要根据具体的业务需求来准备会议议题。往往会议时间有限，对于会议讨论的内容，也需要根据优先级进行流程上的安排。
- **组织会议：**在计划好会议议题之后，会议组织者需通过内部沟通工具或电子邮件邀请参会者，同时确认会议的时间和地点。
- **记录并总结会议内容：**最后，在会议的过程中，会议组织者需要对会议内容做出清晰的记录。并在会议后，将会议沟通的重点组织为会议纪要发送给各个与会者确认。

1. 会议议题准备自动化

高质量的会议少不了提前计划的会议议题。同时，由于会议时间有限，提前分享会议议题可以让参会者做好准备，从而提高会议的效率。但是作为会议组织者而言，准备一个完美的会议议题往往也会费上一番功夫。如果碰上一些不太熟悉的项目，在议题的准备上难免会有所疏漏。现在有了 AI 的帮助，准备会议议题的工作就可以交给 AI 来完成了。

这一部分流程将用 Notion AI 来演示。首先，在新建的页面唤起 Notion AI，然后选择“Custom AI Block”，在这里用户可以自由地编辑所使用的提示词。自由编辑提示词如图 7-48 所示。

应用2：会议的组织与总结

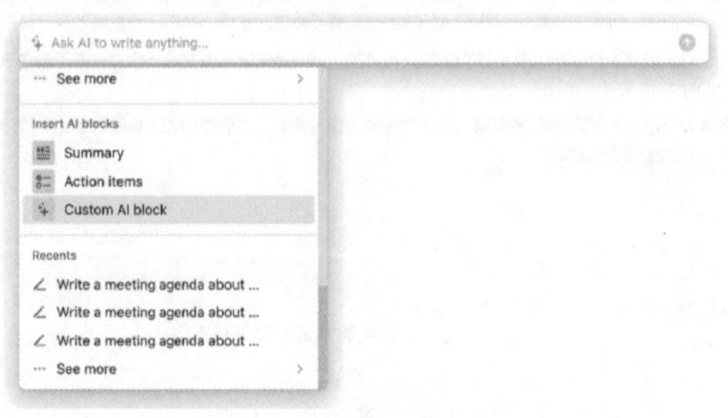

图 7-48 自由编辑提示词

在准备提示词的时候，可以把目前想到的信息告诉 Notion AI，确保 AI 准备的会议议程尽可能符合需求。准备详细的会议议程如图 7-49 所示。

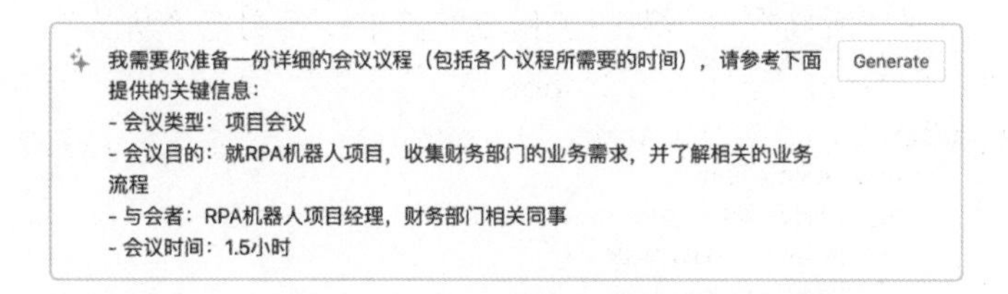

图 7-49　准备详细的会议议程

然后 Notion AI 就会准备出一份议程草稿，输出更详细的计划如图 7-50 所示。

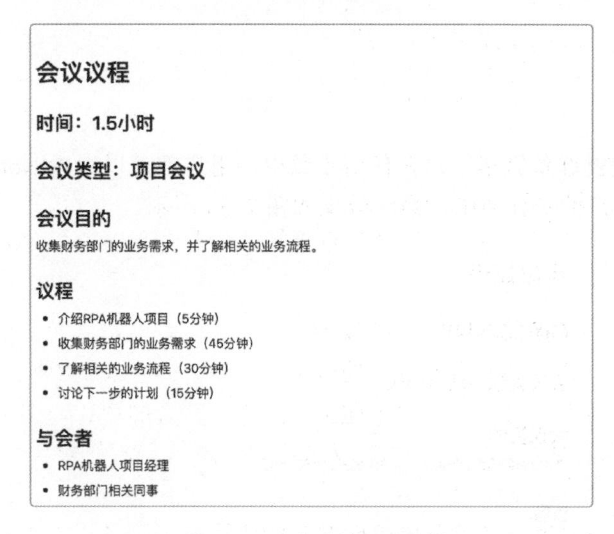

图 7-50　输出更详细的计划

在基础框架之上，可以要求 Notion AI 进一步细化会议议题。可以通过选择相关内容，并要求 Notion AI 进行完善。选择需完善的内容如图 7-51 所示。

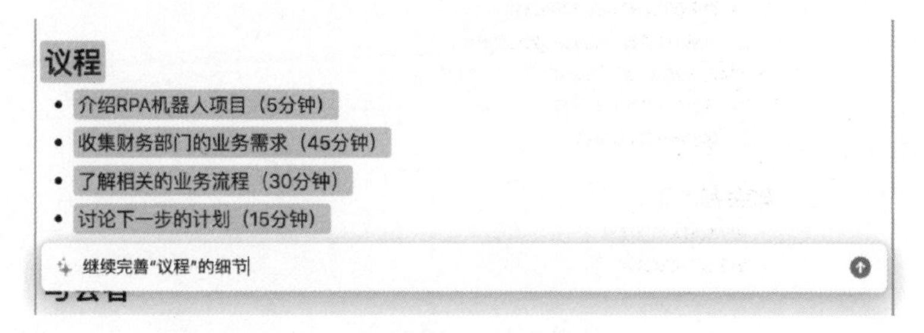

图 7-51　选择需完善的内容

在获得更详细的会议内容之后，可以选择替换原先的内容。进一步改善如图 7-52 所示。

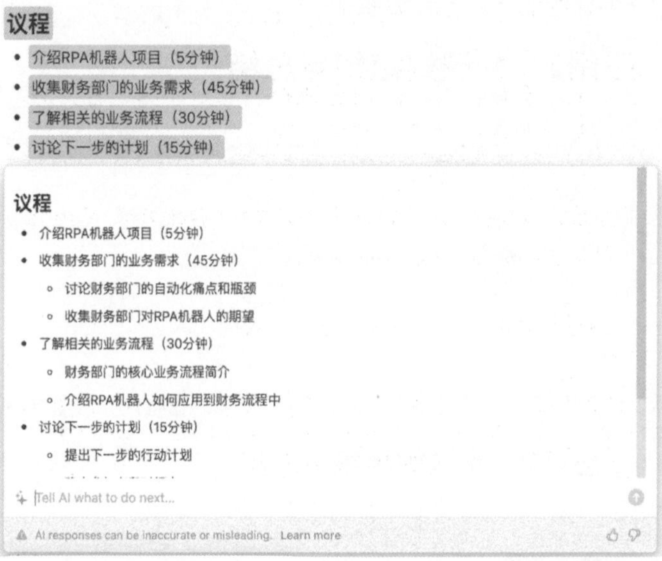

议程

- 介绍RPA机器人项目（5分钟）
- 收集财务部门的业务需求（45分钟）
- 了解相关的业务流程（30分钟）
- 讨论下一步的计划（15分钟）

议程

- 介绍RPA机器人项目（5分钟）
- 收集财务部门的业务需求（45分钟）
  - 讨论财务部门的自动化痛点和瓶颈
  - 收集财务部门对RPA机器人的期望
- 了解相关的业务流程（30分钟）
  - 财务部门的核心业务流程简介
  - 介绍RPA机器人如何应用到财务流程中
- 讨论下一步的计划（15分钟）
  - 提出下一步的行动计划

Tell AI what to do next...

AI responses can be inaccurate or misleading. Learn more

图 7-52　进一步改善

这样，会议议程就准备完毕了。在任何步骤中，用户都可以编辑 Notion AI 生成的内容，确保议程最终符合用户的实际需求。最终效果如图 7-53 所示。

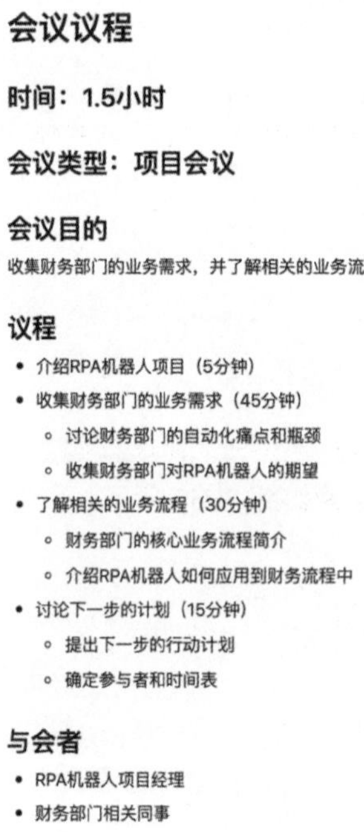

会议议程

时间：1.5小时

会议类型：项目会议

会议目的

收集财务部门的业务需求，并了解相关的业务流程。

议程

- 介绍RPA机器人项目（5分钟）
- 收集财务部门的业务需求（45分钟）
  - 讨论财务部门的自动化痛点和瓶颈
  - 收集财务部门对RPA机器人的期望
- 了解相关的业务流程（30分钟）
  - 财务部门的核心业务流程简介
  - 介绍RPA机器人如何应用到财务流程中
- 讨论下一步的计划（15分钟）
  - 提出下一步的行动计划
  - 确定参与者和时间表

与会者

- RPA机器人项目经理
- 财务部门相关同事

图 7-53　最终效果

2. 生成会议邀请邮件

准备好会议议程之后，接下来的工作就是通过组织内部的沟通工具或者电子邮件来进行会议邀约。

以电子邮件为例，如果会议需要跨部门邀请相关同事参加，需要确保在邮件中以清晰明了的方式介绍会议背景并说明会议目的。随后，通过邮件等方式与相关人员确认会议的时间和地点。

在根据实际需求完成对会议议程的微调之后，可以继续要求 Notion AI 起草会议邀请邮件。起草邀请邮件如图 7-54 所示。

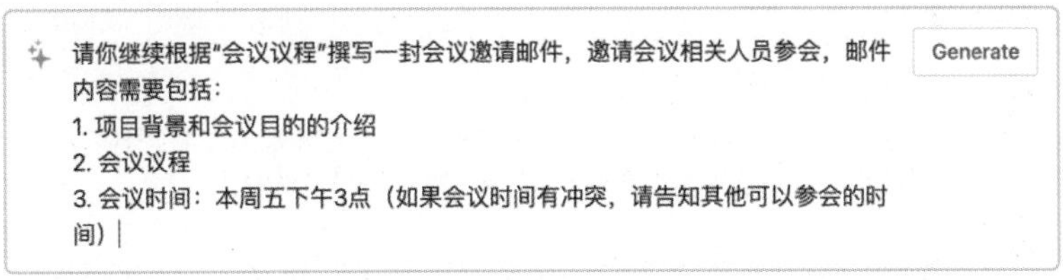

请你继续根据"会议议程"撰写一封会议邀请邮件，邀请会议相关人员参会，邮件内容需要包括：
1. 项目背景和会议目的的介绍
2. 会议议程
3. 会议时间：本周五下午3点（如果会议时间有冲突，请告知其他可以参会的时间）

Generate

图 7-54　起草邀请邮件

在 Notion AI 起草好邀请邮件之后，我们只要根据自己的需要修改并发送即可。邀请邮件如图 7-55 所示。

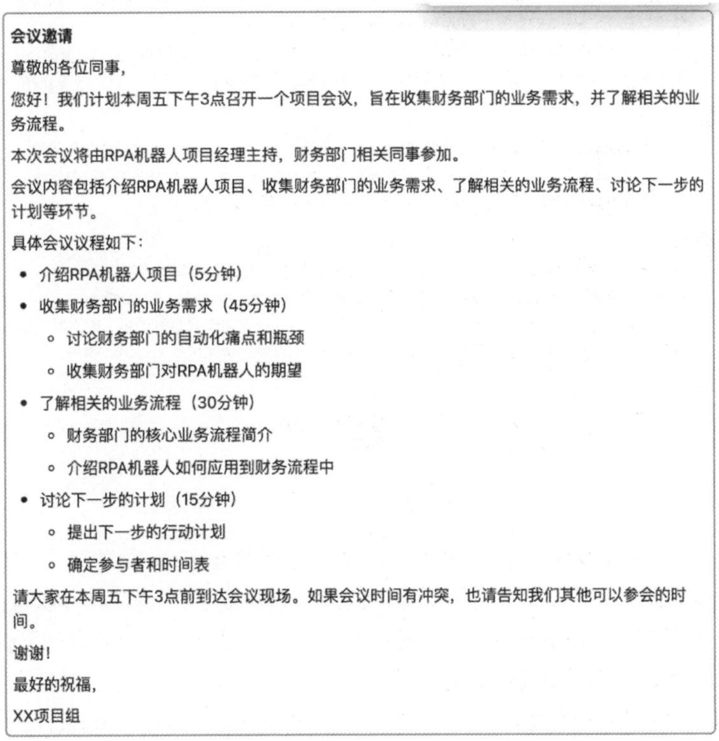

会议邀请

尊敬的各位同事，

您好！我们计划本周五下午3点召开一个项目会议，旨在收集财务部门的业务需求，并了解相关的业务流程。

本次会议将由RPA机器人项目经理主持，财务部门相关同事参加。

会议内容包括介绍RPA机器人项目、收集财务部门的业务需求、了解相关的业务流程、讨论下一步的计划等环节。

具体会议议程如下：

- 介绍RPA机器人项目（5分钟）
- 收集财务部门的业务需求（45分钟）
  - 讨论财务部门的自动化痛点和瓶颈
  - 收集财务部门对RPA机器人的期望
- 了解相关的业务流程（30分钟）
  - 财务部门的核心业务流程简介
  - 介绍RPA机器人如何应用到财务流程中
- 讨论下一步的计划（15分钟）
  - 提出下一步的行动计划
  - 确定参与者和时间表

请大家在本周五下午3点前到达会议现场。如果会议时间有冲突，也请告知我们其他可以参会的时间。

谢谢！

最好的祝福，

XX项目组

图 7-55　邀请邮件

3．从会议录音到会议纪要

在完成会议组织并正式开始会议之后，会议组织者需要详尽记录会议讨论的要点。在传统的方式下，参会者中会有一人手动记录会议要点，然后整理成会议纪要转发给参会者，或者通过录音的方式作为会议内容的备份，作为会后的参考。

随着 AI 的快速发展，我们可以尝试一种新的方式来完成这项任务。

在这里，使用“飞书妙记”来录制或者上传会议录音。“飞书妙记”可以把语音记录转化为文字内容。飞书妙记如图 7-56 所示。

图 7-56 飞书妙记

在获得了会议讨论的所有文字内容之后，可以选择导出文本内容，并保存到 Notion 上。会议内容导入 Notion 后，可以对文本内容做各种各样的处理。比如，可以直接让 Notion AI 总结会议内容。也可以让 Notion AI 针对特定业务问题进行有针对性的信息提取和总结。还可以依据某人的观点，要求 Notion AI 进行总结。

在这里，以一期播客为例进行演示。在这一期播客中，主持人 Sarah 与嘉宾王健硕基于 ChatGPT 的话题进行了漫谈。飞书妙记案例如图 7-57 所示。

飞书妙记案例

2023年3月15日 下午 4:33|2小时17分钟51秒

关键词:
浏览器、互联网、机器人、人类、语料、世界、知识、微软、意识、语言模型、人工智能、自然语言、搜索引擎、域名系统、竞争对手、图灵测试、纽约时报、基础设施

文字记录:
Sarah 00:02
2023 年3月 15 日，也就是今天凌晨，Openai 发布了多模态预训练大模型 g p t 4。它能够接受图像和大量文本输入，比 g p t 3. 5，也就是本期录制时，chat g p t 背后所用的模型更加可靠、更有创意，能处理更细微的指令。

Sarah 00:38
各位好，欢迎来到 Chatstalk 大白话系列第三期。这期的嘉宾依然是大家非常熟悉的建设老师，他总是能用近乎白话式的浅显易懂的语言去解构一些复杂的概念。之前的大白话系列，第一期我们聊的是 Web 3，第二期聊的是写作，这一期坚守和我聊的是 chat g p t。我想在开头先给大家关于这期节目的总体概览，主要会分成以下 4 个部分。首先是科普 chat g p t 的定义和原理，其次是澄清关于 chat g p t 的常见误解。比如它会让人失业吗？它跟搜索引擎的区别是什么？它到底有没有自己的人格？大语言模型所呈现的涌现和思考链路等能力，打开通用人工智能大门了吗？接着，我又试图从创业者视角去问，见中国到底有没有必要再做一个类似的大语言模型？我们与国外的时间差对国内创业者来说是风险还是机遇？以及基于 g p t 模型 API 开发的产品该如何进行差异化和护城河的构建，chat g p t 的产业链价值捕获最后会落在何处？等等。

Sarah 01:56
最后，也有一些隐忧和畅想，比如 AI 在隐私权、著作权、道德伦理等方面的探讨。这期节目还有一个比较特殊的点，我们把播客录制的全过程都直播在了健硕的视频号上。如果你希望了解一期播客是如何录制的，或者如果你希望看到我们互动过程当中的表情，可以在微信上搜索王建硕，关注建硕的视频号，点击直播回放，就能看到3月6日的全程直播录像。感谢各位的收听，我是Sara，预祝各位收听愉快。

图 7-57　飞书妙记案例

以下是具体的实操案例。

例 1：可以要求 Notion AI 总结主持人的提问（见图 7-58），总结结果如图 7-59 所示。

总结Sarah提出的所有问题　Generate

图 7-58　总结提问

在这篇文章中，Sarah和建硕讨论了Chat GPT和大语言模型的定义和原理。他们还澄清了与Chat GPT相关的常见误解，并从创业者的角度探讨了中国是否需要类似的大语言模型。在讨论过程中，Sarah提出了以下问题：

1. 什么是Chat GPT?
2. Chat GPT是什么领域的产品?
3. Chat GPT和搜索引擎有什么区别?
4. Chat GPT是否会让人失业?
5. Chat GPT到底有没有自己的人格?
6. 大语言模型所呈现的涌现和思考链路等能力，打开通用人工智能大门了吗?
7. 见中国到底有没有必要再做一个类似的大语言模型?
8. 我们与国外的时间差对国内创业者来说是风险还是机遇?
9. 基于GPT模型API开发的产品该如何进行差异化和护城河的构建，Chat GPT的产业链价值捕获最后会落在何处?
10. AI在隐私权、著作权、道德伦理等方面的探讨。

图 7-59　总结结果

例 2：可以要求 Notion AI 帮我们总结嘉宾关于某个特定话题的观点（见图 7-60），对于观点的总结如图 7-61 所示。

总结本文中健硕对于ChatGPT的定义 Generate

图 7-60 总结某个特定观点

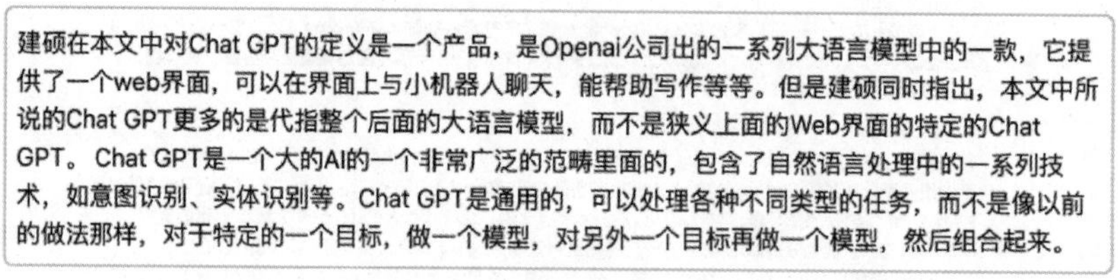

建硕在本文中对Chat GPT的定义是一个产品，是Openai公司出的一系列大语言模型中的一款，它提供了一个web界面，可以在界面上与小机器人聊天，能帮助写作等等。但是建硕同时指出，本文中所说的Chat GPT更多的是代指整个后面的大语言模型，而不是狭义上面的Web界面的特定的Chat GPT。Chat GPT是一个大的AI的一个非常广泛的范畴里面的，包含了自然语言处理中的一系列技术，如意图识别、实体识别等。Chat GPT是通用的，可以处理各种不同类型的任务，而不是像以前的做法那样，对于特定的一个目标，做一个模型，对另外一个目标再做一个模型，然后组合起来。

图 7-61 对于观点的总结

例 3：可以让 Notion AI 对于两个多小时的讨论，就某一个关键话题进行总结（见图 7-62），话题总结效果如图 7-63 所示。

总结本文中关于“意识”的讨论。 Generate

图 7-62 对于某个话题总结

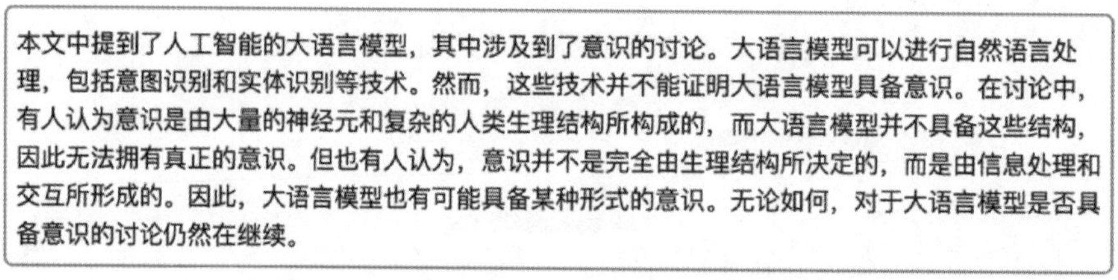

本文中提到了人工智能的大语言模型，其中涉及到了意识的讨论。大语言模型可以进行自然语言处理，包括意图识别和实体识别等技术。然而，这些技术并不能证明大语言模型具备意识。在讨论中，有人认为意识是由大量的神经元和复杂的人类生理结构所构成的，而大语言模型并不具备这些结构，因此无法拥有真正的意识。但也有人认为，意识并不是完全由生理结构所决定的，而是由信息处理和交互所形成的。因此，大语言模型也有可能具备某种形式的意识。无论如何，对于大语言模型是否具备意识的讨论仍然在继续。

图 7-63 话题总结效果

围绕会议的组织与纪要总结，不同的组织和个人会有自己的模板和流程规范。相比于 ChatGPT 的对话方式的互动（用户需要不停地复制粘贴），集成式的 Notion AI 更为适合，因为其可以基于文档进行修改迭代，方便对之前积累的内容进行管理，以形成知识库的积累。

7.2.3 制作问卷分析报告

设计问卷和制作问卷分析报告是进行数据收集和分析的重要步骤，通过设计问卷，有助于从大量的受访者那里获取各种数据和信息，以完成市场调研、产品改进、社会研究等任务。而问卷分析的价值则在于将收集的数据转化为有意义的结果，为决策制定提供依据。报告揭示了调查结果的含义，发现了隐藏在数据背后的模式和趋势，方便非专业人士理解和应用研究结果。

在本小节的案例中，相关的表单设计、数据整理、报告制作都基于 WPS AI。读者朋友也可以从“https://ai.wps.cn”这个网站入口开始体验。

1. 表单设计

假设公司最近升级了咖啡机设备，为了获取用户（公司同事）的反馈，需要设计问卷并进行分析。围绕这样的问卷常见的问题会有下面几种类型。

- 填写人的基本信息：姓名、性别、岗位等。
- 围绕咖啡机相关的使用：是否易用、是否方便清理、口味等。
- 个人咖啡喜好与补充的意见（开放性的描述）。

传统的做法是在问卷后台，手动设计问卷的信息（名称、问题类型、选项等），如今有了 WPS AI，完全可以通过对话的方式，来让 WPS AI 帮忙生成问卷。WPS AI 生成表单如图 7-64 所示。

首先关注金山表单小程序，点击下方的加号，创建表单，然后选择 WPS AI 生成表单（见图 7-65）。

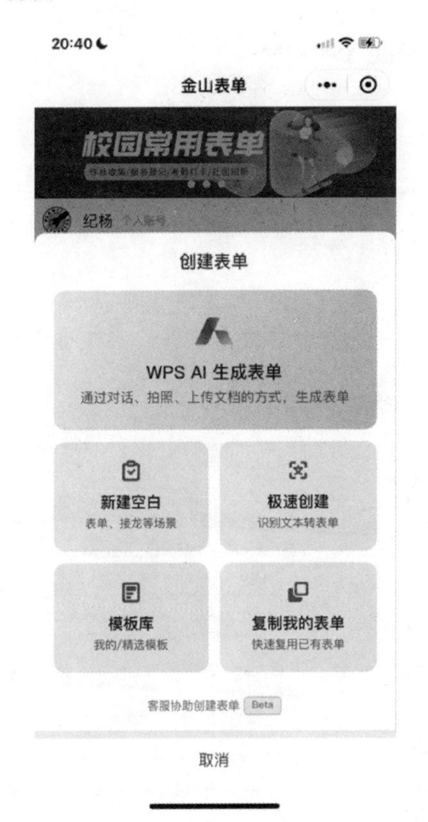

图 7-64 WPS AI 生成表单

图 7-65 WPS AI 生成表单

通过文字的描述，让 WPS AI 生成问卷（见图 7-66）。

这时，WPS AI 会基于你的需求描述，来设计生成问卷内容，如果需要调整（措辞或补充题目），可以继续以对话的方式来进行。当然，之后也可以手工微调。

图 7-66　WPS AI 生成的问卷

在完成问卷设计后，就可以通过链接、二维码的方式分发。

2. 数据整理

当收集到足够多的问卷数据后，可以在智能表格里做初步的数据整理，如咖啡类型智能分类，如图 7-67 所示。

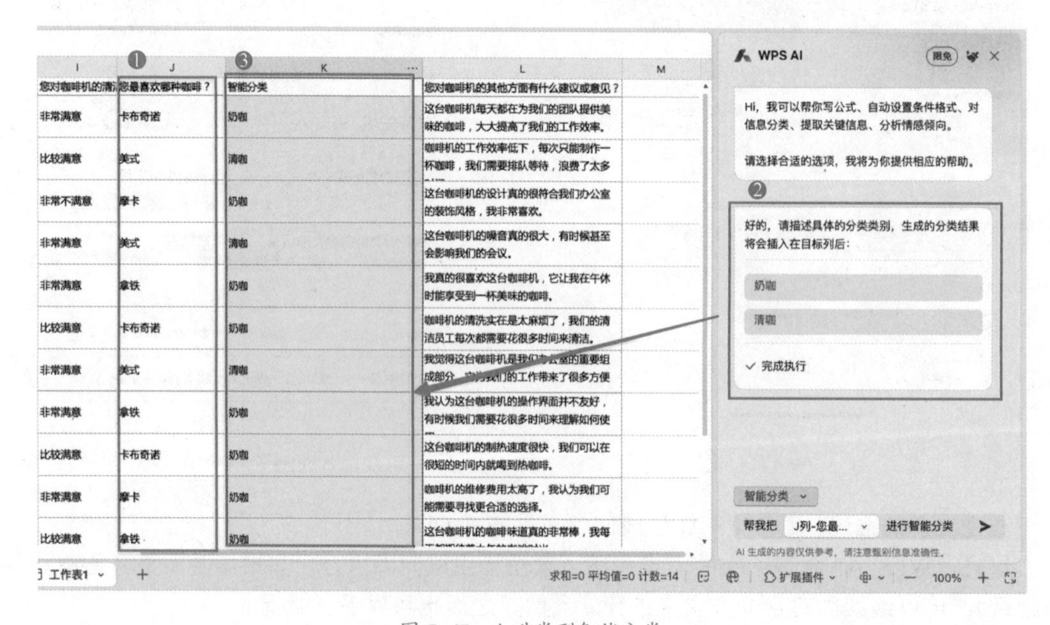

图 7-67　咖啡类型智能分类

首先，我们希望分析用户喜欢的咖啡类型：美式、加糖加奶的拿铁、卡布奇诺等，这时可以用智能分类来把多个品类的咖啡合并到“奶咖与清咖”。智能合并如图 7-68 所示。

您所在的部门：	您对咖啡机的口味满意吗？	满意度-分数	您对咖啡机的品	您觉得咖啡机使	您对咖啡机的清	您最喜欢哪种咖啡？	智能分类	您对咖啡机的
技术部	比较满意	4	非常不满意	比较方便	非常满意	卡布奇诺	奶咖	这台咖啡机每味的咖啡，大
销售部	非常满意	5	非常满意	非常方便	比较满意	美式	清咖	咖啡机的工作杯咖啡，我们
人力资源部	非常满意	5	比较满意	非常方便	非常不满意	摩卡	奶咖	这台咖啡机的的装饰风格，
采购部	非常不满意	1	比较满意	非常不方便	非常满意	美式	清咖	这台咖啡机的会影响我们的
财务部	比较满意	4	非常满意	非常方便	非常满意	拿铁	奶咖	我不怎么喝咖
客服部	非常满意	5	非常满意	非常方便	比较满意	卡布奇诺	奶咖	咖啡机的清洗洁员工每次都
技术部	非常不满意	1	非常满意	比较方便	非常满意	美式	清咖	我觉得这台咖成部分，它为
销售部	非常满意	5	比较满意	非常不方便	非常满意	拿铁	奶咖	我认为这台咖有时候我们需
人力资源部	比较满意	4	非常满意	非常方便	比较满意	卡布奇诺	奶咖	这台咖啡机的很短的时间内
采购部	非常不满意	1	非常满意	非常不方便	非常满意	摩卡	奶咖	咖啡机的维修能需要寻找更
财务部	非常满意	5	非常满意	比较方便	比较满意	拿铁	奶咖	这台咖啡机的天都期待着中
客服部	非常不满意	1	非常满意	非常方便	非常满意	美式	清咖	咖啡机的水箱水，这给我们
技术部	比较满意	4	非常不满意	非常不方便	非常满意	卡布奇诺	奶咖	我非常欣赏这带来了很多欢

WPS AI

公式生成结果如下：

=IF(F2="非常满意",5,IF(F2="满意",4,IF(F2="一般",3,IF(F2="不满意",2,IF(F2="非常不满意",1,0))))

复制　＋插入至当前单元格

围绕您对咖啡机的口味满意吗？字段，将对应的内容用数字对应。最高5分，最低1分。

公式生成结果如下：

=IF(F2="非常满意",5,IF(F2="比较满意",4,IF(F2="一般",3,IF(F2="不太满意",2,IF(F2="非常不满意",1,0)))))

复制　＋插入至当前单元格

写公式

围绕您对咖啡机的口味满意吗？字段，将对应的内容用数字对应。最高5分，最低1分。

AI 生成的内容仅供参考，请注意甄别信息准确性。

图 7-68　智能合并

其次，希望通过数字量化用户的满意度，比如非常满意是 5 分，不满意是 1 分，这样方便算平均分，比如不同部门的满意度分值。情感分析与条件格式如图 7-69 所示。

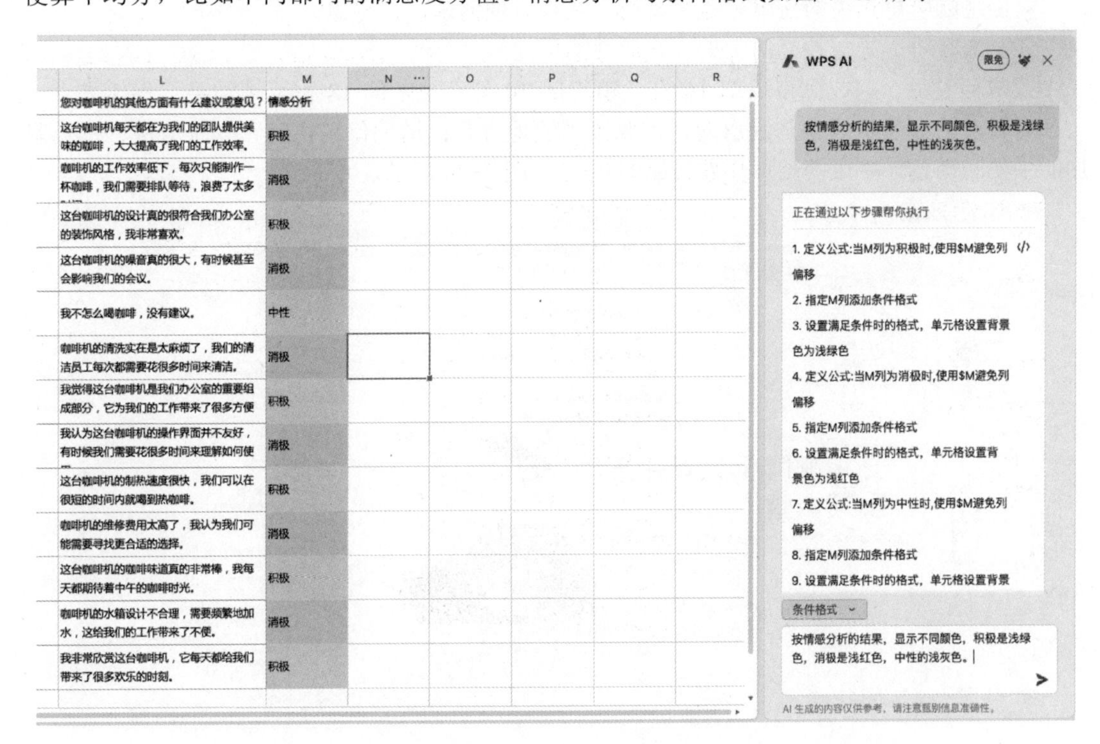

您对咖啡机的其他方面有什么建议或意见？	情感分析
这台咖啡机每天都在为我们的团队提供美味的咖啡，大大提高了我们的工作效率。	积极
咖啡机的工作效率低下，每次只能制作一杯咖啡，我们需要排队等待，浪费了太多	消极
这台咖啡机的设计真的很符合我们办公室的装饰风格，我非常喜欢。	积极
这台咖啡机的噪音真的很大，有时候甚至会影响我们的会议。	消极
我不怎么喝咖啡，没有建议。	中性
咖啡机的清洗实在是太麻烦了，我们的清洁员工每次都需要花很多时间来清洁。	消极
我觉得这台咖啡机是我们办公室的重要组成部分，它为我们的工作带来了很多方便	积极
我认为这台咖啡机的操作界面并不友好，有时候我们需要花很多时间来理解如何使	消极
这台咖啡机的制热速度很快，我们可以在很短的时间内就喝到热咖啡。	积极
咖啡机的维修费用太高了，我认为我们可能需要寻找更合适的选择。	消极
这台咖啡机的咖啡味道真的非常棒，我每天都期待着中午的咖啡时光。	积极
咖啡机的水箱设计不合理，需要频繁地加水，这给我们的工作带来了不便。	消极
我非常欣赏这台咖啡机，它每天都给我们带来了很多欢乐的时刻。	积极

图 7-69　情感分析与条件格式

最后，围绕建议与意见的文本，也需要做情感分析，以及可以通过一句话的形式，让 WPS AI 为不同的情感分析结果分配颜色，以方便区分。

3．图表制作

WPS AI 的表单后台，本身就围绕各个问题自带了统计与报表功能，一方面用户可以自己截图复用，另一方面，结合数据扩展（计算），用户也可以自行做一些图表。自定义的图表例子如图 7-70 所示。

这样的自定义分析图表不需要很复杂，用自己熟悉的分析工具完成即可。

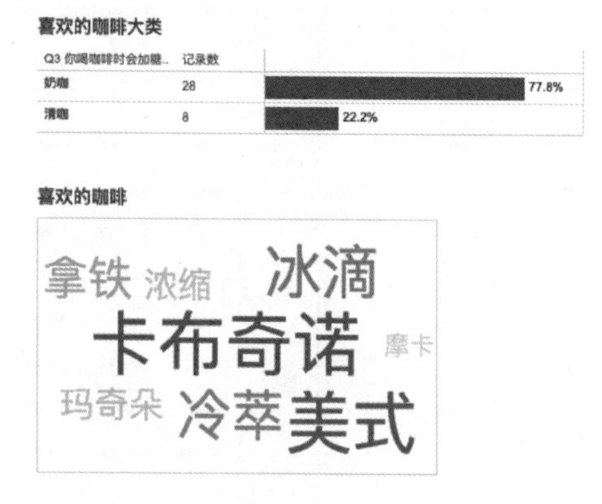

图 7-70　自定义的图表例子

4．幻灯片报告

在完成了问卷设计、数据收集与分析后，为了更好地沟通汇报，一般还需要制作幻灯片形式的报告，这同样可以用 WPS AI 来完成。

在新建演示文稿后，可以打开 WPS AI 助手，输入内容主题。为了让内容结构符合要求，也可以更详细地描述背景与内容要点，比如：

公司最近升级了咖啡机设备，为了获取用户（公司同事）的反馈，我们设计了调查问卷，问卷内容包括以下三大类。

- 填写人的基本信息：姓名、性别、岗位等。
- 围绕咖啡机相关的使用：是否易用，是否方便清理，口味等。
- 个人咖啡喜好与补充的意见（开放性的描述）。

投放问卷后，共收到市场部 16 份、销售部 24 份、技术部 18 份反馈结果，整体来讲，大家对目前的咖啡机设备是满意的，需要改进的地方是：增加使用说明、及时清洗、提供附加的牛奶和糖包，生成的幻灯片效果如图 7-71～图 7-73 所示。

图 7-71　输入主题描述生成幻灯片

图 7-72　目录页

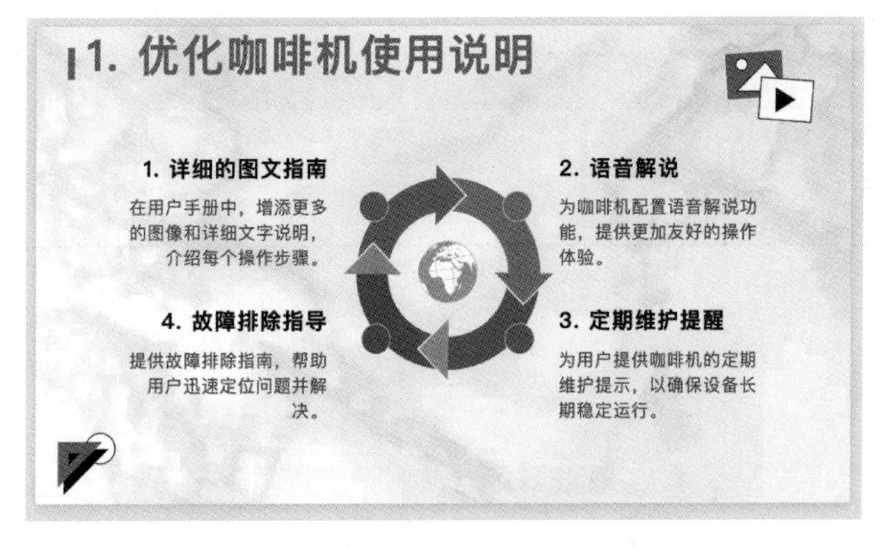

图 7-73　优化使用说明

如果主题描述的文字详细明确，这时生成的幻灯片内容会更符合需求，从目录页截图可以看到，整体的分析框架是清楚的，围绕 WPS AI 生成的幻灯片内容做调整与补充也比较容易，比如：修改样式风格（同样可以 WPS AI 辅助）、加入图表截图、相关结论的文字修改等。

围绕问卷的制作、分析、汇报有一个完整且常规的流程，在这个流程中会涉及多个办公应用，甚至不同角色的人员参与（比如行政与数据分析人员）。以往，相关的工作需要烦琐的手工处理，现在有了 AI 的支持，就可以在各个环节，通过对话的方式来生成与调整，这样可以大幅提升效率与降低难度（比如在数据处理环节，行政人员可以通过对话来完成以往复杂的计算）。

第 8 章

ChatGPT 的实用工具

OpenAI 官方除了提供了 Web 与移动端的 ChatGPT 应用外，还支持 API 方式的访问，这为其构建了良好的生态环境。众多技术人员和商业公司基于 API 接口开发了灵活方便的工具，用途包括搜索增强、分析总结、语音互动等，拓展了 ChatGPT 应用的广度与深度。本章会为大家介绍常用的插件与客户端工具，以及 API 的调用操作。

本章内容
浏览器插件
客户端工具
通过 **API** 调用的工具

8.1　浏览器插件

浏览器是我们访问互联网内容时的必备应用，每台计算机与手机都会有内置的浏览器。这也让基于 ChatGPT 的网页浏览器插件变得通用且方便，这些插件可以让我们在浏览器里完成更多有趣有用的功能，如对搜索结果的总结、辅助邮件写作等。

Chrome 是目前主流的浏览器，相关的浏览器插件可以从 Chrome 应用商店搜索和添加。

8.1.1　搜索增强插件

ChatGPT 用来训练的语料库内容并非是最新的，因此获取最新的网络内容变得非常必要。在最新发布的 ChatGPT4.0 中，已经提供了网页浏览功能的试用版。对于无法使用 ChatGPT4.0 的用户，则可以借助插件来实现这一功能。

1．ChatGPT for Google

首先介绍的搜索增强插件是 ChatGPT for Google，其使用界面如图 8-1 所示。

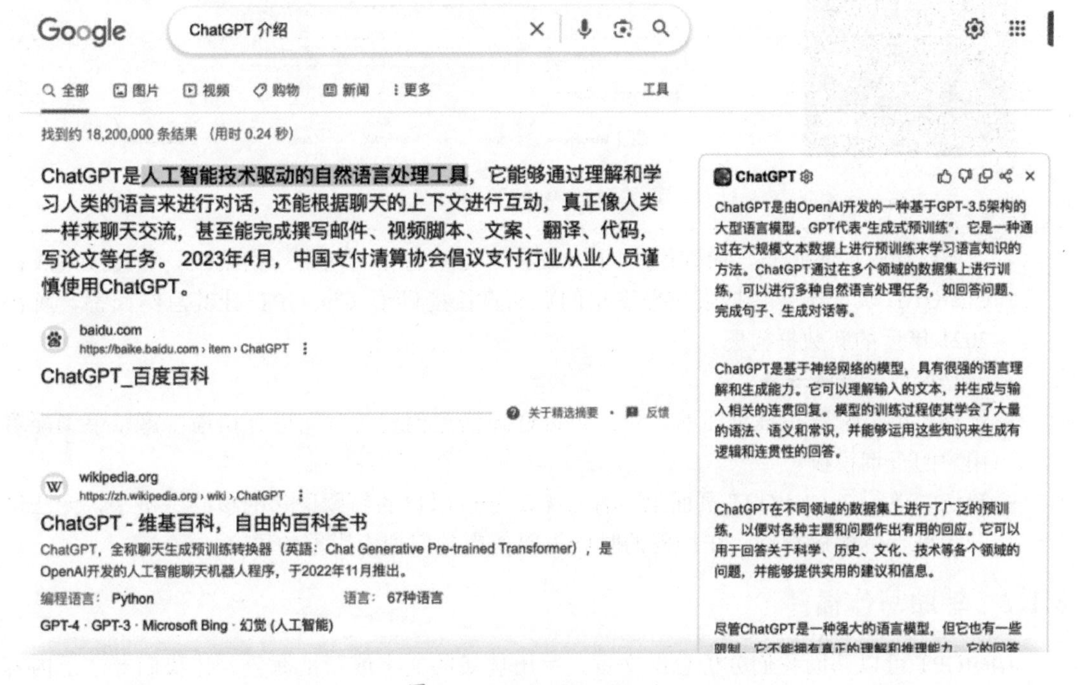

图 8-1　ChatGPT for Google

- 功能：浏览器返回结果页面可以直接查看搜索引擎和 ChatGPT 的回答，降低来回切换的成本。
- 推荐指数：★★★。
- 优点：支持 Google、百度、必应、DuckDuckGo、Brave、Yahoo 等各种搜索引擎；支持 MarkDown、代码块等多种展示方式。
- 缺点：没法分析引擎返回内容，没法自定义模板。

2．WebChatGPT

其次要介绍的搜索增强插件是 WebChatGPT，其使用界面如图 8-2 所示。

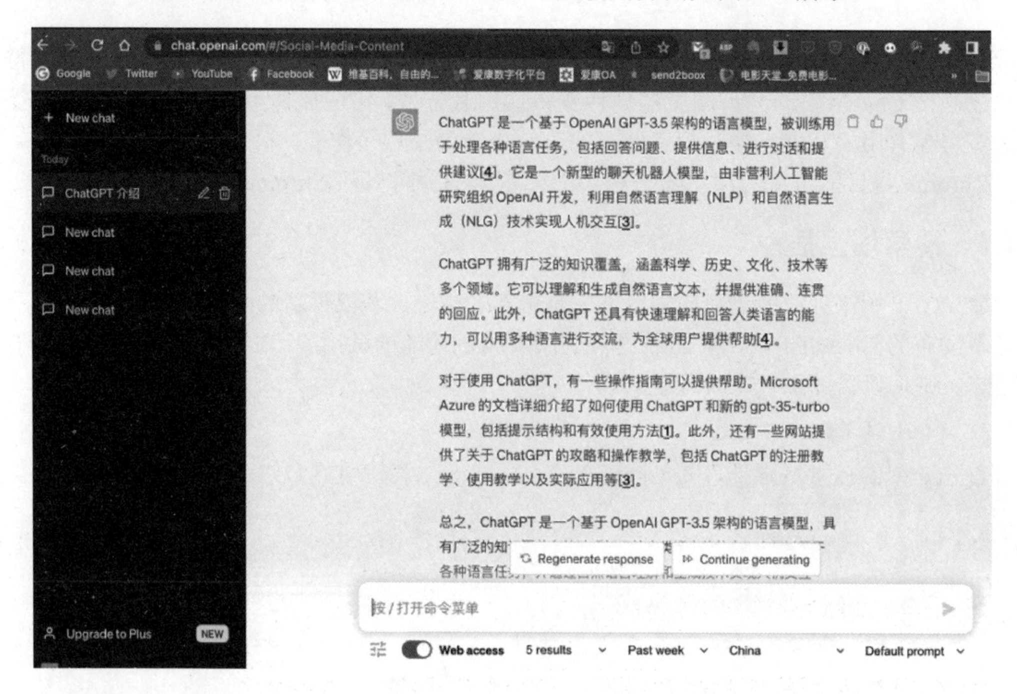

图 8-2 WebChatGPT

- 功能：通过网页浏览，增强用户的 ChatGPT 提示与相关网络搜索结果。其直接集成在 ChatGPT 页面上，将搜索引擎查出的页面直接提供给 ChatGPT 让其总结回答，解决 2021 年后的新数据问题。
- 推荐指数：★★★★。
- 优点：可以配置扫描页面的数量；可以选择信息创建的时间进行扫描；可以手工配置用户的查询模板。
- 缺点：必须在 ChatGPT 页面上运行；无法分析用户的问题语句的核心关键字，无法进一步进行拆解后查询。在提问的时候需要使用类似搜索引擎的语言。

8.1.2 辅助写作插件

ChatGPT 可以帮助我们分析总结文章，写出优质的文字或帮忙润色。让我们专注于内容本身，而无须过多地考虑语言表达的细节。相关的浏览器插件更是让这一过程变得灵活方便。

1．ChatGPT Writer

首先介绍的辅助写作插件是 ChatGPT Writer，其使用界面如图 8-3 所示。

- 功能：帮助用户快速生成有邮件。
- 推荐指数：★★★。
- 优点：生成速度极快；支持多种语言。
- 缺点：过于专注写邮件这一个场景；Pro 版本售价过高。

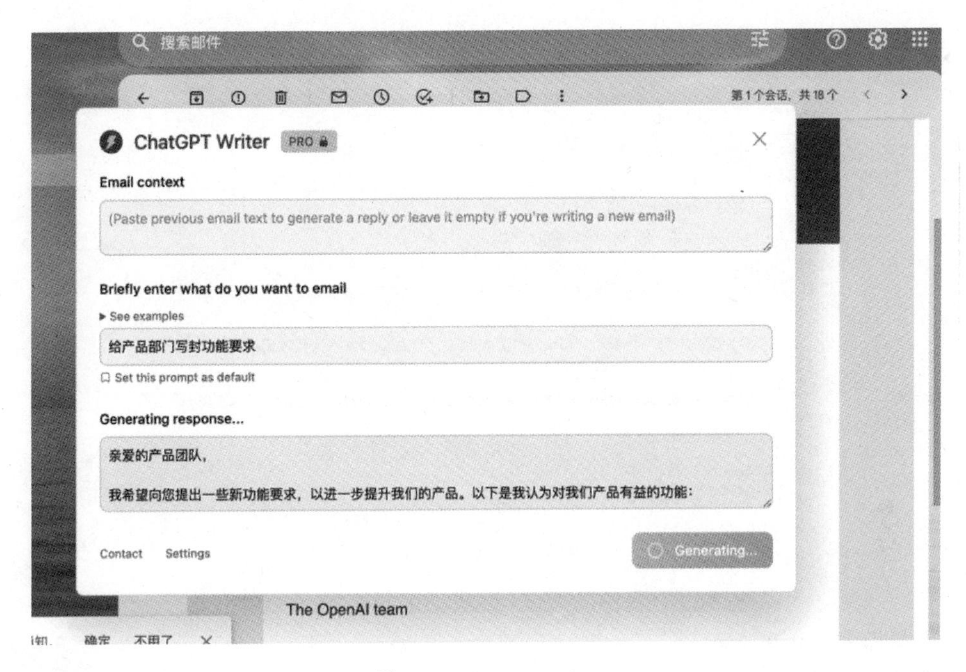

图 8-3　ChatGPT Writer

2．Magical

其次介绍的辅助写作插件是 Magical，其使用界面如图 8-4 所示。

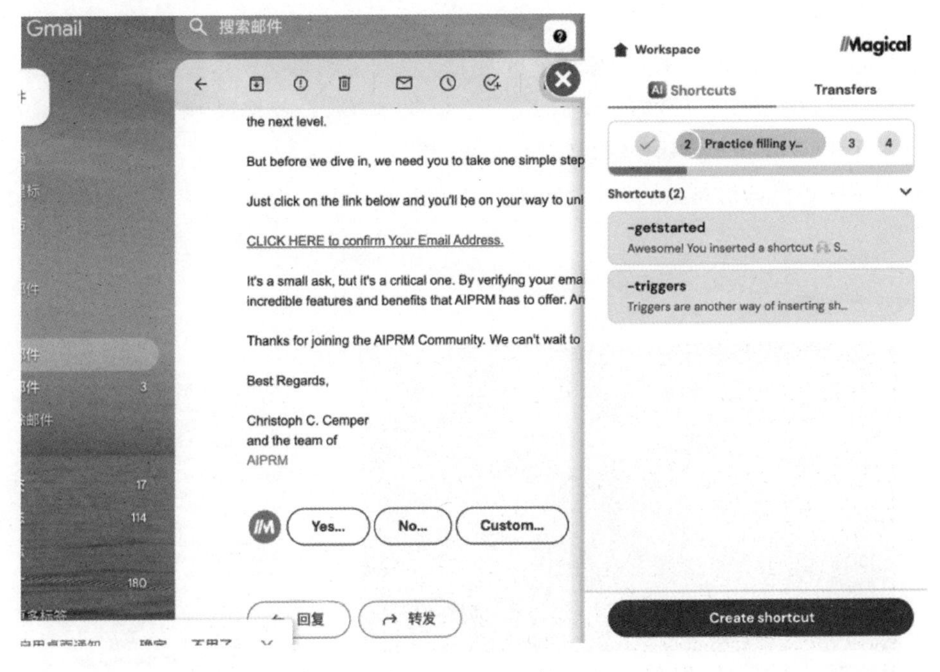

图 8-4　Magical 插入

Magical 使用“//”进行激活，如图 8-5 所示。

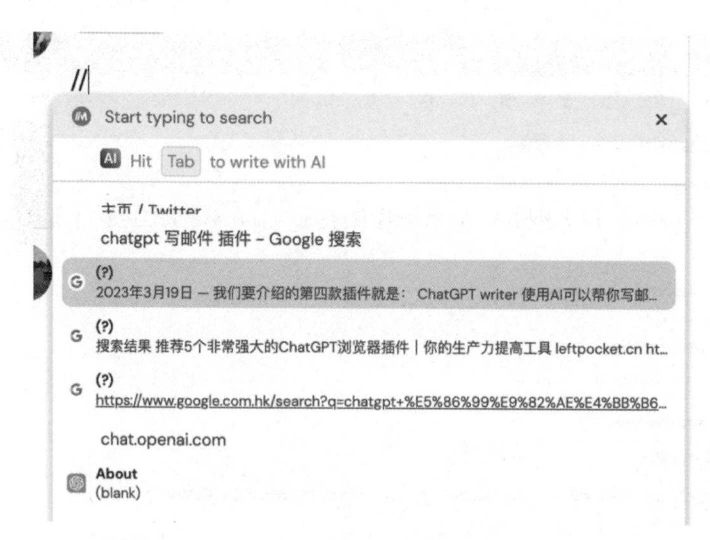

图 8-5 “//” 激活 Magical

- 功能：从任何站点或应用程序编写 AI 生成的消息、电子邮件和客户回复。
- 推荐指数：★★★★。
- 特点：使用 Chat GPT4.0 引擎，自动生成消息；可以连接数据路和表格；支持团队使用。
- 缺点：功能强大，但使用复杂；免费功能受限，需要付费。

8.1.3 信息分析总结插件

如今是一个信息爆炸的时代，大量的文字、长短视频占据了我们大量的时间。随着信息量的不断增加，对文字和视频进行总结分析的工具将越来越重要，这些工具可以帮助我们快速理解文章和视频的重点，过滤掉无用的信息，以及深入解释各种技术术语。

1. YouTube Summary with ChatGPT

这里介绍的信息分析总结插件是 YouTube Summary with ChatGPT，其使用界面如图 8-6 所示。

图 8-6 YouTube Summary with ChatGPT 的使用界面

- 功能：自动总结 YouTube 的字幕，形成影片大纲，聚焦影片重点，节约观影时间。
- 推荐指数：★★★。
- 优点：可以一键将字幕导入 ChatGPT 对话页面；大纲可以直接切入对应的视频点；可以自主选择 ChatGPT 引擎。
- 缺点：无法对总结与大纲进行翻译；无法在展示区与 ChatGPT 进行交互。

2. Glarity-Summary

这里介绍的信息分析总结插件是 Glarity-Summary，其使用界面如图 8-7、图 8-8 所示。

图 8-7　YouTube 中使用 Glarity-Summary

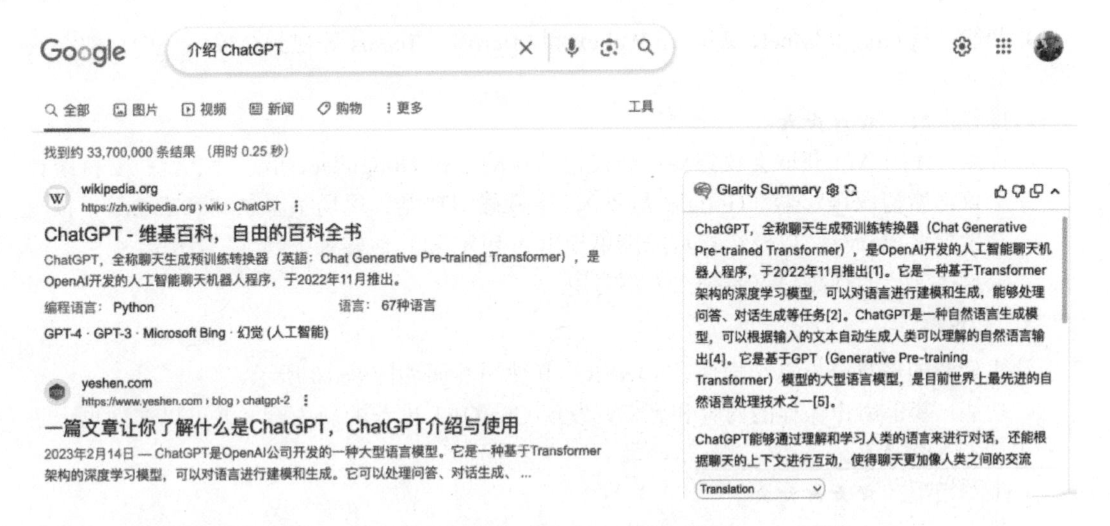

图 8-8　Google 中使用 Glarity-Summary

- 功能：自动总结视频的字幕、搜索结果、网站内容，形成内容总结，节约查看时间

- 推荐指数：★★★★。
- 优点：支持多个视频网站，如 YouTube、bilibili 等；支持对搜索引擎的搜索结果总结；支持对于网页内容的总结，支持对网页总结大纲。
- 缺点：视频信息总结仅仅支持展示大纲，无法进行跳转。

3．Tactiq：会议总结

这里介绍的信息分析总结插件是 Tactiq，其使用界面如图 8-9 所示。

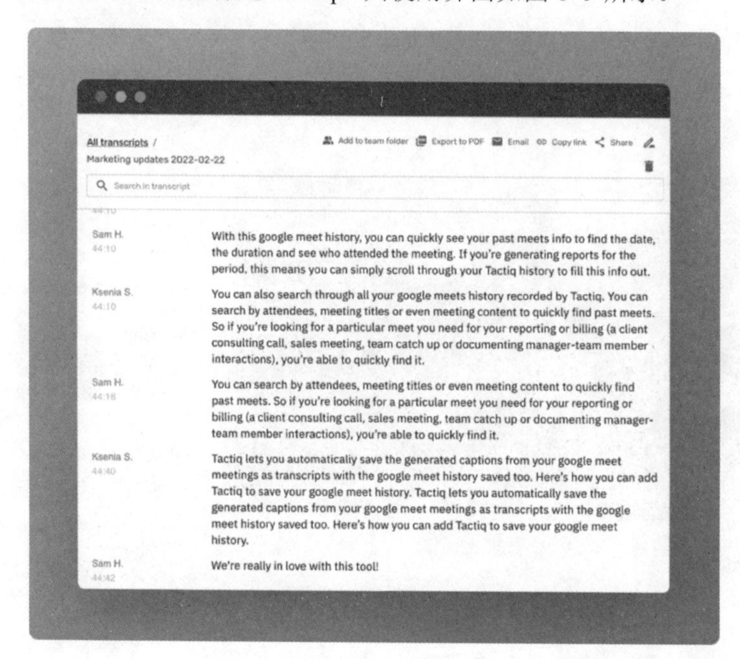

图 8-9 各个参会人员的发言总结

- 功能：从 Google Meet、Zoom、Webex 和 Microsoft Teams 等视频会议系统中提取会议纪要。
- 推荐指数：★★★★。
- 优点：使用 API 获取会议纪要；会议记录自动会在 GoogleDoc 里进行总结；支持统计会议出席情况跟踪器（Google Meet）、屏幕截图功能、现场字幕录制（Zoom）、按与会者搜索成绩单，以及选择将成绩单导出为 PDF 和其他转录工具。
- 缺点：支持的视频会议系统国内不常用。

4．LINER

这里介绍的信息分析总结插件是 LINER，其使用界面如图 8-10 所示。

- 功能：基于用户保存的内容和亮点，发现 ChatGPT 推荐的新内容。并可以在网页上进行 LINER 标记。
- 推荐指数：★★★★★。
- 优点：使用 LINER 自己的企业账号与 ChatGPT 进行连接；提供翻译、总结、深入扩展等功能；高亮内容可以长期保存；它可以阻止 YouTube 自动弹出的广告。
- 缺点：免费用户有使用限制；摘要和扩展内容需在右侧对话框中显示。

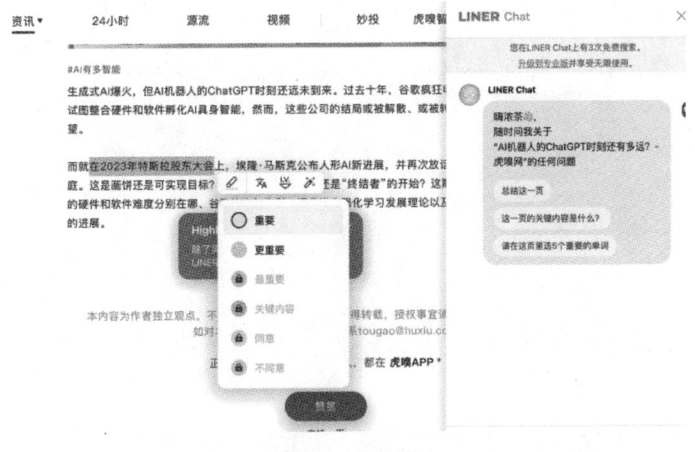

图 8-10　LINER

8.1.4　语音插件

ChatGPT 是一款文字聊天工具，为了满足语音方式的交流，可以通过以下插件和 ChatGPT 进行语音交谈。

TALK-TO-ChatGPT

首先介绍的语音互动插件是 TALK-TO-ChatGPT，其使用界面如图 8-11 所示。

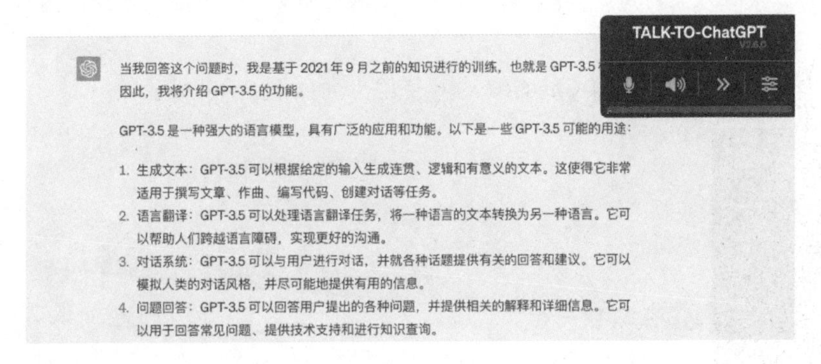

图 8-11　TALK-TO-ChatGPT 输入

- 功能：用户可以用麦克风与 ChatGPT 交谈，将语音转换为文本，并提供人工智能生成的声音回复。
- 推荐指数：★★★。
- 优点：支持所有主要语言。
- 缺点：语言不够自然，中文语音识别率不高；只能在 ChatGPT 页面上使用。

8.1.5　其他插件

ChatGPT 浏览器插件除了以上几个主要的功能的插件外，还有一些功能强大的插件。

1．Monica

这里介绍的插件是 Monica，其使用界面如图 8-12 所示。

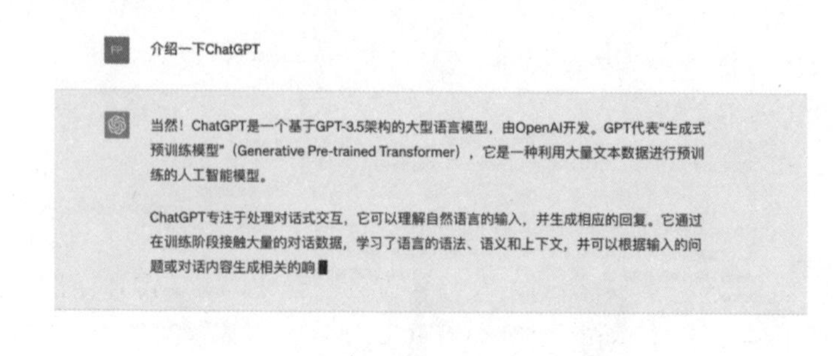

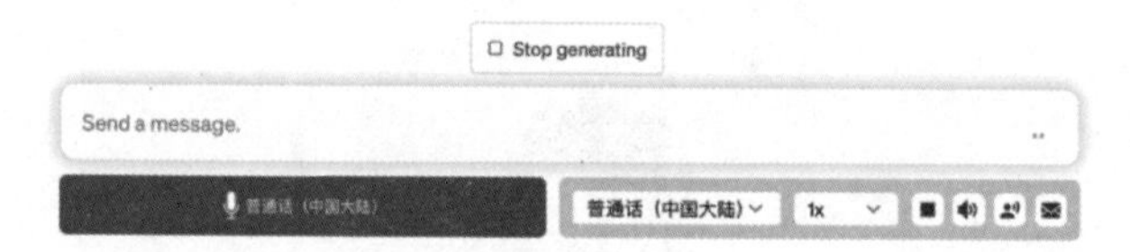

图 8-12　右侧的 Monica

- 功能：功能强大，支持侧面聊天，书写文章，语音输入输出。付费后支持搜索引擎返回页面介绍，YouTube 总结分析，语音输入输出。
- 推荐指数：★★★★★。
- 特点：无须 ChatGPT 账号即可使用；支持多种模版，支持自我定制；功能强大，基本其他插件支持的功能它都支持了；付费版直接支持 ChatGPT4.0。
- 缺点：免费版只支持每天 30 条问答，功能受限；不支持在页面输入窗口内直接生成文字。

2．AIPRM-ChatGPT

这里介绍的插件是 AIPRM-ChatGPT，其使用界面如图 8-13 所示。

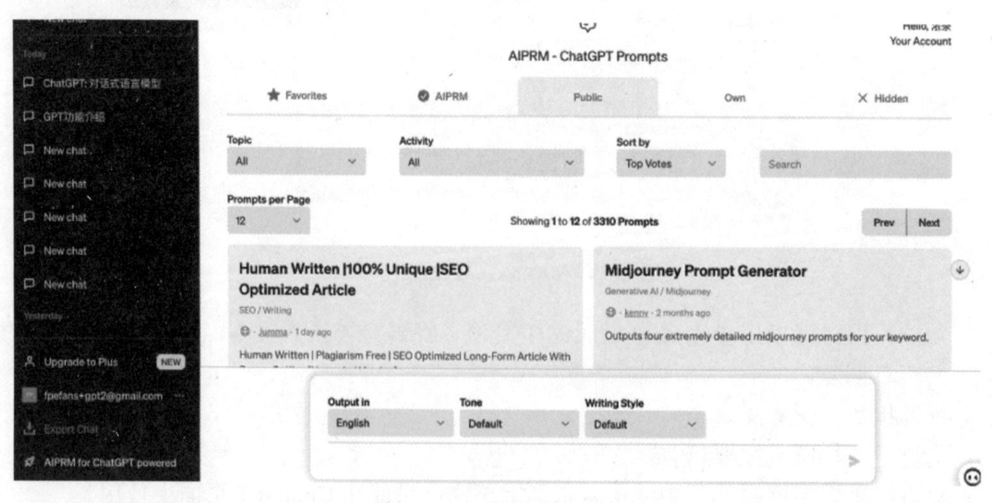

图 8-13　AIPRM-ChatGPT

- 功能：提供精选 ChatGPT 指令模板。缩短书写指令的速度，提升指令准确度。
- 推荐指数：★★★★★。
- 特点：包含各种常用指令分类，如文案、开发、搜索引擎优化（SEO）、云计算服务（SaaS）、软体开发等分类。

- 可以省略大量关键字，基本不需要长文字就可以精准描述问题；支持个人模板定制。
- 缺点：只有英文的关键字提示；扩展功能需要收费。

8.2 客户端工具

ChatGPT 不仅支持浏览器使用，还能在移动设备上使用。除了官方提供的移动应用版本，也有第三方公司将 ChatGPT 集成到他们的应用中。

8.2.1 官方的移动端应用

OpenAI 提供了官方的 iOS 和 Android 应用。

根据 OpenAI 官方说明，当前版本的 ChatGPT 应用提供的功能包括：

- 即时回答：获得精确的信息，而无须通过广告或多个结果进行筛选。
- 量身定制的建议：寻求关于烹饪、旅行计划或制作贴心信息的指导。
- 创造性灵感：生成礼物创意，起草演示文稿，或写出完美的诗句。
- 专业意见：通过想法反馈、笔记总结和技术主题协助来提高生产力。
- 学习机会：以用户自己的节奏探索新的语言、现代历史和更多的知识。

这些功能与网页版的 ChatGPT 非常类似，使用时，只需要使用 Apple 账号、Google 账号或已经注册的 OpenAI 账号登录即可。

在功能上，ChatGPT 应用支持直接使用语音输入（支持中文），这让用户在与它互动的过程中有了更多交谈的感觉。它能够精准地识别用户的语音，甚至还可以自动翻译成英文。如果用户在说话时有些卡壳，它还能够自动将“嗯嗯啊啊”等部分过滤掉。使用语音输入如图 8-14 所示。

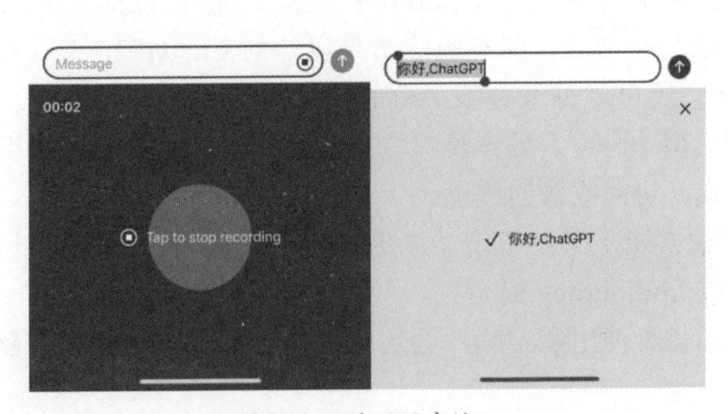

图 8-14 使用语音输入

另一项重要的支持是，其支持 Apple 公司的充值卡。购买充值入口如图 8-15 所示。

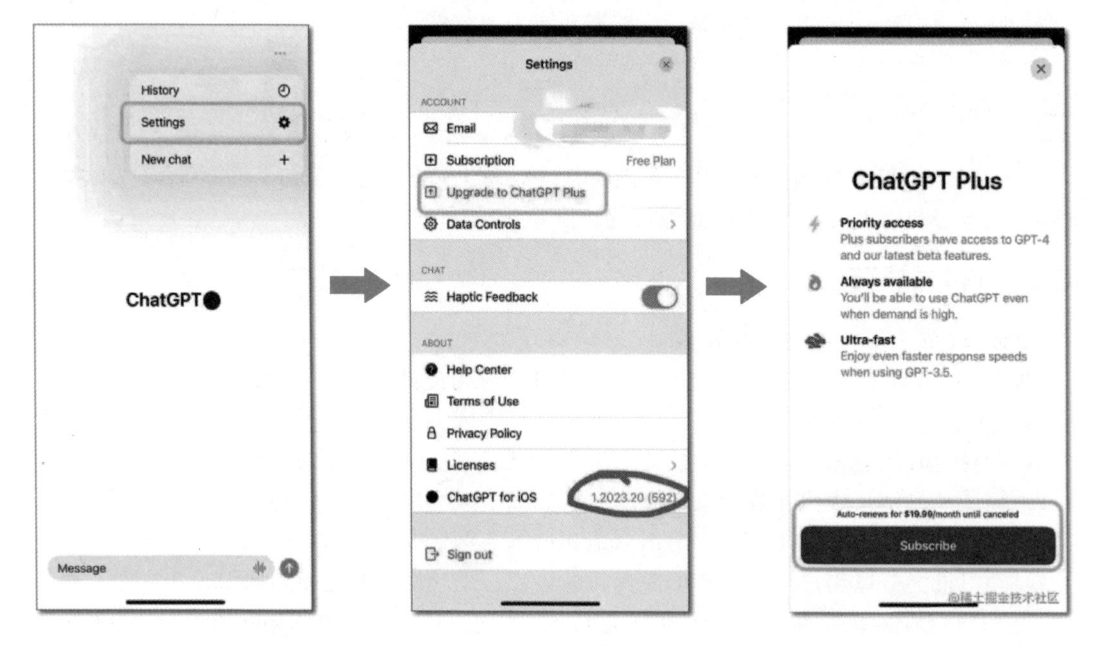

图 8-15 购买充值入口

对于想升级 ChatGPT4.0 的小伙伴来说，多了一个选择路径。升级后，与免费版相比，可以获得以下功能。

- 获得更快的响应时间。
- 即使在需求高峰时也能使用 ChatGPT。
- 优先获得新功能，如更先进的 GPT-4 版本。

8.2.2 集众多 AI 工具于一身的 POE

AI 大模型的发展日新月异，如果想同时体验多个不同的大模型，使用 POE（poe.com）会是一个不错的选择。POE 集成了 OpenAI、Anthropic、Google 等公司提供的 AI 机器人，用户可以在同一个网站或应用中使用，无须重复注册多个账号。POE 目前已经发布了 iOS 与 Android 系统的应用，可以在美区应用市场找到。

在功能上，POE 的使用方式与 ChatGPT 类似，基于对话方式交互。

POE 提供了免费版与收费版，免费版除了可以访问 ChatGPT3.5 或 Claude-instant 这样本来就免费的 AI 模型外，还可以每天有限次数的体验 GPT-4（见图 8-16）和 Claude-2-100k 这样原本要额外收费的模型，这对于想体验收费模型的用户，会是很好的机会。如果是收费版，会以包月、包年的方式，访问收费的模型。

POE 还支持用户建立属于某种特定功能的机器人。例如，用户可以在 OpenAI 的引擎的基础上，建立专门生成 Midjourney 提示词、个性化服务的机器人。POE 方便用户灵活地定制服务，比原生引擎更加易于使用和定制，为用户提供了更多的选择和可能性。

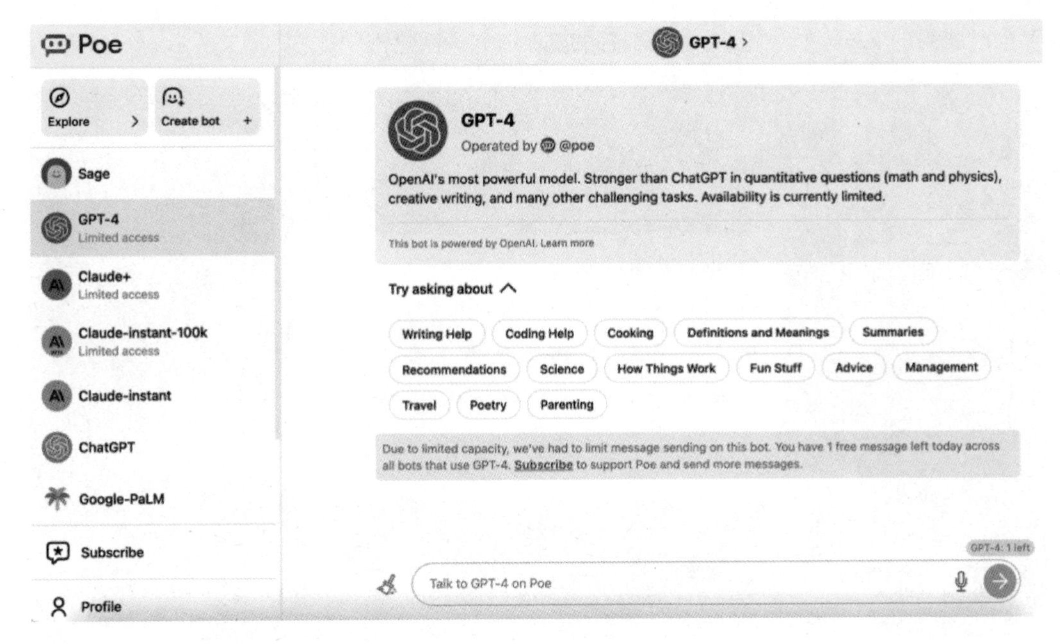

图 8-16　网页使用 GPT-4

8.3　通过 API 调用的工具

OpenAI 公司不仅提供了在线访问的 ChatGPT，还为开发者提供了调用调试工具 PlayGround 与底层接入 API。这些工具可以帮助开发者扩展 ChatGPT 的能力或将 ChatGPT 的能力嵌入到自己的应用中。

8.3.1　GPT API

GPT API（后面简称 API）是由 OpenAI 提供的一种服务方式，以便让开发人员可以轻松地将自然语言处理技术集成到他们的应用程序中。开发者无须深入了解 GPT 底层复杂的算法逻辑，只需要调整几个参数，就可以生成自然语言文本，补全文字。这使开发人员可以将更多的时间和精力投入到自身应用程序的核心功能上，而不必为自然语言处理技术的细节而烦恼。

API 作为底层支持，可以作为其他应用的底层架构完成复杂功能，比如：它可以作为自动客服的底层支持。自动客服软件公司就可以专心打造自己的反馈核心内容，而不需要纠结如何让对话更加自然。更可作为游戏软件 NPC（非玩家角色）对话的底层支持，给予游戏 NPC 生命，让其可以直接与玩家进行更广泛的语言互动。

API 不仅支持自然语言生成，还支持图片、声音的生成。最近，OpenAI 还提供了自建函数的嵌入回调。即让用户通过自然语言，来调用开发者自己应用的功能。这使用户可以使用自然语言来操作应用软件，让机器听懂用户的要求为用户工作。

要使用这一强大的工具，其实也并不复杂，只需要在 OpenAI 上申请一个应用的 Key（密钥），然后参考官方文档使用即可。值得注意的是，同一个 key 只会在网站显示一次，请妥善保存自己应用的 key。如果遗失，就只能再申请一个。创建密钥如图 8-17 所示。

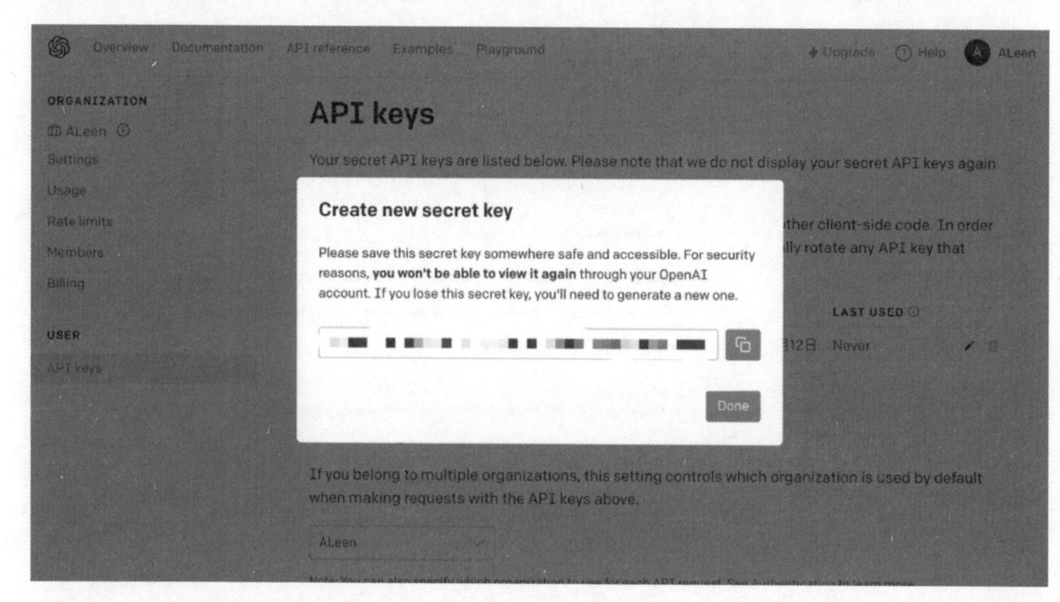

图 8-17 创建密钥

我们来参考一个简单聊天的案例。

首先，我们在 OpenAI 的 Examples 中，选取一个示例。下拉至代码部分，选择 Python 并复制代码。Example 代码如图 8-18 所示。

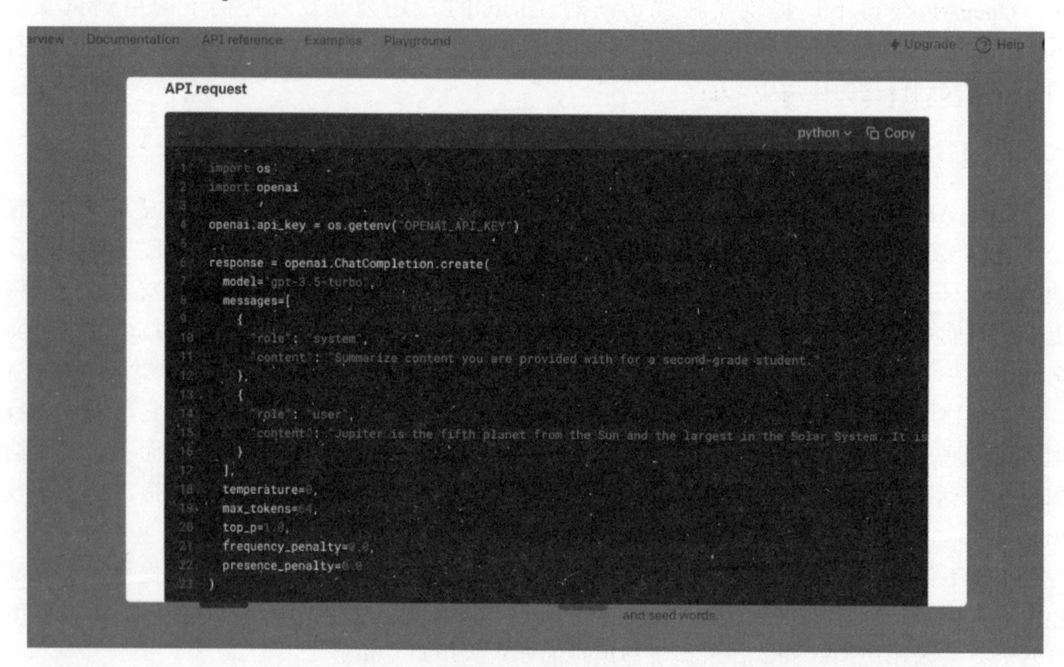

图 8-18 Example 代码

将代码复制到 Python 的 IDE（集成开发环境）中[笔者使用的是微软的 VS-Code（visual studio code）]，将申请的 key 替换入代码中，添加打印返回结果的代码：print(response)。代码修改位置如图 8-19 所示。

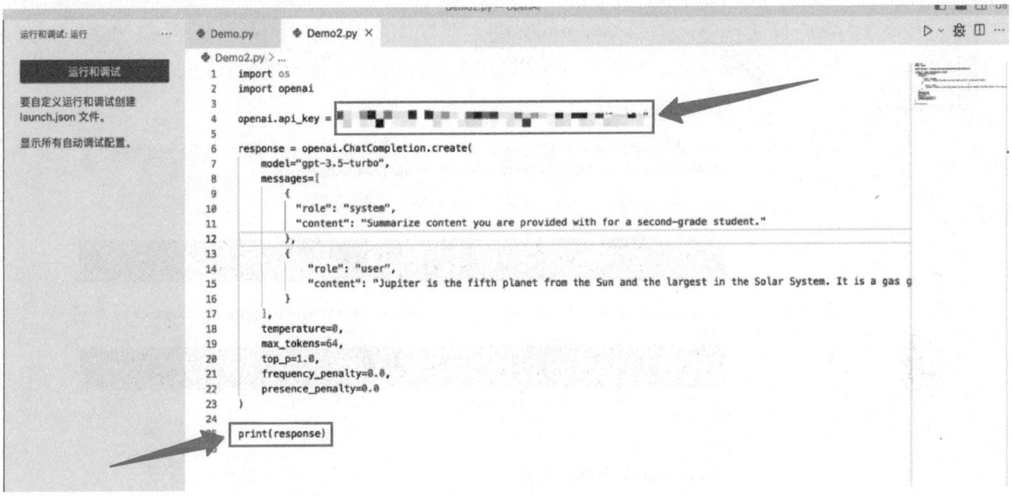

```
import os
import openai

openai.api_key = "████████████"

response = openai.ChatCompletion.create(
    model="gpt-3.5-turbo",
    messages=[
        {
          "role": "system",
          "content": "Summarize content you are provided with for a second-grade student."
        },
        {
          "role": "user",
          "content": "Jupiter is the fifth planet from the Sun and the largest in the Solar System. It is a gas g
        }
    ],
    temperature=0,
    max_tokens=64,
    top_p=1.0,
    frequency_penalty=0.0,
    presence_penalty=0.0
)

print(response)
```

图 8-19　代码修改位置

我们即可运行这段代码。返回结果是一段标准格式的 json。


```
{
  "id": "chatcmpl-7heapBB8XkAwG5KanW76YbWrt4gvU",
  "object": "chat.completion",
  "created": 1680638488,
  "model": "gpt-3.5-turbo-0613",
  "choices": [
    {
      "index": 0,
      "message": {
        "role": "assistant",
        "content": "Jupiter is a really big planet in our Solar System. It is the fifth planet from the Sun and it is the largest planet. It is called a gas giant because it is made mostly of gas. Jupiter is much smaller than the Sun, but it is bigger than all the other planets combined. It is very bright"
      },
      "finish_reason": "length"
    }
  ],
  "usage": {
    "prompt_tokens": 158,
    "completion_tokens": 64,
    "total_tokens": 223
  }
}
```

我们可以在 OpenAI 官网上查找 API 详细说明文档，该文档非常详尽，API reference 如图 8-20 所示。在这个文档中，用户可以找到关于 API 的每个方面的信息，包括如何使用它、可用的选项、输入和输出格式以及示例代码。

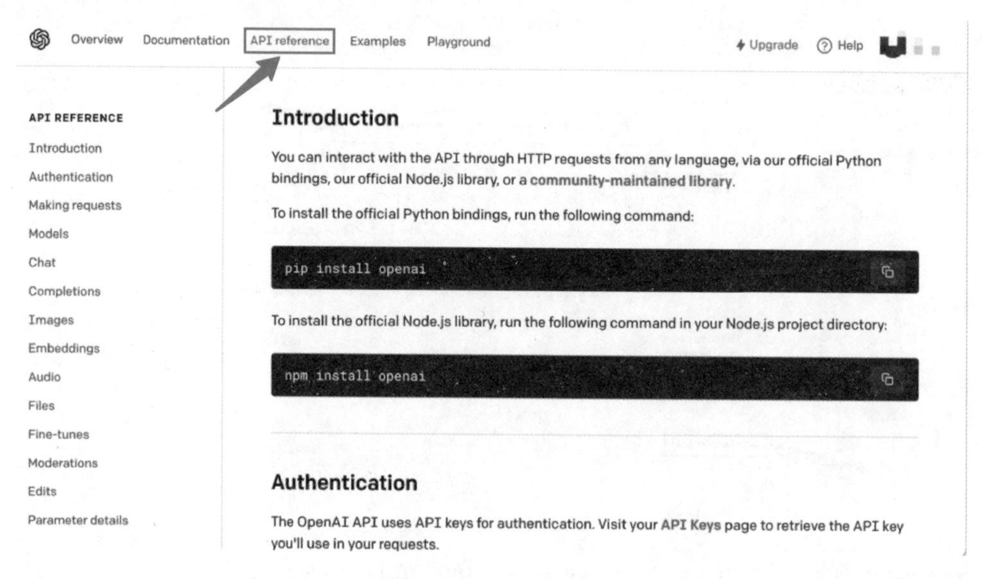

图 8-20　API reference

用户也可以查找国内翻译的 API 说明文档作为参考。这些文档可能会提供更多本地化的信息和解释，以帮助用户更好地理解 API 的工作原理和用途。不过，需要注意的是，这些文档可能不太详尽，因此最好以官方文档为准。

通过参考 OpenAI 提供的 API 文档和示例，可以打造具有自己特色的应用程序。如果在应用程序中想要调整机器人的文字反馈情感等参数，可以先在 8.3.2 节介绍的 Playground 中进行调试，然后将代码复制到相应的应用程序中。同样，在开源网站 GitHub 上，也有许多使用 API 的项目可供我们参照，在那里可以学到如何使用 API 来实现更加复杂的功能。

使用 API 并非免费。在注册时，OpenAI 会预先向用户的账户充值一定金额作为试用。当这些金额用尽后，用户就需要使用信用卡充值。

总之， API 不仅支持自然语言的生成，还支持图片和声音的生成。这使得它成为一个非常全面的解决方案。其使用和接入都非常简单方便，可以轻松地将其集成到各种应用程序中，让应用程序变得更加强大和便利。

8.3.2　Playground

Playground 是 OpenAI 提供的一个在线的交互式平台，它可以让用户与 ChatGPT 进行对话，并自动将对话翻译成代码，以便测试和评估 ChatGPT 模型的性能。

用户可以在 OpenAI 主页的顶层菜单找到 Playground 的入口（见图 8-21），也可以在 Examples 中，通过用户感兴趣的例子，直接进入 Playground（见图 8-22）。

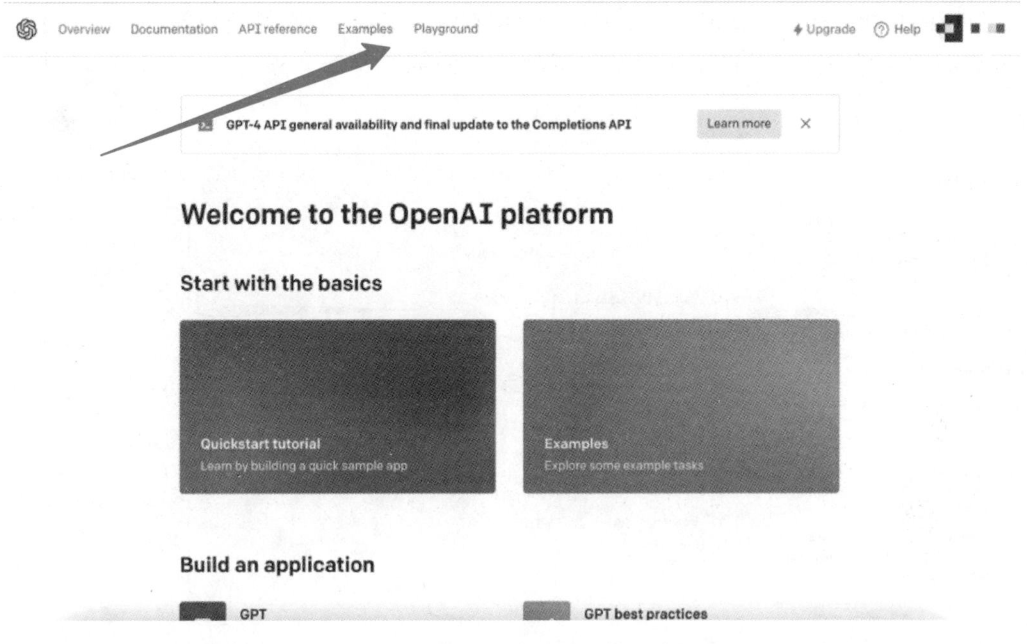

图 8-21　菜单入口

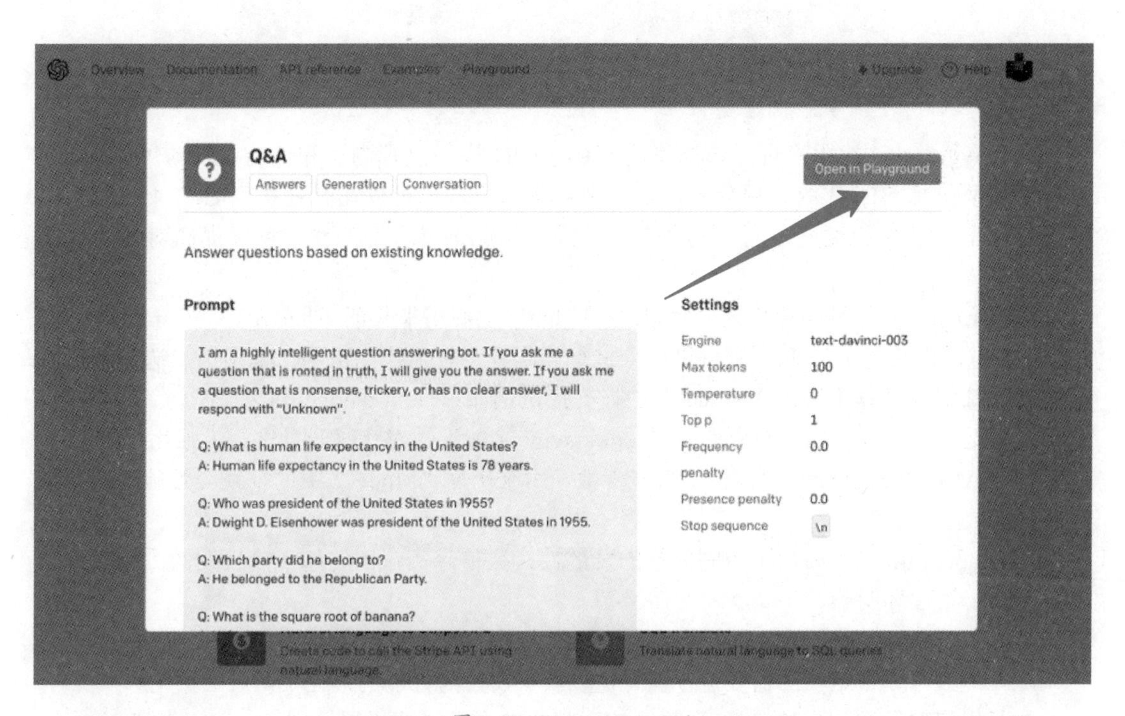

图 8-22　Examples 入口

Playground 是一个非常有用的工具，可以帮助用户测试和评估 ChatGPT 模型的性能。在 Playground 上，用户可以输入问题或话题，ChatGPT 会回答相应的答案或生成相应的文本，从而模拟自然语言对话。除了这些基本与 ChatGPT 类似的对话功能外，Playground 还提供了几个有用的功能，例如选择模型、调整参数和保存对话记录。这些功能使得用户能够更好地了解 ChatGPT 模型的性能和应用场景。参数设置位置如图 8-23 所示。

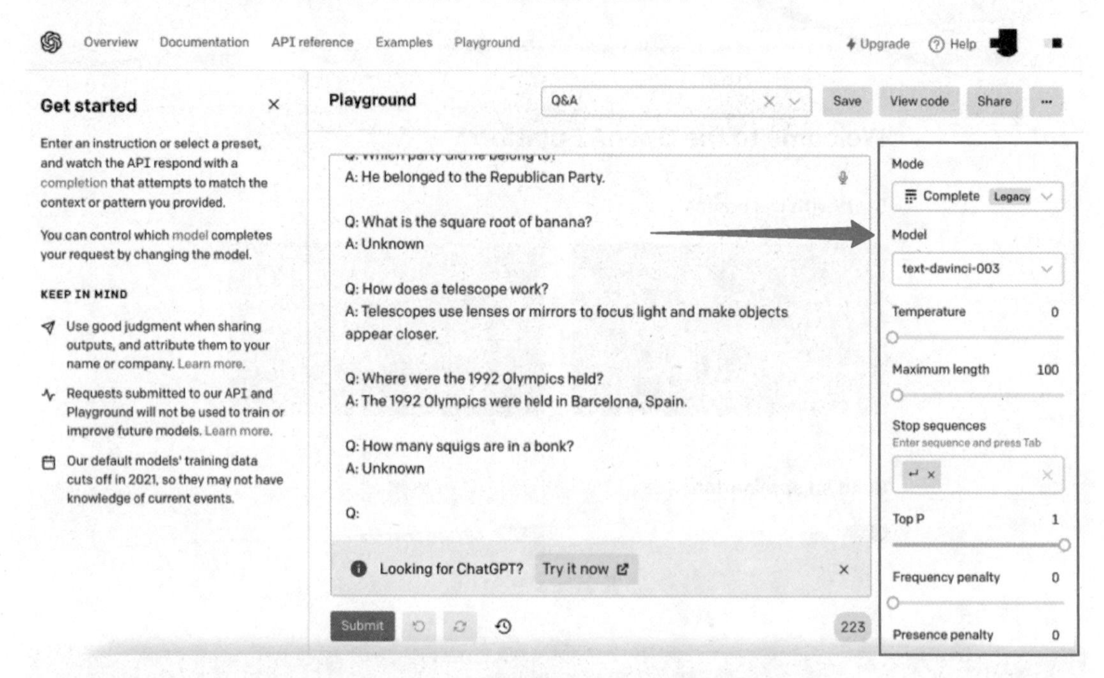

图 8-23 参数设置位置

在 Playground 中，用户可以选择不同的 ChatGPT 模型进行测试和评估。目前，Playground 支持的模型包括 GPT-3 的各种分支，如果是付费用户，也可以在其中找到 GPT-4 的模型。不同的模型在性能和速度方面可能会有所不同，因此选择合适的模型可以提高对话的效果和速度。

Playground 有三种使用模式（Mode）："Chat" 主要用来验证 ChatGPT，"Complete" 验证完整的 GPT 模型，"Edit" 则可以用来进行编码补全以及代码重构。根据用户选择的模式不同，系统就会推荐不同的 "Model" 进行支持，例如："text-davinci-003" 对文字回答进行了强化，支持在文本中插入补全，而 "code-davinci-002" 针对代码开发进行了强化。

OpenAI 在 Playground 中提供了很多参数，用来平衡 "Model" 中的反馈与性能，其中最主要的参数主要有：

- Temperature：主要用于控制回答的发散性，数值越高，回答趋于随机发散。越低则趋向于聚焦和明确。
- max_tokens：决定反馈的最长长度。设置太低，反馈的文字将会被截断。

这些参数可以根据实际需要进行调整，以获得反馈与性能的最佳平衡。

如果用户对后台代码感兴趣，可以让它直接将对话翻译成机器语言。OpenAI 支持 Python、Node.js、curl、JSON 4 种方式的翻译。用户可以将调试好的参数代码复制到程序编辑器中进行进一步修改。显示代码如图 8-24 所示。

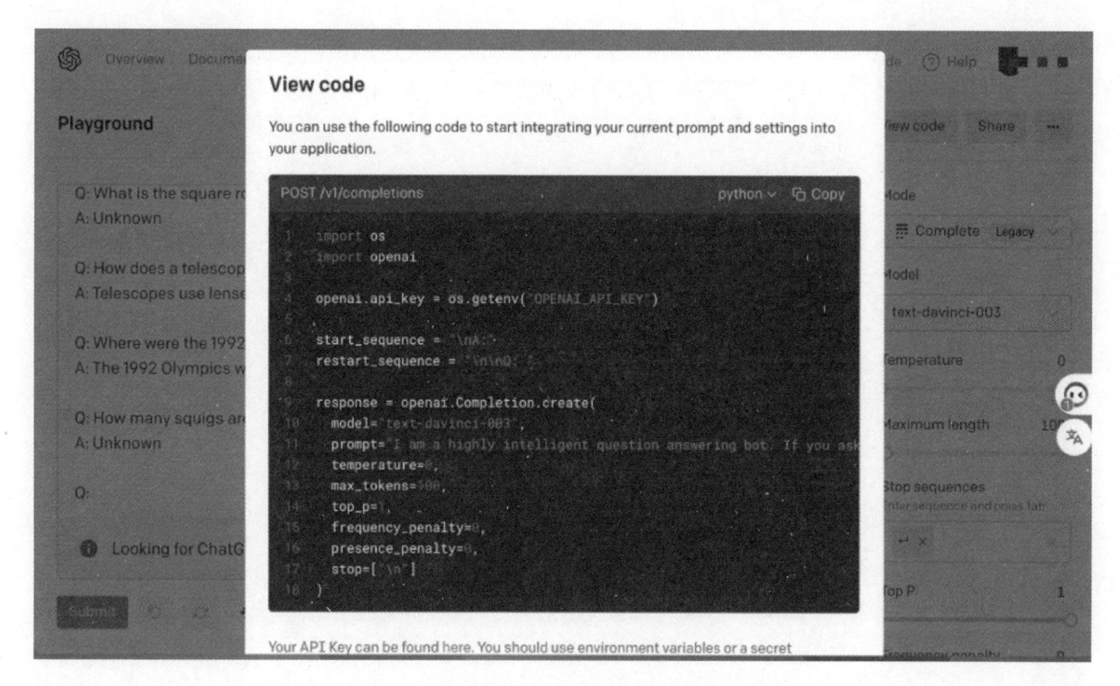

图 8-24　显示代码

另外，Playground 还提供了保存对话记录的功能，用户可以保存在 Playground 上与 ChatGPT 进行的对话记录，以便后续分析和评估。这对于研究人员和开发人员来说非常有用，可以帮助他们更好地了解 ChatGPT 模型的性能和应用场景，以及为模型的改进提供有价值的信息。

需要注意的是，由于使用 Playground 需要按照 API 的调用情况进行收费，所以 OpenAI 在注册时会赠送一笔试用金。但使用完后，需要使用信用卡绑定充值。

总之，Playground 是一个非常有用的工具，可以帮助用户测试和评估 ChatGPT 模型的性能，调整模型反馈的参数。如果读者对 ChatGPT 感兴趣，不妨去尝试一下。